KB076251

리얼월드 데이터
활용의 정석

THE PATIENT EQUATION

리얼월드 데이터 활용의 정석

펴 낸 날 1판 1쇄 2021년 9월 10일

지 은 이 Glen de Vries, Jeremy Blachman
역   자 강병철
펴 낸 이 양경철
편집주간 박재영
편   집 배혜주

발 행 처 ㈜청년의사
발 행 인 이왕준
출판신고 제313-2003-305호(1999년 9월 13일)
주   소 (04074) 서울시 마포구 독막로 76-1(상수동, 한주빌딩 4층)
전   화 02-3141-9326
팩   스 02-703-3916
전자우편 books@docdocdoc.co.kr
홈페이지 www.docbooks.co.kr

ⓒ 청년의사, 2021

이 책은 ㈜청년의사가 저작권자와의 계약을 통해 대한민국 서울에서 출판하였습니다.
저작권법에 의해 보호를 받는 저작물이므로 무단전재와 복제를 금합니다.

ISBN 978-89-91232-98-3 (93500)

책값은 뒤표지에 있습니다.
잘못 만들어진 책은 서점에서 바꿔드립니다.

리얼월드 데이터 활용의 정석

THE PATIENT EQUATION

글렌 드 브리스

제레미 블래치먼 지음 | 강병철 옮김

GLEN DE VRIES WITH JEREMY BLACHMAN

역자 서문

데이터 혁명을 어떻게 받아들여야 생명과학과 보건의료 분야에서 보다 빠르고, 값싸고, 효과적인 해결책을 제시할 수 있을까?

디지털 변혁은 보건의료 산업을 놀라운 속도로 변화시켰으며, COVID-19 유행 후에는 더욱 가속화되었다. 생명공학 회사와 제약회사에서 병원 시스템, 의료보험 회사에 이르기까지 산업 전반에 걸쳐 모든 사람이 새로운 치료를 개발하고, 보건의료를 강화하고, 환자 결과를 개선하고, 효율성을 극대화하기 시작했다. 데이터가 주도하는 세상에서 가치를 높이기 위해 다음에 등장할 거대한 기술 혁신을 추구한다. 우리는 어떻게 여기까지 왔으며, 미래에는 어떤 일이 벌어질까?

《리얼월드 데이터 활용의 정석》에서는 생명공학과 보건의료에서 데이터 사용의 역사와 현황 그리고 미래의 방향을 탐구한다. 생명과학 연구 분야에서 선도적인 클라우드 플랫폼 회사인 메디데이터의 공동 설립자 글렌 드 브리스(Glen de Vries)는 이 책에서 미래의 정밀의료와 디지털 지형에 대한 통찰과 리더십을 전격 공유한다. 이 책은 생명과학 분야에 몸담고 있는 사람이라면 누구나 복잡한 세상을 헤쳐 나갈 수 있도록 기획되었다. 본문에서는 데이터와 분석 분야에서 진행 중인 혁명에 발맞추기 위해 반드시 필요한 원칙과 접근법과 사업 모델을 설명한다. 또한, 가임 기간을 추적하는 웨어러블에서 당뇨병을 정복하는 앱, AI를 이용한 패혈증 경보에서 첨단 데이터 전략을 임상시험에 응용하는 데 이르기까지 생생한 일화를 통해 세상을 리드하는 개인과 단체들이 데이터 혁명을 놓치지 않기 위해 어떤 노력을 기울이는지 생생하게 보여준다.

생명과학과 보건의료의 미래에 관심이 있는 사람이라면 반드시 읽어야 할 《리얼월드 데이터 활용의 정석》은,

- 개별 환자에서 세계 인구 전체에 이르는 정밀의료의 세계를 다룬다.
- 환자 방정식과 데이터 수집 및 분석의 기초를 설명한다.
- 현재의 진보와 함께 미래의 혁신을 달성하기 위한 가장 효과적인 전략을 소개한다.

- 스마트 데이터를 이용하여 질병을 예측하고 예방하는 방법을 알아본다.
- 가치기반급여가 왜 미래의 모델인지 보여준다.
- 데이터와 기술이 어떻게 만성질환과 암, 희귀병과 팬데믹에 이르기까지 모든 문제를 해결하는 데 도움이 되는지 설명한다.

우리는 건강과 의학의 디지털화가 현실이 되는 생물학적, 기술적 혁명의 한복판에 있다. 생명과학과 기술 기업, 병원과 의료 제공자, 생명공학 연구자와 기업가 등 산업의 모든 분야에 걸쳐 건강과 질병에 데이터를 적용한다. 그 결과 딱 맞는 시간에 딱 맞는 환자에게 딱 맞는 치료를 시행하고 삶의 질을 극적으로 개선하는 데 놀라운 진전을 이루고 있다. COVID-19는 변화의 필요성을 더욱 생생하게 보여주었다. 앱과 웨어러블에서 임상시험에 대한 완전히 새로운 접근 방법에 이르기까지 디지털 기술은 산업의 모든 측면을 180도 바꾸고 있다. 《리얼월드 데이터 활용의 정석》은 보건의료와 생명과학에 있어 데이터의 역사와 현재, 미래를 짚어보며 기업의 리더, 과학자, 의사, 정책 입안자, 이해당사자와 환자들이 어떤 마음을 가져야 할지 생각해보게 한다.

저자 글렌 드 브리스는 생명과학 산업 분야에서 20년에 걸친 실제 경험과 리더십을 바탕으로, 이토록 모든 것이 빠르게 변하는 시대에서 성공하기 위해 반드시 알아야 할 것들을 설명한다.

다양한 상황에 데이터와 분석을 적용하여 큰 성공을 거둔 개인과 기업의 경험담들도 대거 엿볼 수 있다. 이 책은 데이터가 주도하는 정밀의료와 전통적인 치료 중심 보건의료의 원칙을 결합하고, 기술 곡선을 항상 앞서 나가야 한다는 점을 실감나게 보여준다.

데이터 주도 정밀의료가 치료를 개발하고, 전달하고, 응용하는 방식을 완전히 바꾸고 있다. 그 결과 보건의료 종사자에게 디지털 기술을 이해하는 것은 너무나 중요한 일이 되었다. 산업계의 리더든, 보건의료인이든, 그저 오래도록 건강하게 살고 싶은 사람이든 《리얼월드 데이터 활용의 정석》을 통해 현재의 놀라운 기술 혁신의 혜택을 완전히 누릴 수 있는 기회, 미래가 어떻게 전개될 것인지 이해할 수 있는 시간을 가져볼 수 있을 것이다.

저자 서문

10년 전쯤, 잭 웰런(Jack Whelan)을 만났다. 그는 금융 업계에서 일하는 투자 연구자로 몇 년간 전철에서 사무실까지 파워워킹으로 출근했다. 걷기가 점점 힘들어질 때까지는 그랬다. 얼마 지나지 않아 코피가 계속 나기 시작했고 병원을 찾았다. 그는 의사로부터 발덴스트롬 거대글로불린혈증(Waldenstrom Macroglobulinemia, WM)이라는 희귀한 혈액암을 진단받았는데, 잭의 삶은 이때부터 송두리째 바뀌게 되었다. WM은 당시는 물론 지금도 완치가 불가능하다. FDA 승인을 받은 치료법도 없을 뿐더러, 기대수명 역시 5~7년에 불과하다. 잭은 어떻게든 수명을 연장시켜보려고 임상시험을 전전했다. 그 결과 처음 세 건은 실패하였으나 네 번째 임상시험에서 복용했던 약이 암의 진행을 수년간 막아주었다.

잭은 자신의 경험을 토대로 전문가가 되었다. 하지만 이보다 더 중요한 것은 그가 추적자(tracker)가 되었다는 점이다. 매주 시행하는 혈액검사 결과를 직접 챙겨 다양한 생물학적 표지자(헤마토크릿, 면역글로불린 등)를 도표로 그렸다. 그 숫자들 사이에 답이 있을지도 모른다고, 의사들이 미처 알아차리기 전에 자신의 몸이 치료에 반응하는지 알 수 있을지도 모른다고 생각했던 것이다. 그는 수많은 의사를 만나고, 몇 차례의 임상시험을 거치는 내내 엑셀 스프레드시트에 정리한 숫자들을 가지고 다녔다. 누적되는 데이터들이 언젠가는 새롭고 소중한 정보를 드러내어 생명을 구해줄지도 모른다고 믿었기 때문이었다.

잭처럼 부지런하고 심지가 굳은 사람은 드물지만, 그렇다고 아주 없는 것은 아니다. 레이 피누칸(Ray Finucane)은 75세의 기계공학 엔지니어이다. 그는 파킨슨병을 앓고 있었음에도 직접 개발한 앱으로 증상을 추적해가며 치료제인 레보도파(levodopa) 용량을 최적화하려고 노력하였다.[1] 의사인 데이비드 패겐바움(David Fajgenbaum)은 자신의 혈액 검체와 스스로 개발한 소프트웨어로 캐슬맨병(Castleman disease)을 연구했다. 그는 새로운 생물학적 설명을 찾아냈고 이전에 한 번도 사용해본 적 없는 약물을 투여하였다. 패겐바움은 지난 6년간 관해를 유지하고 있다. 현재 전 세계적으로 수백만 명이 운동 추적장치나 스마트폰을 사용하고 있다. 건강 유무와는 별개로 몇 년 전만 해도 상상할 수 없었을 정도로 엄청난 데이터들의 세세한 부분까지 기록하고 저장할 수 있게 된 것이다.

꾸준히 수집한 데이터를 한데 모아 분석하고, 살면서 쌓이는 모든 의학적 기록을 더하고, 식단, 운동, 생활습관 등의 정보를 연결한다. 이를 토대로 건강을 개선하고, 수명을 연장하며, 삶의 질을 향상하고, 심지어 팬데믹의 경과를 변화시키는 세상이 온다고 상상해보라. 잭 같은 환자가 자기 몸에 관한 데이터를 엑셀 스프레드시트에 정리하지 않아도 모든 시스템과 장치들이 그런 일을 자동적으로 처리해준다고 상상해보라. 모든 연구 결과와 과학자, 의사, 먼저 병을 앓았던 환자들의 실제 경험에서 얻은 집단 지성을 이용하여 암을 물리칠 뿐 아니라 건강을 회복하는 데 가장 효과적인 치료, 가장 중요한 생활습관, 가장 가치 있는 것들을 권고해줄 수 있다면 어떻게 될까?

전통적인 의학적 측정 기구로 평가할 수 있는 데이터든, 현재로서는 완벽하게 이해하지 못하는 이상 분자든, 건강에 좋지 않은 행동패턴(수면, 인식, 먹거나 마시는 것, 환경 요소 등)이든 건강에 영향을 미치는 요소가 발견되자마자 모든 사람에게 알려져 적절한 조치를 취하거나, 의료기기나 약을 사용하거나, 생활습관을 바꿀 수 있는 세상을 상상해보라.

암과 싸우든, 그저 건강을 유지하고 높은 삶의 질을 누리고 싶든, 현재 사용하는 투박한 영상검사나 혈액검사에서 발견될 정도로 종양이 커지거나 혈액 수치가 올라갈 때까지 기다릴 필요가 없다. 그저 모든 사람에게 시험되어 과학적으로 검증되었으며, 확실히 다른 결과를 이끌어낼 수 있고, 누구나 실행 가능한 권고안이 실시간으로 전달되는 것을 상상해보면 된다.

이것이 우리의 미래다. 이 책의 원제인 "환자 방정식"이란 눈에 보이지 않는 곳에서 이런 정보들을 생산하게 될 그리고 이미 생산하고 있는, 분석 시스템을 가리킨다. 잭은 시대를 앞서갔다. 자신의 몸에서 얻은 숫자들을 주의깊게 추적하는 것이 얼마나 중요한 일인지 알아차렸던 것이다. 그는 엔지니어의 직감을 통해 그 숫자들 속에는 명확한 시점에, 올바른 치료를 받아 생명을 연장해줄 수학적 열쇠가 들어 있음을 알았다.

우리는 지금 당장은 그런 숫자들을 사용할 준비가 되어 있지 않다. 그러나 잭은 자신의 행동패턴(파워워킹을 할 때 얼마나 피곤한지)에서 언뜻 사소해 보이는 의학적 사건(코피가 난다는 것)에 이르기까지 많은 요소들이 진단과 치료에 중요함을 깨달았다. 바로 이것이 그를 진정한 선구자라 말할 수 있는 이유다. 자신의 생물학적 데이터를 표준적 의료 관행보다 더 자주, 선제적으로 측정하고 기록하는 것이 차이를 만들어낼 수 있으며, 그 자신의 환자 방정식에 사람들이 생각하는 것보다 훨씬 많은 변수와 입력값을 포함시킬 수 있음을 이해했던 것이다.

잭은 2017년 말에 세상을 떠났다. 진단 후 10여 년간을 더 산 셈이다. 그는 생을 마감하기 전에 몇 년간 강연자, 연구 옹호자, 활동가로 살았다. 임상시험에 환자들의 목소리를 더 많이 반영해야 하며, 생명과학 산업과 치료의 최일선에 선 의사들과 궁극적으로 그 치료를 받는 환자들 사이에 보다 많은 협력이 필요하다고 역설했다. 그런 협력이야말로 이 책에서 묘사한 미래 의료를 성취하고, 모든 것을 실현시킬 비즈니스 모델을 개발하는 데 가장 중요하다.

우리는 정밀의료라는 성배를 찾기 위한 치열한 경쟁 중에 있다. 정밀의료란 딱 맞는 치료를, 딱 맞는 시점에, 딱 맞는 환자에게 전달하는 것이다. 현재 수많은 분야에서 발전이 이루어지고 있다. 가령 생명과학 회사들은 암에 대한 세포치료, 당뇨병에 대한 인공췌장 시스템, 신경변성질환을 관리하고 영양을 최적화해주는 앱, 심장병에서 불임에 이르기까지 모든 것을 추적하는 웨어러블 기기들을 개발한다. 테크놀로지 기업들은 암 치료를 선택하는 알고리듬을 설계하고, 병원 시스템에서는 의사와 환자가 치료 옵션을 평가하는 데 도움이 될 의사결정 지원 시스템을 운영한다. 그러나 아직 전체적인 풍경은 군데군데 단절된 곳이 많으며, 우리의 목표 중 많은 것이 블랙박스 속에 있다.

잭처럼 우리도 분명 해답이 존재한다고 생각한다. 더 많은 데이터를 모으고, 더 우수한 분석법을 개발하여 지식의 빈틈을 메울수록 블랙박스가 투명해질 것임을 직감적으로 안다. 그 길은 수많은 곳에 존재한다. 우리 주머니 속에 있는 휴대폰, 병원의 의무기록, FDA 승인을 얻기 위한 온갖 약물과 의료기의 임상시험 데이터가 모두 하나의 길로 통한다. 그 길이 항상 잘 정돈되어 있고, 표준화되어 있고, 다루기 쉬운 것은 아니다. 하지만 길은 분명 존재한다. 그리고 우리는 사상 최초로 그것들을 효율적으로 조직하고, 접근성을 높이고, 분석법을 배우고, 거기서 매일 이익을 얻는다.

마법은 보이지 않는 곳에서 작동하는 알고리듬 속에 있다. 모든 입력 정보와 데이터를 해석하여 실행 가능한 정보로 바꿔놓는 알고리듬이야말로 우리 삶에 영향을 미치거나 영향을 미칠 수 있는 모든 조건을 정확히 파악하여 우리에게 영향을 미칠 환자 방정식이다. 우리 삶에 영향을 미치는 조건 속에는 아직 발명되지 않은 것을 포함하여 모든 치료가 포함된다.

가장 영리하고 가장 많은 정보를 지닌 사람이 병에 걸렸다고 해보자. 그는 전문가, 즉 자신이 앓는 병을 여러 번 치료해 본 적이 있어 많은 경험과 지혜를 갖고 있는 의사를 찾아갈 것이다. 의사는 의료팀을 구성한다. 팀의 지식을 합치면 현재까지 개발된 다양한 치료법을 빠뜨리지 않고 검토할 수 있을 뿐 아니라, 누군가의 직감이 질병의 구체적인 특징과 맞아떨어지고, 약간의 운도 따라 최선의 치료법을 찾을 수 있으리라 기대하는 것이다. 환자 방정식은 이런 직관을 수학적 신뢰성을 지닌 통찰로 바꿔준다. 그리고 그런 통찰을 대형 병원과 정상급 생명과학 회사뿐만 아니라 전 세계 모든 환자들에게 전달해준다.

우리는 생물학적 혁명과 기술적 혁명의 교차로에 서 있다. 건강과 의학의 디지털화가 현실이 되었다. 다가올 치료혁명(완치 또는 치명적 질병을 만성질병으로 바꾸는 치료)은 물론 환자, 의사, 과학자들이 힘을 합쳐 시작되겠지만 구체적인 방법은 컴퓨터와 알고리듬이 될 것이다. 그리고 COVID-19 팬데믹은 훨씬 빠른 속도로 이런 변화를 앞당길 것이다.

머지않아 생명과학 회사들은 약물이나 의료기를 개발하기 위해 임상시험을 시작하는 데 그치지 않고, 지금까지 얻을 수 없었던 데이터를 이용하여 개발하려는 약물이나 기기가 어떻게 하면 환자에게 가장 큰 도움을 주면서도 회사 역시 가장 많은 이윤을 추구할 수 있을지 예측해볼 수 있을 것이다. 의료인은 모든 환자에게 일률적으로 적용되는 표준진료원칙에서 벗어나 각각의 환자에게 최선의 치료를 제공할 수 있을 것이다. 환자들은 그 어느 때보다도 자신의 건강을 더 깊이 이해하게 될 것이다.

이어질 각 장에서는 데이터와 분석법에 의해 실현될 정밀의료의 세계가 어떤 모습으로 펼쳐질지, 환자 개인에서 인류 전체에 이르기까지 어떤 영향을 미칠지 설명하려고 한다.

1부 "히포크라테스에서 이포크라테스(Epocrates, 아테나헬스[athenahealth] 사에서 개발한 모바일 앱으로 약물, 질병, 진단 및 환자 관리에 대한 임상적 참고 정보를 제공함-역주)까지"에서는 우리가 어떻게 현재의 상태에 이르렀는지 살펴보면서 배경지식과 함께 정밀의료와 데이터 분석의 현재 모습을 설명한다. 또한 의학적 데이터와 환자 방정식의 기본적인 사항에 관해 모든 사람이 알아야 할 기초 지식을 제공할 것이다. 현재 존재하는 다양한 데이터 흐름을 살펴보면서 어떤 것이 가장 유망한지 알아보고, 연구를 통해 밝혀지기 시작한 다양한 변수들 사이의 놀라운 연관성에도 주목할 것이다. 언론의 헤드라인을 장식하는 의료기, 웨어러블, 앱, 진단 및 치료 방법들을 비판적인 시각으로 검토하여 현란한 겉모습과 완전히 새로운 차원으로 삶을 변화시킬 진정 의미 있는 발전을 구별하는 방법에 관해서도 생각해볼 것이다.

2부 "데이터를 질병에 적용하기"에서는 데이터와 분석법을 적용하여 급성(세균 감염과 패혈증)에서 만성(천식과 당뇨병)까지, 비교적 단순하고 개인적인 문제(불임)에서 복잡한 질병(암과 희귀병) 및 인구집단 수준의 문제(독감 예측)까지 다양한 질병에 도전하는 사람과 기업들을 소개한다. 이런 사례를 통해 얼마나 다양한 기회가 있는지, 환자 방정식이 얼마나 다양한 차원에서 삶에 영향을 미칠 수 있는지 알게 될 것이다.

3부 "자신만의 환자 방정식 구축하기"에서는 양질의 데이터를 수집하고, 그 데이터의 가치를 실현하는 방법을 설명한다. 입력에서 출력에 이르기까지 생명과학 산업이 어떻게 변하고 있는지, 새로운 아이디어를 최대한 활용하려면 의학이 어떻게 변해야 하는지 논의해볼 것이다. 입력에 관해서는 시스템을 엉망으로 만드는 '쓰레기를 넣으면 쓰레기가 나오는(garbage-in/garbage-out)' 문제를 피하기 위해 분석 가능하고 상호 정보 교환이 가능한 고품질 데이터를 얻어야 한다. 출력 면에서는 유용하고 실행 가능한 통찰이 실제로 환자에게 도움이 되는 형태로 표현되어야 한다. 또한 임상시험 분야의 변화를 소개한다. 오늘날 임상시험은 환자의 수많은 변수를 측정하고 끊임없이 적응 발전하는 보다 스마트한 연구 프로그램을 개발하여 수집된 모든 데이터에서 최대한의 근거를 끌어내는 쪽으로 변하고 있다. 이를 통해 투자한 회사와 정부에 보다 많은 것을 돌려줄 뿐 아니라, 애타게 기다리는 환자들에게 더욱 빨리 새로운 치료를 전달한다. 질병관리 플랫폼 얘기도 빼놓을 수 없다. 이를 통해 꼭 필요한 사람(환자와 보호자)의 손에 직접 정보를 전달하는 동시에, 다양한 질병을 예방하고 치료하면서 새로운 데이터와 통찰이 계속 창출되는 선순환의 구조가 만들어진다.

4부 "진보를 전 세계로"에서는 지금까지 설명한 모든 것이 어떻게 서로 맞물려 진정한 전 세계적 변화를 이끌어내는지, COVID-19로 인해 어떻게 많은 문제들이 전면에 부각되고 서둘러 해결에 나서야 했는지 살펴볼 것이다. 전 세계적인 문제를 해결하려면 환자 한 사람을 진료하고 건강을 지키는 차원을 넘어 보험급여 모델을 개선하고, 인센티브를 정비하며, 진정한 협력을 이끌어내야 한다. 전 세계적 차원에서 효과적으로 보건 문제를 개선하려면 보건의료 비즈니스 모델의 진화 그리고 환자, 의사, 의료비 지불자, 연구자, 규제기관으로 이어지는 보건의료 연속선상 모든 참여자의 니즈에 주목해야 한다.

마지막으로 데이터가 이끌어가는 미래의 무한한 가능성에 진정한 희망을 피력했다. 보건의료 산업의 밝은 미래와 환자들의 보다 큰 이익은 자연스러운 결과로서 모두 우리의 능력 범위 내에 있게 될 것이다. 생물학적 혁명과 기술적 혁명의 교차점에는 놀라운 기회가 놓여 있다. 보다 건강하고 보다 행복한 삶이라는 환자 가치를 창출하는 동시에 산업 전체에 걸쳐 엄청난 경제적 가치를 실현하는 기회다. 그 과정에서 환자 방정식은 치료를 개발하고, 전달하고, 적용하는 방식을 끊임없이 혁신할 것이다.

이 책은 생명과학 산업 분야에서 20년이 넘는 직접 경험과 리더십, 데이터와 데이터 기반 의학에 대한 개인적인 열정을 바탕으로 쓰였다. 나는 메디데이터(Medidata)의 공동 창업자이자 다쏘 시스템 라이프사이언스 및 헬스케어 부의장이다. 1999년에 창립된 메디데이터는 전 세계 임상연구, 신약 개발, 의료기 회사에 필수적인 기술과 분석을 제공하는 분야에서 세계 최고의 기업이다. 2019년 프랑스의 산업 디자인 소프트웨어 제조업체 다쏘 시스템(Dassault Systemes, SE)은 뉴욕시 기술기업 중 가장 큰 상장회사였던 메디데이터를 58억 달러에 인수했다. 인수합병 후에도 우리는 1,500개가 넘는 제약회사와 생명과학 회사가 약품과 의료기를 개발하고 출시하는 과정을 계속 지원하고 있다.

《리얼월드 데이터 활용의 정석》은 최신 장치들을 이용하여 임상시험을 어떻게 더 높은 수준으로 끌어올릴 수 있는지, 끊임없이 변하는 FDA 지침과 규정의 복잡성을 어떻게 헤쳐 나갈 수 있는지, 의사들을 어떻게 훨씬 효과적으로 환자를 치료하는 도구로 무장시킬 수 있는지, 혁신적인 신약을 어떻게 더 낮은 가격에 더 빨리 발견하고 시험하고 시판할 수 있는지, 팬데믹에 의해 변해버린 세상에서 어떻게 계속 성장할 수 있는지에 관해 다양한 회사의 경영진과 매일 나눈 대화를 바탕으로 쓰였다.

나는 최근까지 세계를 돌며 강연할 때, 첫마디를 일종의 속임수로 시작하곤 했다. 우선 청중을 둘러보며 의학적 장치, 스스로 또는 주치의가 질병이나 건강 상태를 관리하도록 도와주는 원격 측정기를 몸에 장착한 사람이 있느냐고 물어본다. 많은 사람이 손을 들지는 않는다. 흔히 인슐린 펌프나 심박동조율기를 떠올리기 때문이다. 그러면 스마트폰을 갖고 다니는 사람이 있는지 물어본다. 그제야 청중은 속았다는 듯 웃음을 터뜨린다. 하지만 사람들은 강의를 들으면서 우리 앞에 다가오는 미래에 대해 더 많은 것을 알게 된다. 우리는 의학적 미래를 향상시킬 수 있는 엄청나게 강력한 기계들을 갖고 다닌다. 이 기계들과 거기서 생산되는 데이터는 지금 이 순간에도 보건의료의 모습을 완전히 바꾸고 있다.

환자 방정식을 이해하는 것은 생명과학 산업에 종사하는 아래의 모든 사람에게 더없이 중요하다.

- 생명과학 기업 경영진과 연구자: 디지털 치료를 개발하고, 시험하고, 보급하고, 판매하는 방법과 최신 기술을 이용해 새로운 치료를 더 빨리, 더 효율적으로 전달하는 방법을 알아야 할 때.
- 병원 경영진과 관계자: 향후 개발될 새로운 도구를 이용해 보다 향상된 의료를 제공하고 싶은 의사와 의료인, 보다 낮은 가격으로 보다 높은 성과를 내고 혁신적인 진보를 의료진에게 신속히 소개하고 싶을 때.
- 생명공학 기업가와 기술 분야 선구자들: 차세대 약물과 의료기를 개발하는 한편, 눈에 띄지 않는 곳에서 작동하는 데이터와 알고리듬이 어떻게 상상도 못했던 수준까지 질병을 이해하는 데 도움이 되는지 알아야 할 때.
- 보험사: 새로운 지불 및 급여 모델을 이끌어내는 방법에 대한 이해가 필요하고, 보험 가입자의 건강을 향상시키면서

도 보험 재정을 보호하는 비용 효과적인 새로운 방안을 찾을 때.

- 규제기관과 정책 입안자: 보건의료 지출을 보다 영리하고 생산적인 방식으로 향상시킬 기회를 비롯해 민간 부분의 발전이 공중보건에 미치는 영향과 의미를 이해하려 할 때.
- 환자 권리옹호 활동가와 비영리단체: 질병관리 분야의 새로운 발전과 데이터를 이용해 다양한 환자에게 도움이 될 새로운 치료법을 모색할 때.
- 고급 독자들: 학계의 혁신가와 연구자, 애플, 구글, 아마존 등 초거대 기술기업이 보건의료 시장에 진입하여 생명공학 산업을 송두리째 바꾸려는 시도에 관심이 많을 때.

마지막으로 기술이 어떻게 더 많은 권한을 제공하고, 의사와의 파트너 관계 속에서 건강을 관리하고, 제약과 생명공학 분야의 혁신을 이용해 보다 오래, 보다 건강하게 살 수 있는지 알고 싶은 환자들은 환자 방정식을 반드시 이해해야 한다.

이 책의 원고는 COVID-19가 현실로 다가오기 직전에 인쇄소로 넘어갔다. 팬데믹을 겪으면서 나는 책에 실린 생각이 그전보다 훨씬 더 중요해졌음을 깨달았다. 환자 방정식은 생명과학의 모든 분야에 더욱 풍부한 정보를 제공하며, 이 책에 기술된 미래를 향해 다가갈수록 우리는 환자 방정식에 의존할 수밖에 없다. 결국 나는 마지막에 한 장을 추가하여 모든 주제가 팬데믹이라는 맥락에서 어떻게 작용하는지, 우리가 살아가는 세계가 어떻게 앞으로 나아갈 수 있고, 나아가야 하며, 나아갈 것인지 정리했다. 책의 나머지 부분도 팬데믹 이전에 비해 조금도 중요성이 떨어지지 않았으며, 오히려 팬데믹이라는 상황은 이 책에 실린 생각이 얼마나 중요한지 더욱 생생하게 보여준다. 우리는 환자 방정식에 의해 변화되는 세계를 받아들임으로써 미래를 극적으로 향상시킬 수 있다.

수많은 질병의 더욱 정교해진 수학적 모델은 미래를 변혁시킬 것이다. 환자에게 어떤 일이 일어날지 더 잘 예측할 수 있으며, 더 현명한 판단을 내리고, 더 효과적인 약을 개발하고, 더 똑똑한 장치를 만들 수 있다. 궁극적인 목표는 나쁜 결과를 최대한 피하고, 딱 맞는 치료를 딱 맞는 사람에게 더 빠르고 값싸고 효과적으로 전달함으로써 고객의 수명을 늘리고 더 높은 삶의 질을 누리면서 더 오래 살게 하는 것이다.

추세를 앞서 나가며 보다 빠르고 보다 정확하게 새로운 치료를 개발하고 전달하는 것, 전통적인 치료의학의 원칙을 지키면서 첨단기술을 효과적으로 적용하는 것은 엄청난 사업상 이점을 제공한다. 보건의료 분야에서 대두될 획기적인 디지털 기술을 발견하고 응용하는 것이야말로 우리 시대의 가장 큰 사업 기회다.

현재 우리는 핵심을 찌르지 못하고 주변을 맴돌 뿐이다. 최근 《뉴잉글랜드 의학저널(New England Journal of Medicine)》에 실린 한 논문은 "알고리듬이 의학의 기본이 되는 사고방식을 완전히 바꾸리라는 데는 의심의 여지가 없으며, 데이터 과학과 의학의 통합은 보기보다 멀지 않다"고 지적했다.[2] 이 문제에 관해 더 권위 있는 주장을 찾기는 어려울 것이다. "성찰-인간 정신의 한계와 의학의 미래(Lost in Thought: The Limits of the Human Mind and the Future of Medicine)"라는 제목의 이 논문은 현재 보건의료 시스템이 새로운 첨단기술의 요구를 충족시킬 준비가 되어 있지 않으며, 의학 교육이 "어처구니없을 정도로 시대에 뒤져 의사들에게 임상의학 분야의 알고리듬을 개발하고 평가하고 적용하는 데 필요한 데이터 과학, 통계학, 행동과학을 가르치려는 노력을 거의 하지 않는다"고 비판했다. 이 책은 이런 문제를 해결하기 위해 보건의료 산업 분야의 모든 사람에게 필요한 정보를 제공하고, 우리 모두가 최선의 미래를 실현하기 위해 취해야 할 필수적인 조치가 무엇인지 밝히고자 한다.

Notes

1   Peter Andrey Smith, "One Inventor's Race to Manage His Parkinson's Disease With an App," Medium (OneZero, May 22, 2019), https://onezero.medium.com/one-inventors-race-to-treat-parkinson-swith-an-app-f2bf197ee70.

2   Ziad Obermeyer and Thomas H. Lee, "Lost in Thought—The Limits of the Human Mind and the Future of Medicine," New England Journal of Medicine 377, no. 13 (September 28, 2017): 1209–1211, https://doi.org/10.1056/nejmp1705348.

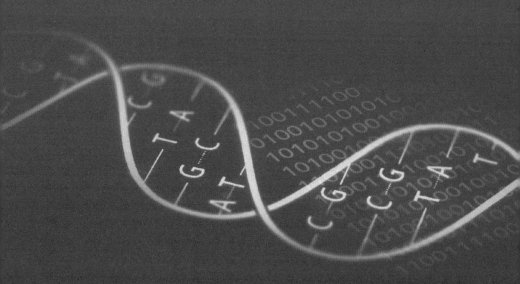

히포크라테스에서
이포크라테스까지

From Hippocrates
to Epocrates

괴혈병을
완치하기 전

한 인간에 대해 알 수 있는 건 어디까지일까? 히포크라테스에게 묻는다면 뜨겁거나 차다, 크거나 작다, 살았거나 죽었다 등 최소한의 정보만을 듣게 될 것이다. 그러나 오늘날의 의사에게 묻는다면 훨씬 복잡한 답이 돌아올 것이다. 인간의 신체 내부와 외부에서 시행할 수 있는 의학적 검사만 수천 가지에 이르기 때문이다. 혈액 화학검사, 요검사, X선 검사, 도플러, 그 밖에도 셀 수 없이 많은 검사가 있다. 뿐만 아니라 의료용 참고 앱인 이포크라테스처럼 강력한 프로그램을 통해 검사 결과가 시간에 따라 어떻게 변하는지 다양한 시스템과 온라인 연구 정보를 통해 추적할 수도 있다. 게놈의 염기서열 분석과, 사용자가 하루에 몇 걸음이나 걷는지도 측정 가능하다.

모든 관찰 결과를 환자 방정식의 입력값으로 생각한다면 이들을 범주화하는 것이 중요하다. 머나먼 과거에 비해 현재 관찰값의 신뢰도와 정확도는 크게 향상되었다. 의사들은 수백 년간 사람의 움직임과 기분을 관찰했다. 그러나 이제는 디지털 방식으로 안정적이고 자동적인 측정이 가능하게 되었다. 인간 관찰자의 편향이나 지구력의 한계는 더 이상 고려할 필요가 없게 된 것이다. 히포크라테스도 걸음 수를 셀 수는 있었겠지만, 그의 측정은 모든 면에서 오늘날의 운동 추적장치에 미치지 못한다.

범주화의 첫 단계는 고등학교 생물 시간에 배운 대로 유전형과 표현형을 구분하는 것이다. 1800년대에 그레고어 멘델(Gregor Mendel)이 콩의 형태적 특성에 관한 실험을 하기 전까지 인류는 유전이란 현상을 거의 이해하지 못했다. 100년도 안 된 과거에 제임스 왓슨(James Watson)과 프랜시스 크릭(Francis Crick)이 DNA의 구조를 밝히고 나서야 우리는 생물의 유전적 구성이 저장되고, 후세에 전달되는 원리를 알게 되었다. 우리의 게놈은 건강을 결정하는 데 믿을 수 없을 정도로 중요한 역할을 하지만, 그것은 시작점일 뿐이다.

한편 표현형이란 DNA에 부호화되지 않은 것을 포함하여 관찰 가능한 모든 측면을 가리킨다. 머리 색깔, 눈 색깔, 키, 몸무게 등 인간을 구성하는 모든 것과 우리가 세상에 존재하는 모든 방식 말이다. 분명 인류는 히포크라테스 시대 훨씬 전부터 사람의 표현형을 관찰했을 것이다. 고대의 의사가 손으로 이마를 짚어 환자에게 열이 있는지 판단하는 모습을 떠올려보자. 아니, 이 경우는 의사보다 '치유자'라고 하는 편이 낫겠다. 분명 인류는 의학이라는 체계화된 학문이 존재하기 훨씬 전부터 환자에게 열이 있는지 체크했을 것이다.

물론 이런 방법은 오늘날에도 사용된다. 부모들은 아이의 열을 확인할 때 손으로 이마를 짚어본다. 이런 관찰은 분명 표현형이라는 범주에 포함될 것이다. 우리 머릿속에서 벌어지는 일(인지)과 그런 생각이 움직임으로 나타난 것(행동) 역시 모두 표현형인 셈이다.

세월이 흐르면서 표현형을 측정하는 방법의 정밀도 역시 끊임없이 향상되었다. 대표적으로 열을 잴 때 손 대신 온도계를 사용하게 된 것을 말할 수 있다. 현대식 수은 또는 알코올 온도계는 0.1℃ 단위까지 측정할 수 있다. 37.0℃는 건강한 사람의 '정상' 체온의 평균값으로 알려져 있다. 현대식 아날로그 체온계를 이용하면 37.0℃를 37.1℃ 또는 36.9℃와 구별할 수 있다. 디지털 체온계는 그보다 훨씬 정확하다. 0.01℃ 심지어 0.001℃ 단위까지도 측정이 가능하다.

즉, 디지털 측정치는 '해상도'가 훨씬 뛰어나다. 이것은 표현형을 범주화할 때 매우 유용한 또 하나의 척도가 된다. 경험이 부족한 사람도 열이 있는지, 없는지는 구분할 수 있다. 컴퓨터 언어에 익숙하다면 이 상태를 0과 1의 이진수로 표현할 수도 있을 것이다. 경험 많은 간호사나 의사, 엄마는 미열과 고열을 구분한다. 여기에 저체온증(체온이 너무 낮아 신체 기능이 정상적으로 이루어지지 않는 상태)을 더하면 측정 결과를 네 가지로 표현할 수 있다. 컴퓨터에서도 하나의 이진수로는 표현할 수 없고, 두 자릿수가 필요하다. 이제 환자가 열이 나는 상태나 저체온증에서 회복되는지 알고 싶다면 온도계가 필요하다. 더 정확히 체온을 측정하여 시간에 따른 변화를 봐야 하기 때문이다.

질병의 진단 혹은 가임성 측정과 같은 보다 복잡한 문제를 다룰 경우 본격적으로 디지털화된 방법이 필요하다. 이렇듯 정확한 측정법을 사용하다보면 측정치를 저장하기 위한 비트 수가 점점 더 많이 필요해진다. 그리고 어느 순간부터는 생물학과 디지털 기술이 한데 합쳐져 표현형을 측정하는 데 필요한 해상도와 밀접한 관계로 연결되는 것을 관찰하게 될 것이다.

▬ 나노미터에서 메가미터로

어떤 사람에 대해 알아낼 수 있는 모든 지식을 해상도나 정확도를 넘어 척도라는 차원에서 생각해볼 수도 있다. 작은 것부터 시작해보자. 척도에서 가장 작은 쪽 끝에는 원자가 있다. 적어도 건강 상태를 관찰하는 데 현재 우리가 지닌 지식 범위에서는 그렇다. 원자들은 서로 결합하여 분자를 형성한다.(예리한 미래학자나 입자물리학자라면 언젠가는 아직 발견되지 않은 원자보다 작은 수준의 상호작용이 건강을 예측하거나 관리하는 데 중요해지는 날이 오리라 내다볼지도 모르겠다. 하지만 지금은 원자 수준까지만 생각하면 충분하다.)

그림 1.1 다양한 척도로 건강을 보는 관점

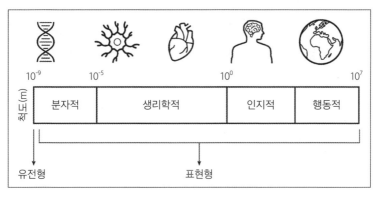

DNA부터 생각해보자. 그 크기는 나노미터 수준이다. 관찰 가능한 표현형이 나타나는 첫 단계는 유전자가 활성화되어 RNA로 전사되는 것이다. 여기까지도 나노미터의 세계다. 결국 유전자는 단백질과 단백질 복합체, 세포 내 소기관(우리 몸에 장기들이 존재하듯, 세포 속에도 다양한 기능을 담당하는 소기관들이 있다)을 만들어낸다. 이제 다음 번 척도에 도달했다. 세포의 크기는 수십 마이크로미터 수준이다. 그림 1.1에 계속 이어지는 표현형의 척도를 나타냈다.

다음 단계인 장기는 센티미터 수준이다. 시대에 따라 측정된 표현형을 생각한다면, 장기야말로 기나긴 역사 속에서 인류가 관찰해왔던 가장 작은 수준일 것이다. 인체를 체계적으로 해부해가며 이해한 최초의 인물은 기원전 약 300년경에 살았던 그리스의 해부학자 헤로필로스라고 생각된다.[1] 그는 심혈관계, 소화기계, 생식기계 등을 기술했다.

다소 민망한 일이지만 2,000년이 넘게 흐른 지금도 우리는 의학적 전문 분야를 나눌 때 헤로필로스의 시각에 따른다. 의사들은 뇌, 심장, 간을 공부하여 뇌 전문의, 심장 전문의, 간 전문의가 된다. 대체로 의학이라는 학문이 여전히 장기를 중심으로 구성되어 있는 것이다. 하지만 현재 의학적으로 중요한 관찰이나 치료가 점점 미세한 차원에서 이루어지고 있음을 생각하면, 앞으로 전문 과목도 이렇게 미세한 차원에서 구분할 필요가 있을 것이다. 어떤 척도가 다른 척도보다 더 중요하다는 뜻이 아니다. 물론 뇌라는 장기의 구조와 기능의 복잡성은 별도의 학문을 구성할 만하다. 하지만 암이란 문제를 생각해보자. 나노미터와 마이크로미터 수준의 척도들이 어떻게 상호작용하는지 알아야 각각의 환자에게 어떤 치료가 가장 도움이 될지 결정할 수 있다. 결국 암이 한 가지 질병이 아니라 사실은 많은 질병들임을 알 수 있게 해주는 분자 수준, 대사경로 수준, 분야 수준의 전문화가 훨씬 중요해질 것이다.

파울 헤를링(Paul Herrling) 교수는 학계와 산업계에서 몇 가지 중요한 직책을 맡고 있지만 무엇보다 노바티스 파마(Novartis Pharma AG)의 연구 부서장이자 메디데이터(Medidata)의 과학 고문이다. 그는 내게 진화는 신약 개발자의 동맹군이라고 말한 적이 있다. 진화 과정에서 몸속에 어떤 기능을 수행하는 분자적 기전이 출현하면, 때때로 몇 번씩 재사용된다는 것이다.[2] 그 기진은 다른 종류의 세포와 장기에서 똑같은 기능을 수행한다.(때로 다른 기능을 수행하기도 한다.) 생명과학자는 이 사실을 항상 염두에 두어야 한다.

특정 질병을 치료하는 데 특정 목적으로 사용되는 약물은 다른 질병에서 다른 목적으로 사용할 수도 있다.

특정 모델의 냉장고에서 특정한 볼트를 조여야 하는데 마땅한 도구가 없다고 생각해보자.(약간 터무니없는 비유일지도 모르지만 그래도 유용하다고 생각한다.) 결국 그 기능을 수행하기 위해 어떤 도구를 하나 만들어야 할 것이다. 이 상황은 특정 장기에 생긴 특정한 종류의 암을 치료하기 위해 어떤 약물을 개발한 상황과 비슷하다. 그 도구는 볼트의 크기만 같다면 다른 여러 가지 모델의 냉장고에서 수많은 볼트를 조이거나 푸는 데도 사용할 수 있다. 냉장고 외의 제품에도 얼마든지 사용할 수 있다. 마찬가지로 어떤 암 치료가 특정한 상황에 좋은 효과를 발휘했다면 다른 암, 나아가 암이 아닌 다른 질병에도 효과가 있을 가능성이 있다.

척도를 미터 단위, 즉 전신으로 올려보자. 이제 눈에 들어오는 것은 대부분 인류가 존재한 이래 쉽게 볼 수 있었던 것들이다. 우리의 기분은 명확한 경우가 많고, 지식은 검증할 수 있으며, 움직임은 추적할 수 있다. 그렇다고 오늘날 측정할 수 있는 방식과 동일하게 측정되지는 않았다. 더 큰 쪽으로 눈길을 돌리면 킬로미터 단위의 척도에 이른다. 걸음 수를 세는 데서 그치지 않고 우리의 인지가 행동을 촉발하여 이 세상에서 우리가 어디를 돌아다니고, 무엇을 하는지 관찰한다면 때로 수백, 수천 킬로미터에 이를 수도 있다. 더 큰 척도로 올라가면 생각이나 행동이 사회, 국가, 또는 전 세계에 영향을 미칠 수도 있다. 이처럼 각기 다른 수준의 관찰, 서로 다른 척도에 마음을 열어놓고 현대 의학이 안주하곤 하는 장기 기반 분류보다 훨씬 작은 것과 훨씬 큰 것을 볼 수 있어야 한다.

마운트 시나이 헬스 시스템(Mount Sinai Health System) 정밀 보건 부문 부사장이자 마운트 시나이 아이칸 의과대학(Icahn School of Medicine) 유전학 및 유전체 과학 부교수로서 차세대보건의료연구소(Institute for Next Generation Healthcare)를 이끄는 조엘 더들리(Joel Dudley)는 최근 메디데이터 행사에 참여하여 이 점을 지적하면서, 인간은 복잡한 적응 시스템이며 개별적인 부분만 봐서는 인간 전체를 결코 이해할 수 없다고 설명했다.[3]

그의 말에 따르면 증상과 해부학적 구조별로 연구를 구성하는 것은 그림자만 보고 세계의 모습을 파악하려는 것과 다를 바 없다. 인간의 질병에 대해 아는 것들을 데이터와 함께 재정의하는 것이 가장 중요하다. 그래야만 예컨대 뇌 질환과 피부 질환이 겹치는 부분을 정확히 볼 수 있다. 더들리는 신체 각 계통 사이의 관계, 각 질병 사이의 관계에 대한 우리의 가정은 너무 오래되었을 뿐 아니라 부정확하다고 주장한다.

우리는 아직 건강이 무엇인지도 정확하게 정의하지 못한다는 것이다. 오늘날 건강은 질병이 없는 상태라고 엉성하게 정의되어 있지만, 질병에 대한 개념은 많은 문제를 안고 있다. 건강이 과연 무엇이냐는 문제에서 질병 말고 다른 부분은 아직 완전히 정의되어 있지도 않다.

헤로필로스 이후 밟아온 길을 생각한다면 세포 수준에서 문제를 생각하기 시작한 것조차 몇백 년 안 되었다. 현미경이 발명되고, 우리 안에 있는 아주 작은 생명의 구성요소를 발견한 뒤의 일이다. 임상시험이라는 세계가 열린 것은 1600년대 후반 안톤 판 레이우엔훅(Anton van Leeuwenhoek)이 최초로 살아 있는 세포를 관찰하고 1839년 현대적인 세포 이론이 등장하여 우리 몸속의 모든 것이 세포로 되어 있음을 깨달은 시기의 대략 중간쯤 된다.[4] 우리가 신체가 어떻게 작동하는지에 대해 객관적 지식을 쌓기 시작한 것이 바로 그때였다.

▬ 괴혈병

1747년 영국 해군 소속의 외과의사 제임스 린드(James Lind)는 수많은 선원이 괴혈병으로 죽는 모습을 보았다. 1740년 한 항해에서는 1,900명의 선원 중 3/4가량이 괴혈병으로 사망했다. 그는 여섯 가지 치료법을 시험해보기로 했다.[5] 병에 걸린 선원들을 두 명씩 짝 지은 후 서로 다른 물질을 섭취시켰다. 그 물질이란 각각 식초, 사과주, 겨자와 마늘, 바닷물, 황산, 오렌지 두 개와 레몬 한 개였다.[6] 열두 명의 선원 중 감귤류 과일을 섭취한 두 명만 회복되었다.[7] 린드는 자신이 관찰한 바를 논문으로 남겼다. 이 논문은 시간의 시험을 견뎌 지금도 최초의 대조군 임상시험 보고서의 위치를 차지하고 있다. 흥미롭게도 린드는 자신의 결과를 잘못 해석하여 괴혈병을 한 가지 방법으로 치료할 수 없다고 생각했다. 환경과 식품이 함께 작용하여 병이 생긴다고 믿었던 것이다. 선원들에게 감귤류 과일을 일상적으로 제공하게 된 것은 그 뒤로도 50년이 지나서였다. 이후 아무리 긴 항해라도 신선한 과일만 있으면 괴혈병은 발생하지 않았다.

여기서 중요한 점은 인류가 역사를 통해 인체에 대해 점점 많은 지식을 쌓아왔다는 것이다. 그 결과 인류는 인체에 관한 가설을 검증하는 방법, 효과적인 치료를 개발하는 방법, 올바른 과학적 연구를 수행하는 방법에 대해서도 많은 것을 배워왔다. 제임스 린드는 귀무가설에서 출발했다. 즉, 선원들이 섭취한 물질 중 어떤 것도 질병의 경과를 바꾸지 않을 것이라고 가정했다. 그리고 실험을 통해 귀무가설이 틀렸음을 입증했다.

이런 과정은 훌륭한 과학적 실험을 설계할 때 가장 기본이 되는 원칙이다. 오늘날 환자 방정식으로 해야 할 일이 바로 이것이다. 귀무가설이란 검증하려는 것에 통계적 유의성이 없다고 가정하는 데서 출발한다. 유전형과 다양한 해상도의 표현형을 포함해 수많은 관찰을 하고, 그 결과를 종합해 질병의 발생, 효과적인 치료, 유용한 예방 조치를 예측해도 의미 있는 정보를 얻을 수 없으리라 가정하는 것이다. 그리고 린드처럼 귀무가설이 틀렸음을 입증하면 환자 방정식의 유용성을 증명하고, 향후 의학에 있어 가치를 확립할 수 있다.

이 장에서는 새로운 데이터 출처를 포함한 모든 종류의 정보들을 다룰 것이다. 그러나 훌륭한 과학에 포함시킬 수 있을 만큼 일관적이거나 엄격한 측정이 가능하지는 않다. 그 다음, 중요한 것은 귀무가설에서 시작하여 실제로 어떤 것이 가치를 높이는지 찾아내는 일이다. 새로 측정이 가능해진 표현형 중 무엇이, 전통적인 표현형 및 유전형 측정 결과와 어떻게 조합했을 때 질병을 이해하는 데 도움이 되고 중요한 의미를 갖는지 찾아내야 한다.

제임스 린드 이후 인체에 관한 지식은 방대해졌지만, 임상시험은 크게 발전하지 못했다고 할 수밖에 없다. 연구 방식에 관한 생각을 바꿀 만한 인프라스트럭처나 연결성이나 정보를 확보하지 못했기 때문이다. 하지만 이제 사정이 다르다. 한 인간에 관해 훨씬 더 많은 차원에서 보다 많은 것들을 알 수 있다. 마법은 그 수많은 차원 중에 무엇이 중요한지, 어떤 방식으로 중요한지를 알아내는 데 있다. 그 전에 다시 과거로 돌아가보자.

유전형의 헛된 약속

이번 단락에는 일부러 오해의 소지가 있는 제목을 붙였다. 1953년 왓슨과 크릭은 DNA의 구조를 발견하여 현대 유전학의 시대를 열었다. 이 기념비적인 발견 덕분에 우리는 놀랄 만큼 많은 질병을 예측하고 치료하는 능력을 발전시켜 왔다. 하지만 종종 유전형이 한 사람에 관해 알아낼 수 있는 가장 중요한 지식이라고 생각하는 경향이 있는 듯하다.

20년 전 인구집단을 대상으로 인간 게놈의 염기서열을 분석할 수 있을 가능성이 처음 제기되었을 때, 우리는 너무 쉽게 모든 질병의 본질을 이해하고 완치할 수 있으리라 생각했다. 필요한 지식은 모두 DNA의 핵염기, 즉 아데닌, 사이토신, 구아닌, 타이민 안에 있는 것처럼 보였다. 고등학교 때 배운 A, C, G, T이다. 그 암호만 해독하면 장수와 건강의 미래가 펼쳐질 것 같았다.

1997년 영화 〈가타카(Gattaca)〉에는 당시 대두되었던 유전적 결정론에 가까운 사고방식이 등장한다.[8] 영화에는 유전공학에 의해 완벽한 존재가 된 "적격자(valid)"와 유전적 구성을 그저 자연적 우연에 맡겨둔 "부적격자(in-valid)"가 나온다. 적격자는 특권층을 형성하지만 부적격자는 모든 기회에서 배제되어 좋은 학교에 가거나 좋은 직업을 얻을 수 없다. 모든 면에서 열등한 존재로 취급되는 것이다. 그러나 할리우드 영화가 으레 그렇듯 결말부에 이르면 오히려 부적격자가 더욱 훌륭한 인간임이 입증된다. 이는 그저 그런 할리우드식 결말이 아니라, 현재 유전학의 한계를 매우 정확하게 보여주는 것이다. 우주 비행사가 되겠다는 꿈을 이루는 데에는 타고난 DNA보다 주인공의 투지(인지 능력과 이로 인해 나타나는 행동)가 훨씬 중요하다는 사실을 시사하고 있기 때문이다.

단언컨대 유전형은 신체의 정상적인 기능과 전체적인 건강에 이루 말할 수 없을 정도로 중요하다. 문자 그대로 한 생명체로서 우리에 대한 가장 중요한 단일 정보원이며, 분자에서 행동에 이르기까지 우리의 모든 측면이 발현되는 가장 중요한(유일하지는 않다고 해도) 출발선이다. DNA 염기서열 중 단 한 군데만 바뀌어도 테이색스병(Tay-Sachs disease) 같은 치명적 유전질환이 생길 수 있으며, 살아가는 중에 단 한 곳에만 돌연변이가 생겨도 암에 걸릴 수

그림 1.2 나에 관한 데이터

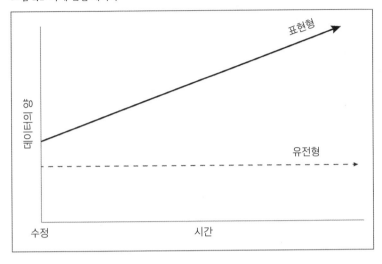

있다. 하지만 수학적인 관점에서 우리가 '유전형'과 '표현형'에 대
해 얼마나 많은 지식을 갖고 있으며, 시간에 따라 그것들이 상대
적으로 어떻게 변하는지 살펴본다면 어떻게 그리고 종종 왜 표
현형이 유전형을 압도하는지 알 수 있다(그림 1.2).

그래프에서 보듯 유전형은 변함이 없지만, 표현형은 시간이
지날수록 풍부해지면서 우리에 관해 점점 많은 정보를 축적한
다. 심지어 생명이 생겨날 때부터 내부 환경과 우리를 둘러싼 환
경은 변하지 않는 유전형이 우리라는 존재로 발현되는 데 엄청
나게 중요한 영향을 미치며, 단순한 DNA 염기서열과 비교할 수
없을 정도로 복잡하다. 우리는 단세포 수정란으로 출발하여 두
개의 세포로 분열된다. 두 개의 세포 중 하나는 머리가 되며 다

른 하나는 다리가 된다. 어떤 세포가 머리가 되고 다리가 될지 결정하는 가장 중요한 인자는 수정란 내부의 국소적 화학적 환경이다.

형태원(morphogen, 다양한 농도로 세포 속에 존재하는 신호전달분자)은 세포를 분화시키는 역할을 한다. 형태원의 농도가 서로 다른 것은 최초의 접합체인 수정란 내 농도차(부위에 따라 상대적으로 많은 양과 적은 양이 존재하여 생기는) 때문이며, 그 뒤로도 세포가 계속 분열하면서 상대적 농도가 달라져 결국 전후, 두미(頭尾) 그리고 내부에서 외부를 향하는 몇 가지 축(axis)이 생긴다. 이때부터 우리 몸의 내부와 주변의 환경은 갈수록 더 중요해진다.

우리의 삶에서 DNA(유전형)를 통해 가장 많은 건강 상태를 예측해볼 수 있는 시기가 수정 단계라고 주장한다면 지나친 말일지도 모른다. (엄밀하게 따지면 사실은 아니다. 시간이 지나면서 유전자에는 돌연변이가 생긴다. 일부 세포는 돌연변이에 의해 죽어 사라지지만, 때로는 계속해서 분열 증식하는 세포가 생길 수 있으며 그렇게 되면 치명적인 질병이 발생할 수 있다.) 하지만 원래 타고난 DNA, 즉 양친에게서 물려받은 소위 생식세포계열(germline)을 보면 염기서열에서 유추할 수 있는 것들이 있고, 그것을 통해 삶의 각기 다른 시점에 어떤 건강 문제가 발생할 수 있을지 가중치를 두어 예측할 수 있다. 그런 유추와 추측은 시간이 지날수록 점점 부정확해진다. 표현형의 영향 그리고 우리 내부와 주변의 환경 변화에 따른 표현형의 변화(우리 내부와 피부에 사는 생물들, 즉 미생물총의 모든 유전형과 계속 불어나는 표현형을 포함하여)는 건강에 훨씬 큰 영향을 미친다.

심지어 유전이 중요한 것들을 결정한다고 생각하는 분야에서 조차(정상이든 질병에 관련된 분야든) 점점 많은 것이 그렇게 단순하지 않음을 깨닫고 있다. 물론 어떤 유전자 또는 유전자의 조합은 다양한 암의 발생과 관련되지만, 복잡한 신체 시스템, 수없이 중첩된 되먹임 회로를 통한 유전자의 활성화와 비활성화, 복잡하게 얽힌 경로들, 세포 간 신호교환, 그 밖에도 생각할 수 있는 모든 차원에서 계속 복잡성이 늘어나기 때문에 결국 건강을 순전히 유전적으로 바라보는 관점이 별 쓸모없는 지나친 단순화에 불과하다고 생각할 수밖에 없다. 심지어 유전자가 '켜지'거나 '꺼질' 수 있다는 생각조차 어떤 시점에는 엄청나게 많은 단백질이 생산되었다가도 다른 시점에는 단 한 개의 단백질도 생산되지 않는 매우 복잡한 시스템을 터무니없이 단순화시킨 것일 수 있다. 스탠퍼드 대학 연구자들이 지적했듯 형질과 건강에 영향을 미치는 조건과 질병은 '전유전자성(omnigenic)'이다.[9] 유전자는 중요하다. 하지만 특정한 질병에 관여하는 유전자가 너무 많기 때문에 특정한 유전자를 추적하려는 시도는 대부분 소득이 없다.

정리하면 유전 정보가 질병 모델을 더욱 풍부하게 해줄 수 있음은 의심의 여지가 없다. 하지만 좋은 모델에는 그보다 훨씬 많은 요소가 필요하다. 우리는 유전 정보를 생리학적 데이터, 행동 데이터, 활동과 수면과 기분에 대한 정보와 결합해야 한다. 10년 전만 해도 이런 정보를 객관적으로, 단계별로 측정할 방법이 없었다. 그러나 이러한 정보는 인간의 몸속에서 어떤 일이 진행되고 있는지에 관한 모델을 풍부하게 해줄 수 있으며 실제로도 그러한 역할을 하고 있다.

환자 방정식은 이 모든 인자들을 어떤 방식으로 생각해야 할지 알아내는 것이다. 건강에 관한 것뿐만 아니라 받아야 할 치료와 받지 말아야 하는 치료에 관해 간단하지만 유용한 결과를 산출해내는 공식의 입력값으로 보자는 것이다. 누구나 충분히 오래 산다면 언젠가는 임상적 치매 상태가 될지 모른다. 하지만 환자 방정식의 세계로 나아가는 동안 유전이 운명은 아니라는 점을 기억하기를 바란다. 어떤 질병이나 상태가 되는 데(적어도 어떤 질병이나 상태가 얼마나 빨리 진행하여 치료를 요하는 문제가 된다.) 영향을 미치는 수많은 인자는 적어도 어느 정도는 관찰 가능하며(어떻게 관찰해야 할지 안다면), 경우에 따라서는 완전히 통제할 수도 있다. 이런 인자에는 무엇을 먹느냐, 어디에 사느냐를 비롯하여 현재 측정할 수 있거나, 곧 측정할 수 있게 되거나, 그것이 정확히 무엇인지만 파악하면 측정할 수 있을 수십 가지, 수백 가지, 어쩌면 사실상 무한한 요소들이 포함된다.

개인용 고빈도 측정 의료기기

우리는 인류 역사상 최초로 지금까지 측정할 수 있었던 것보다 훨씬 많은 것을 단계별로 그리고 객관적으로 측정할 수 있다. 헤로필로스나 판 레이우엔훅, 왓슨과 크릭의 업적만큼이나 혁명적인 일이다. 측정할 수 없었던 생리학적 변수들, 인지, 행동을 센서를 통해 측정하고 있으며, 우리가 사는 세상에는 센서가 문자 그대로 모든 곳에 존재한다. 나는 손목밴드를 착용하고, 가슴에도 패치를 붙이고 있다. 독자들은 아마 이렇지 않을 것이다. 그러나 스마트폰이라면 주머니 속, 책상 위, 또는 손 닿는 곳 어디엔가 놓아두었을 것이다. 스마트폰이야말로 내 가슴에 부착된 채 심박수, 체온, ECG를 측정하여 실시간으로 클라우드에 업로드하는 패치와 똑같은 고빈도 측정 의료기기다.

이런 기기는 이미 우리가 알고 있는 것, 치료를 결정하고 질병 모델을 확립하는 데 사용하는 것에 끊임없이 수많은 정보를 더하고 있다. 고대의 의사들은 체온, 피부 색깔, 열과 식은땀의 유무, 몸이 차고 건조한지 등 생리학적 소견에만 의존해 진단을 내렸다. 여기에 혈액 화학검사를 더하면 치료 결정 과정의 신뢰성이 백 배는 높아질 것이다. 여기에 X선, CT, MRI 등 영상검사를 더해보자. 암을 진단하고, 병기를 결정하고, 다양한 장기의 모습을 관찰할 수 있다. 진단은 다시 백 배쯤 정확해질 것이다. 여기에 센서들을 더해보자. 일부 센서는 이미 측정하고 있던 것을 측정하지만 훨씬 쉽게, 훨씬 자주, 심지어 진료실이나 병원에 갈 필요도 없이 측정해준다(실시간 연속 체온, 혈압, 혈당 측정계). 일부 센서는 하루에 몇 보를 걷는지, 어디에 들렀는지 등 이전에 측정할 수 없던 것들을 측정해준다.

센서와 센서를 이용하는 기기에 관해 생각하는 두 가지 축이 있다. 과거에 그런 것에 대해 생각했던 두 가지 축이라고 해도 좋다. 첫째, 의료등급의 기기와 소비자등급의 기기가 있다. 과거에 체온계는 길이가 30센티미터에 이르렀으며, 체온을 재는 데 20분이 걸렸다. 휴대하기 불편하고 거추장스러워 병원에나 가야 체온을 잴 수 있었다. 집에서는 아무도 체온을 재지 않았다. 상황은 완전히 바뀌었다. 혈압이나 혈당, 기타 모든 것이 비슷한 경과를 밟았다. 이제 의사들은 환자의 몸에 홀터(Holter) 모니터를 부착한 채 집에 돌려보내고, 수면 패턴 또한 반드시 수면연구시설에서만 측정할 필요가 없다.

둘째, 저빈도 기기와 고빈도 기기가 있다. 스타카토식 측정과 연속 측정이라고 해도 좋다. 내 손목밴드는 걸음 수를 측정한다. 저빈도 데이터라 할 수 있다. 가슴에 부착한 패치는 심장의 리듬을 측정하는데, 여기에는 훨씬 많은 정보가 필요하다.

이런 구분은 점점 덜 중요해지고 있다. 오늘날 존재하는 거의 모든 저빈도 기기 내부에 고빈도 기기가 내장되어 있기 때문이다. 내 손목밴드 속에 장착된 칩은 1960년대에 인간을 달에 보낼 때 사용했던 가속도계(accelerometer)보다 훨씬 정교하다. 과거에 의료등급이었던 기기가 현재는 소비자용으로 판매되고 있으며, 아직 그렇지 않은 것들도 모두 그렇게 될 것이다. 스마트폰을 지닌 사람이라면 누구나(내 손목밴드와 가슴 패치 얘기를 비웃는 사람까지 포함하여) 예전에는 측정할 엄두조차 내지 못했던 생리학적, 인지적, 행동적 요소를 측정할 수 있는 고빈도 소비자용 기기를 갖고 다니는 셈이다.

우리는 역사상 그 어느 때보다도 많은 정보를 더 쉽고, 더 객관적으로 측정할 수 있다. 하지만 무엇을 측정해야 할까? 데이터의 홍수를 어디부터 받아들여야 할지, 그것들을 현재 존재하는 질병과 진단 모델의 어디에 통합시켜야 할지는 어떻게 알 수 있을까? 간단히 말해서 아이폰은 생명과학 사업에 어떤 도움이 될까? 이 질문에 답하려면 환자 방정식이 무엇인지부터 알아야 한다.

Notes

1 Noel Si-Yang Bay and Boon-Huat Bay, "Greek Anatomist Herophilus: The Father of Anatomy," Anatomy & Cell Biology 43, no. 4 (2010): 280, https://doi.org/10.5115/acb.2010.43.4.280.

2 Courtesy of Paul Herrling.

3 Joel Dudley, Conference Talk at Medidata NEXT Event (November 2016).

4 Paul Falkowski, "Leeuwenhoek's Lucky Break: How a Dutch Fabric-Maker Became the Father of Microbiology.," Discover magazine, June 2015, http://discovermagazine.com/2015/june/21-leeuwenhoeks-lucky-break.

5 Milton Packer MD, "First Clinical Trial in Medicine Changed World History," Medpagetoday.com, August 15, 2018, https://www.medpagetoday.com/blogs/revolutionandrevelation/74568.

6 Jeremy H. Baron, "Sailors' Scurvy Before and After James Lind—A Reassessment," Nutrition Reviews 67, no. 6 (2009): 315–332.

7 Michael Bartholomew, "James Lind's Treatise of the Scurvy (1753)," Postgraduate Medical Journal 78, no. 925 (November 1, 2002): 695–696, https://doi.org/10.1136/pmj.78.925.695.

8 David A. Kirby, "The New Eugenics in Cinema: Genetic Determinism and Gene Therapy in GATTACA," Science Fiction Studies #81, Volume 27, Part 2, 2000, https://www.depauw.edu/sfs/essays/gattaca.htm.

9 Evan A. Boyle, Yang I. Li, and Jonathan K. Pritchard, "An Expanded View of Complex Traits: From Polygenic to Omnigenic," Cell 169, no. 7 (June 2017): 1177–86, https://doi.org/10.1016/j.cell.2017.05.038.

환자 방정식을 들여다보면

새로운 유형의 데이터와 그것이 질병 모델에 어떤 가치를 더해주는지 제대로 생각하려면 우선 '생물학적 표지자(biomarker)'와 '생물학적 표본(biospecimen)'에 대해 알아보아야 한다. 과학과 의학 분야에서 흔히 그렇듯 이 또한 비교적 단순한 것을 환상적으로 표현한 용어에 불과하다. 우리는 보통 생물학적 표지자와 생물학적 표본을 전통적 의학의 측정치, 유전자, 신체 조직 검체의 맥락에서 생각한다.

세계보건기구(WHO) 산하 국제화학물질 안전성계획(International Programme on Chemical Safety)에 따르면 생물학적 표지자란 "신체 내에서 측정할 수 있으며, 어떤 사건이나 질병의 경과에 영향을 미치거나 경과를 예측할 수 있는 물질, 구조, 과정, 또는 그 산물"[1]

이다. 더 단순하게 표현하면, 측정할 수 있으면서 질병에 관해 뭔가 알려주는 것을 가리킨다. 예컨대 누군가 암에 걸렸다면 종양 검체를 채취할 수 있다(생검). 병리학자는 검사실에서 생검을 통해 얻은 조직 검체(생물학적 표본)를 이용하여 종양을 평가한다. 그리고 현미경과 여러 가지 검사를 통해 종양의 물리적 및 생화학적 특성을 검사하면서 유용한 생물학적 표지자를 찾는다. 특정 DNA 염기서열, 암이 얼마나 공격적인지 알려주는 특정 돌연변이를 찾거나, 세포의 모양을 관찰하거나, 에스트로겐이나 프로게스테론 수용체의 존재를 검사할 수도 있다. 이런 측정이나 평가는 보통 실시간으로 이루어지는데, 제대로 진행되면 올바른 치료를 선택하거나, 현재 치료에 반응이 좋은지 판정하는 데 큰 도움이 된다.

생검을 통해 얻은 검체를 보존할 수도 있는데, 보통 얼리는 방법을 쓴다. 미래의 어느 시점에 연구자들은 이런 생물학적 표본을 해동하여 과거에 놓쳤거나 제대로 이해하지 못했던 생물학적 표지자를 찾아볼 수 있다.

생물학적 표지자와 생물학적 표본이라는 개념을 반드시 조직과 연관 지을 필요도 없다. 생물학적 표지자는 액체 속에서도 쉽게 찾을 수 있다. 대학을 졸업한 후 내가 처음 참여한 연구 프로젝트가 정확히 그런 것을 찾는 일이었다. 40세를 넘은 대부분의 남성은 전립선 특이항원(Prostate-Specific Antigen, PSA) 검사를 받는다.(최근에 표준지침이 변하기 전까지는 그랬다.) 이 단백질의 존재 여부(몸속에서 얼마나 많이 만들어져서, 얼마나 많은 양이 전립선을 빠져나와 혈액 속으로 들어가는지)는 쉽게 판정할 수 있으며, 전립선암이나 기타 양성 전립선 질환을 진단하거나 진행 여부를 판정하는 데 유용하다. 필요한 것은 소량의 혈액뿐이다. 검사실에서 그 혈액 속의 PSA 단백질(생물학적 표지자)을 쉽게 측정할 수 있다.

1990년대 중반 운 좋게도 나는 전립선암 환자의 혈액에서 무엇을 측정할 수 있는지 알아보는 다른 프로젝트에 참여했다.[2] 우리 몸속의 세포는 대부분 동일한 DNA 염기서열을 갖는다. 예외는 DNA에 돌연변이가 생긴 경우와 아예 DNA가 없는 적혈구가 있다. 하지만 조직이 분화하거나 정상 생리학적 기능을 수행하는 과정에서 다양한 유전자가 켜지거나 꺼진다. 이론적으로 전립선암 환자의 혈액 속에 존재하는 세포의 DNA만 본다면 암에 대해 그리 유용한 정보를 찾을 수 없을 것이었다. 하지만 뜻밖에도 우리는 그 연구를 통해 실제로 PSA를 만들어내는 전립선 세포는(그리고 오직 그 세포들만) PSA를 부호화하는 유전자가 '켜진' 상태임을 발견했다. 흥미로운 소견이었다.

환자의 몸속에서 PSA RNA를 찾아보았다. RNA는 PSA 생산 과정에서 필수적인 물질로 오직 전립선 안에 있는 세포에서만 발견되어야 했다. 따라서 RNA를 추적하면 PSA 단백질뿐 아니라, 전립선 세포 자체가 전립선을 빠져나와 환자의 혈액을 타고 온몸을 돌아다니고 있는지도 알아낼 수 있다. 이런 과정이야말로 암이 전이되는 원리다. 암 세포는 원래 종양에서 떨어져 나가 새로운 장소(림프절, 뼈, 폐 등)에 자리를 잡고 전이 종양으로 자라난다. 따라서 PSA 생산의 전구물질인 RNA는 암 전이 가능성과 관런된 생물학적 표지자다. 양파의 껍질을 벗기듯 우리는 특정 환자에서 발생한 암의 분자적 특성을 한 단계 더 깊게 파고들었으며, 그 데이터를 통해 암 세포가 혈액 속에 존재하는지를 생리학적 방법으로 알아낼 수 있었다.

이 연구는 새로운 생물학적 표지자를 어떻게 찾아내는지 보여줄 뿐 아니라, 생물학적 표본을 어떻게 그리고 왜 보존해야 하는지 알려준다. 전 세계적으로 전립선암 환자의 혈액을 보관한다면 언제라도 과거로 거슬러올라가 전립선 세포가 있는지 확인한 후 그 생물학적 표지자를 치료 중 일어났던 사건과 비교해볼 수 있을 것이다. 전신 순환형 전립선 세포는 보다 공격적인 암을 의미할까? 그런 세포가 발견된 환자에게 어떤 치료를 하는 것이 최선의 결과를 얻을 수 있을까? 그런 연구에 어떤 환자들이 적합할지 미리 생각하고 찾아 다닐 필요 없이 옛날에 보관해 둔 생물학적 표본들을 해동하여 연구하면 된다. 사실 25년 전 컬럼비아 프레스바이테리언 병원(Columbia Presbyterian Medical Center)에서 나 같은 실험실 연구자들은 피험자를 찾아내느라 정신이 없었다.

PSA RNA는 수많은 잠재적 생물학적 표지자 중 하나일 뿐이다. 그 연구 뒤로도 암 세포의 DNA 염기서열을 분석하여 특정한 돌연변이를 찾아내는 기술은 놀랄 만큼 발전했다. 우리가 표본을 보존하고, 환자들에게 표본을 연구 목적으로 사용해도 좋다는 허락을 받고, 표본과 치료 결과를 연결할 수 있는 능력을 갖고 있기만 하면 질병의 경과를 판정하는 데 유용한 측정치를 점점 더 많이 찾을 수 있을 것이다.

이제는 특정 암에 대한 취약성을 증가시키는 p53 돌연변이 등의 생물학적 표지자를 유전자 자체에서 찾아낼 수 있을 뿐 아니라 어떤 유전자가 켜지고 꺼지는지, 어떤 단백질이 발현되는지, 신체의 어느 부위에서 특정 세포들이 발견되는지 등을 알 수 있다. '우리'를 규정하는 어떤 표현형에서도 생물학적 표지자를 찾아낼 수 있는 것이다. 특히 단백질의 존재와 기능을 연구하는 단백질체학이 발전하면서 몸속에서 무슨 일이 벌어지는지 훨씬 많은 것을 밝혀낼 수 있게 되었다. 연구자들은 암, 알츠하이머병을 비롯해 많은 질병을 증상이 나타나기 훨씬 전에 진단할 수 있을 잠재적 생물학적 표지자를 계속 찾아내고 있다.[3] 2018년 마이클 비하(Michael Behar)는 《뉴욕타임스(New York Times)》에 단백질체 분석이 모든 병에 대한 진단 방법을 바꿀 가능성이 있다고 지적했다. "단백질을 보면 어떤 질병이 진행 중임을 확인할 수 있다. 종종 단백질은 몸이 안 좋다고 느끼기 훨씬 전, 증상이 나타나기 수개월 또는 수년 전에 혈액 속에 나타난다. 이때는 많은 병이 완치 가능한 시점이다."

전적으로 동의한다. 하지만 생물학적 표지자를 훨씬 넘어선 곳까지 보는 것이 중요하다. 인지와 행동은 건강을 측정하는 척도로 이용할 수도 있지만, PSA 수치처럼 생물학적 표지자로도 유용할 수 있다. 사실 환자 방정식의 모든 '입력값'은 알고 보면 생물학적 표지자다. 환자의 걸음 수나 하루에 돌아다닌 면적은 이것 자체만으로는 유용하지 않지만, 다른 입력값과 결합하면 암 진행을 예측하는 데 유용할지도 모른다. 소위 다변량 환자 방정식이다. 앞으로 논의에서 이 점을 항상 염두에 두기 바란다.

비슷한 맥락에서 생물학적 표본 역시 반드시 물리적인 조직 검체나 혈액 검체일 필요는 없다. 오늘 어떤 사람의 걸음 수를 기록했다가 1년 뒤쯤 전혀 다른 각도에서 생각해볼 수도 있다. 오늘 모든 사람의 걸음 수를 기록한 후 미래에 암이 생긴 사람들의 걸음 수를 살펴본다면 숨어 있는 예측인자를 발견할 수도 있다. 어쩌면 1만 2천 보를 걷든 1만 보를 걷든 걸음 수 자체는 중요하지 않고 신체 활동 양상의 변화 속도가 중요할지도 모른다. 어떤 사람이 작년에는 매일 1만 보를 걸었지만, 올해는 5천 보밖에 걷지 않는다는 사실로 몸속에서 어떤 일이 벌어지고 있는지, 어쩌면 CT에서 암의 증거가 나타나기도 전에 암이 생겼음을 알아낼 수 있을지도 모른다. 그것만으로는 충분치 않지만 PSA와 결합해서 생각한다면 전립선 암과 관련된 패턴을 발견할 수도 있지 않을까? 데이터가 많을수록, 생물학적 표본이 많을수록 과거를 다각적으로 분석하고 미래의 환자 방정식을 검증해볼 기회 또한 늘어나는 것이다.

예를 들어 알츠하이머병을 연구할 때도 똑같은 방식으로 문제에 접근해볼 수 있다. 우리는 알츠하이머병이 어떤 식으로 진행하는지에 관한 전통적 데이터를 갖고 있다. 활동 데이터와 일상적 행동 및 삶의 질에 관한 디지털 생물학적 표본도 갖고 있다. 그렇다면 스마트폰의 일정을 얼마나 자주 체크했는지와 질병 진행에 대한 전통적 측정치들을 비교해볼 수 있을 것이다. 내가 하루에 스마트폰으로 일정을 세 번 측정하는데, 갑자기 여덟 번, 열

번, 열두 번 들여다보기 시작한다면 기억력이 나빠진다는 뜻이 아닐까? 질병 진행에 관해 우리가 현재 이해하고 있는 것들에 이런 데이터를 추가할 수 있을까, 아니면 그저 잡음일 뿐일까?

▬세렝게티 초원의 사자처럼

이런 데이터는 진단, 예후, 심지어 치료 효과를 측정하는 방법으로 유용할 수 있다. 인지나 행동 데이터에서 전통적인 측정치보다 더 빨리 뭔가를 알아낼 수 있을까? 행동 변화를 양적, 객관적으로 측정하여 종양이 커지거나 줄어드는 것처럼 분자나 세포 수준에서 일어나는 일을 더 정확하게 알 수 있을까? 환자가 자신을 평가할 때 생기는 편향이나 의료인이 환자를 24시간 관찰할 수 없다는 한계에서 벗어나 객관적이고 양적인 측정치로 삶의 질이나 사회 경제적 참여도를 평가할 수 있을까? 이런 질문에 대한 궁극적인 해답은 지금 이 순간에도 연구되고 있지만, 행동과 인지 전반에 걸쳐 두 가지 예를 생각해 봄으로써 대략적인 개념을 잡을 수 있을 것 같다. 두 가지 모두는 아니어도 한 가지 정도는 환자 방정식에 포함시킬 가치가 있을 것으로 기대한다.

어떤 환자가 암 진단을 받았다고 생각해보자. 환자의 병에 쓸 수 있는 두 가지 약이 나와 있다. 두 가지 약은 같은 병에 걸린 환자들을 연구한 모든 결과를 종합했을 때 정확히 같은 기간만큼 수명을 연장한다. 안전성 프로파일이나 부작용도 비슷하여, 이를

테면 심독성이 생길 확률도 같다고 가정한다. 환자는 어떤 약을 복용할까? 약물 A인가 B인가? 예측 결과에 차이가 없으므로 특별히 좋은 선택도 없다. 어쩌면 환자와 의사는 동전을 던질지도 모른다.

이제 새로운 사실을 알게 되었다고 생각해보자. 약물 A를 복용한 환자들은 병원에서든 집에서든 생존 기간의 3/4, 즉 2년이라면 1년 6개월을 침대에 누운 상태로 지냈다. 하지만 약물 B를 복용한 환자들은 수명이 연장된 2년 중 대부분을 활동성을 유지하며 여행을 다니고, 일을 하고, 가족과 친구들을 만나며 보냈다. 선택은 쉽다. 누구나 약물 B를 택할 것이다.

여기서 정부가 약값을 부담한다고 가정해보자. 약물 B를 복용한 환자들은 비행기와 버스 티켓을 사고, 근사한 식당에서 음식을 즐기고, 직장에 다니면서 상품이나 지적 재산권을 생산했다. 다시 말해 약물 A를 복용한 환자보다 사회 경제적으로 훨씬 활발하게 활동하면서 보건의료 외에도 많은 것을 생산하고 소비했다. 그러니 의료비 지불자 또한 사람들이 약물 B를 복용하기를 원하며, 기꺼이 치료비를 지불하려고 할 것이다.

하지만 약물 A와 약물 B에 관한 정보를 어떤 방법으로 얻을 수 있을까? 바로 여기서 '환자 영역(patient territory)'이라는 개념이 등장한다.[4] 어떤 환자가 얼마나 많이 돌아다니는지, 걸음 수뿐만 아니라 활동 범위까지 측정할 수 있다면 그것을 사회 경제적 참여의 기준으로 적용시킬 수 있을 것이다. 사자 떼가 초원에서 얼마나 넓은 영역을 돌아다니는지 관찰하는 것과 똑같다.

약물 A를 복용한 환자는 하루 평균 100제곱미터의 영역 속에서 살아간다. 주로 침대에 누워 있으며, 기껏해야 화장실을 오가고 때때로 병원을 방문할 뿐이다. 하지만 약물 B를 복용한 환자는 얼마나 먼 곳으로 여행을 떠나는지에 따라 하루 평균 수천 또는 수만 제곱미터의 영역 속에서 움직일 것이다.

이때 영역을 측정하기 위해 사람들의 움직임을 따로 추적하거나, 환자 스스로 보고한 내용에 의존할 필요가 없다. 현재 사실상 세계 모든 사람이 하루 종일 휴대폰을 1미터 반경 이내에 두고 살아간다.(한 명도 빠짐없는 쪽으로 가는 추세다.) 언제라도 문자와 이메일을 주고받고, 소셜미디어에 접속할 수 있도록 충전 상태를 유지한다. 환자 영역이라는 개념이 우리의 정확한 위치를 추적하여 빅브라더 같은 방식으로 작동할까 염려된다면 익명의 위치 데이터로 영역을 계산할 수 있는 알고리듬도 많음을 기억하자.

하루 중 다양한 시점에 위치 데이터를 수집하면 일련의 벡터 값을 얻는다. 이 값은 휴대폰 속에 저장될 뿐 클라우드나 제3자와 절대로 공유되지 않는다. 각각의 벡터는 방향과 크기를 갖는다. 북쪽으로 2미터, 동쪽으로 2미터, 남쪽으로 2미터 움직였다면 4제곱미터의 영역을 눈으로 확인할 수 있다. 그곳이 어디인지 알 필요는 없다. 그저 합계만 알면 된다.

약물 A와 B를 복용한 환자들의 익명 영역 데이터를 수집한다면 명백한 수적 데이터를 근거로 아무 어려움 없이 약물 B를 선택할 수 있다. 다양한 차원에서 이런 사고 실험을 해보면 흥미로울 것이다. 이를테면 약물 A를 복용한 환자는 대부분 침대에 누운 상태로 살지만 생존기간이 평균 2년 연장되는 데 반해, 약물 B를 복용하면 겨우 12개월 연장되는 데 그칠 수 있다. 환자가 여행보다는 18개월 뒤에 다가올 손주의 졸업을 보는 것이 훨씬 중요하다고 여긴다면 두말할 것도 없이 약물 A를 선택할 것이다. 중요한 점은 영역 데이터를 근거로 규칙을 만드는 것이 아니라 환자, 의사, 심지어 의료비 지불자가 최대한 원하는 결과를 얻도록 방정식에 필요한 데이터(이 경우라면 수명 연장과 삶의 질을 맞바꿀 수 있음을 보여주는)를 수집하는 것이다.

활동 영역을 사회 경제적 참여도와 삶의 질을 대표하는 행동 표지자로 본다면, 인지에 대해서도 형식만 디지털로 바뀌었을 뿐 비슷한 예를 떠올릴 수 있다. 간단하게 주파수 대역폭 사용을 측정한다고 해보자. 온라인에서는 텍스트나 이메일뿐 아니라 소셜미디어를 사용할 때, 용량이 큰 오디오나 비디오 파일을 생성하거나 다운로드할 때 특정 대역폭의 비트와 바이트를 사용한다. 재차 강조하지만 중요한 것은 어떤 비트와 바이트냐 하는 것이 아니다. 어떤 미디어를 다운로드 받든 다른 사람이 알 바 아니다. 매일 사용하는 주파수 대역폭의 총량만 봐서 신경변성질환이 있는 사람은 낮아지고, 사회 경제적 참여가 많은 사람은 높아진다는 가정이 합리적인지 판단하는 것이다. 나는 분명 그럴 것이라 생각한다.

레이어 케이크*

이 모든 측정치(생물학적 표지자)를 층층으로 쌓아 올린다고 생각해보자. 가령 체온, 체중, 혈액 화학검사 결과, 영상검사 결과, 유전자, 단백질, 걸음 수, 영역, 기분, 먹는 것, 수면 시간, 환경 오염도 같은 것들 말이다. 이때 새롭게 측정 가능한 것을 발견하거나, 보다 해상도 높은 측정법을 발견할 때마다 더 많은 층이 생긴다. 현재는 몇 년 전보다 훨씬 더 많은 층을 측정할 수 있게 되었다. 그리고 몇 년 뒤에는 지금보다 훨씬 많은 층을 측정할 수 있을 것이다.

우리가 결정할 것은 어떤 층이 도움이 되며 어떤 층이 진단, 치료, 삶의 질을 개선하는 데 유용한 정보를 더해주느냐 하는 것이다. 특정 질병에 치료 효과를 유도하여 비슷한 결과를 이끌어내는 특성들이 어떤 층에 분포하는지 알아내야 한다. 어떤 층이 치료 시작 전에 성공적인 결과를 예측하거나 치료 시작 후에 치료 효과를 최대한 빨리 알려주는지 살펴야 한다. 어떤 층이 우리의 특성과 적절한 치료를 알려주는 유용한 입력값이 될지, 어떤 층이 치료 효과를 알려주는 출력값이 될지, 어떤 층이 두 가지 기능을 모두 수행할 수 있을지 알아내야 한다. 서로 다른 층을 어떻게 결합하고 어떤 상호작용을 통해 치료와 결과와 삶을 개선하

---

* Layer Cake, 크림·잼 등을 사이사이에 넣어 여러 층으로 만든 케이크-역주

는 방법을 얻을 수 있을지 궁리해야 한다.

앞에서 이 케이크에서 내가 좋아하는 층을 언급한 바 있다. 나는 걸음 수라는 데이터를 더 많이 수집하고 분석하면 걸음 수 변화 속도가 가치 있는 데이터가 될 것이라고 믿는다. 하루 평균 돌아다닌 영역이 삶의 질을 측정하는 유용한 방법이라고 믿는다. 휴식 시 심박수를 지속적으로 측정한다면 건강에 유용한 정보를 알려줄 것이라고 믿는다. 그래서 항상 가슴에 패치를 붙이고 다니는 것이다. 나는 소셜미디어에 포스팅하는 패턴(무엇에 대해 생각하고 무엇을 공유하는지에 대한 워드 클라우드[word cloud, 특정 단어의 빈도나 중요성을 글자의 크기로 나타낸 이미지-역주])이 기분과 행복과 전반적인 건강에 관해 중요한 것을 알려주리라 믿는다. 소위 "정크 DNA(단백질을 부호화하지 않는다는 이유로 폐기하는 인트론들)"가 사실은 유용한 정보를 담고 있을지 모른다고 믿는다. 우리가 흘리는 땀이 탈수를 알려주는 경고 신호나, 약물 복용할 때를 알려주는 지표나, 그보다 훨씬 많은 정보를 알아낼 수 있는 표지자로서 매우 중요하다고 믿는다. 사회 경제적 생산량과 소비량, 즉 특정한 날 얼마나 많이 세상에 참여하고 소비할 수 있었는지를 기분을 나타내는 지표로 사용할 수 있다고 믿는다. 활동적이고 건강한 사람은 병을 앓는 사람보다 훨씬 더 세상에 참여하기 때문이다.

내가 무엇을 믿는지가 중요한 것은 아니다. 우리는 이런 측정 값의 유용성에 대해 내가 옳은지 그른지 판정하고, 그것들이 어떤 식으로 도움되는지 알아낼 수 있는 계산 능력과 잠재적 데이터를 갖고 있다. 그것이 중요하다.

당신과 비슷한 환자, 나와 비슷한 환자

사람들은 오랫동안 스스로의 경험을 토대로 자신의 레이어 케이크를 이루는 각 층에 관해 말해왔다. 어떤 날에는 기분이 좋고, 어떤 날에는 그렇지 않다는 것을 알기 위해 센서가 필요하지는 않다. 어떤 치료는 특정한 방식으로 우리에게 영향을 미치며, 어떤 치료는 전혀 다른 방식으로 영향을 미친다. 센서를 사용하면 보다 객관적인 측정이 가능하므로 경험적 증거에 과학적인 엄격성이 생기며 우리 뇌가 인식하지 못했던 패턴들이 드러난다. 하지만 그 모든 것의 기저에 자리잡은 정보 자체는 항상 거기 있었다.

2019년 유나이티드헬스(UnitedHealth)가 인수한 페이션츠라이크미(PatientsLikeMe)는 50만 명이 넘는 회원이 자신의 질병과 건강 상태를 추적하고, 효과를 본 치료를 공유하고, 비슷한 여정을 밟는 사람들을 연결하는 온라인 네트워크다. 이 사이트에는 환자들이 사실상 모든 질병과 건강에 영향을 미치는 상태에 대해 자가 보고한 어마어마한 데이터가 모여 있다. 회사 연구팀은 환자들, 특히 대대적인 임상시험에도 불구하고 아직 유용한 답을 얻지 못한 질병을 앓는 환자들에게 보다 나은 치료가 무엇인지 찾아내려는 노력을 통해 100편이 넘는 연구 논문을 발표했다. 공동 창업자인 제이미 헤이우드(Jamie Heywood)는 이렇게 새로운 방식의 데이터 수집 센서들을 통해 호르몬, 사회적 인자들, 공기 오염도, 환경에 존재하는 중금속이나 독소, 스트레스, 대사, 수면, 영양, 활동 및 운동 등 그간 의학계에서 무시해왔던 다양한 변수들을 마침내 대중이 스스로 조사하게 되면서 그 파급효과가 엄청날 것으로 생각했다.[5] 레이어 케이크에서 어떤 층을 어떤 방식으로 주목해야 할지 알고 싶다면 제이미가 좋은 출발점이 될 것이다.

흥미로운 것은 페이션츠라이크미의 출발점이다. 애초에 제이미는 객관적이고 수학적인 엄정성이 없다는 이유로 전통적인 임상시험에서 무시해온 각 개인의 다양한 경험들을 살펴보아야만 수많은 질병에 대한 치료가 혁신적으로 향상될 것이라고 직관했던 것이다. 충분한 표본을 확보하여 다양한 정보를 이용할 수 있다면 과학적인 결함은 저절로 해결될 것이라는 생각이다. 페이션츠라이크미가 출범한 2004년에는 그런 생각이 합리적이었지만, 이제는 양쪽에서 최고인 것만 추려내어 사용할 수도 있다. 풍부한 개인적 경험과 느낌을 분석하면서도, 센서를 통해 과학적 표준을 지켜가며 임상시험에 이용할 수 있을 정도로 엄정한 측정치들을 얻을 수 있게 된 것이다.

헤이우드는 신약을 개발하고 질병을 치료하는 데 있어 주목했던 중요한 층들이 여전히 부족하다는 것에 불만을 느낀다. 특정 질병을 그때그때 치료하는 데서 그치는 것이 아닌, 최상의 건강을 유지하고 싶다면 예컨대 24시간 주기 리듬, 기생충, 염증, 주변 환경 속 식물군과 동물군 등 훨씬 더 많은 것을 고려해야 한다고 믿는 것이다. 또한 사회적 관계, 바이러스총(virome), 만성질환에 동반되는 불안 및 정신건강 문제 등도 중요하게 여긴다. 지구상에 존재하는 모든 사람에게서 이 모든 층의 정보를 수집하고,

그것들을 추적해가며 건강 결과와 비교할 수 있다면 수천 년간 보지 못했던 연관 관계들이 드러날 것이다. 상황은 점점 그렇게 되어 가고 있다.

물론 충분히 추구해볼 만한 방향이지만 실행상의 문제가 뒤따른다. 뒤에서 임상시험이란 틀에 맞춰 데이터 세트를 조화시키고 실제 경험을 통합하는 문제를 논의할 것이다. 제이미는 "건강 데이터는 디지털 형식이라야 의미가 있습니다. 현재 데이터들은 디지털 형식이 아닙니다."라고 말했다. 본질적으로 페이션츠라이크미는 환자 방정식의 입력값과 똑같은 데이터를 찾고 있지만, 생명과학계 사람들처럼 "임상시험이란 틀 속에서 무엇을 할 수 있는가?"라는 관점이 아니라 연구 환경 밖에서 무엇을 할 수 있는가에 주목한다.

제이미와 이야기를 나누는 동안 환자 방정식에서 중요한 점 하나가 자연스럽게 부각되었다. 질병에 유용한 모델은 다변량이라는 점이다. 치료 효과를 계산하는 데 우리가 한 번도 고려해 보지 않은 수많은 인자들, 상호작용하는 수많은 요소들이 존재한다. 중요하다고 생각했지만 측정할 방법이 없었기 때문에 배제된 요소들도 있다. 이제는 그것들을 측정할 수 있을 뿐 아니라, 제이미가 페이션츠라이크미를 출범시켰을 때 기대했던 것보다 훨씬 엄정하게 측정할 수 있다.

페이션츠라이크미는 여러 사람의 생생한 경험을 한데 모으면 환자들 스스로 보다 풍부하고 믿을 만한 정보를 근거로 자기 질병에 어떻게 접근해야 할지, 건강과 행복을 어떻게 최선의 상태로 유지해야 할지 판단할 수 있으리라는 희망에서 시작되었다. 그리고 연구가 수행되지 않고, 의사들의 직관 또한 정확하거나 탄탄하지 않은 분야에서 환자 스스로 질병을 관리할 수 있게 도와주었다는 점에서 큰 성공을 거두었다. 예를 들어 ALS 환자가 침을 너무 많이 흘리는 문제를 어떻게 관리할 것인지에 대한 페이션츠라이크미의 권고안은 20명의 신경과 전문의를 인터뷰한 결과보다 더 우수했다. 다양한 인공호흡기를 비교한다든지, 다양한 정신건강 치료의 효과를 비교한다든지, 다발경화증 환자가 삶의 질을 높이려면 약을 써야 할지, 식단을 조절해야 할지, 여름에 에어컨을 사용하여 더위를 관리해야 할지를 알아내는 일은 모두 이론적으로는 측정할 수 있지만, 실제로 엄정하게 측정하기가 불가능하다. 페이션츠라이크미는 경험을 수집하여 측정 문제를 해결하고자 했다. 올바른 기술을 이용하면 환자 방정식은 그런 일을 더 잘할 수 있고, 경험들을 실질적인 데이터로 변환할 수도 있다.

"약보다 훨씬 좋은 방법이 많습니다. 아예 연구하지 않는 것도 많고요." 제이미의 말이다. 그는 현재 진행 중인 연구들도 폭넓게 정의된 건강과 행복에 초점을 맞추는 것이 아니라 한 가지 차원, 즉 질병 상태의 병리학이라는 좁은 영역에 국한되어 있다고 덧붙인다. 하지만 그는 현재의 센서와 웨어러블에 대해서는 회의적이다. 솔직히 말하면 가슴에 패치를 붙이고 손목밴드를 하고 있는 나도 그렇다. 현재 우리는 서로 고립된 변수 몇 가지를 한꺼번에 측정할 수 있지만, 배경에서 작동하는 알고리듬은 측정치에 어떻게 반응할지, 측정치들을 어떻게 유용한 방식으로 결합하여 실제로 도움이 되는 정보를 얻어낼지는 말할 것도 없고 무엇을 측정해야 할지 알아내는 데조차 훨씬 많은 정보가 필요한 형편이다. 제이미는 말했다. "신호는 많습니다. 하지만 의미는 별로 많지 않죠." 정말 그렇다. 갈 길이 멀다. 앞날을 내다보면서 더 정확하고, 포괄적이고, 예측성이 뛰어난 환자 방정식에 의해 움직이는 세계를 그려볼 때 생각할 수 있는 몇 가지 거대한 개념적 아이디어를 살펴보고자 한다.

앞서 얘기한 영역 측정 아이디어는 페이션츠라이크미가 아니라 메디데이터에서 대화하는 중에 환자가 들려준 이야기에서 얻었다. 전직 FDA 통계 검토관이자 메디데이터가 인수한 스타트업의 설립자 바바라 일래쇼프(Barbara Elashoff)는 격렬한 운동을 주말에 몰아서 한다.[6] 그녀의 만보계 숫자는 주말마다 하늘 높은 줄 모르고 치솟았다. 다리가 부러질 때까지는 말이다. 역설적으로 들리겠지만 그녀는 터프 머더(tough mudder, 참가자들이 16~19킬로미터에 이르는 장애물 코스를 주파하는 지구력 경주. 장애물은 대개 인간의 공포심을 자극하는 불이나 물, 전기, 높은 곳 등이다.-역주) 비슷한 행사에서 도랑을 뛰어넘다 사고를 당했다. 우리는 그녀의 걸음 수만 측정했다면 다리가 부러진 뒤로 즉시 0에 가까운 숫자가 나왔으리라는 점에 대해 토론하고 있었다. 하나의 지표만으로 건강에 대해 많은 것을 알 수는 없을 터였다. 또한 그 지표는 근골격계 손상과 무관한 이유로 입원했다거나, 새로운 일을 시작하여 주말에도 앉아서 지낼 수밖에 없는 상황을 의미할 수도 있다.

하지만 그 지표를 생활습관에 관한 설문, 혈액 화학검사 결과, 심장 표지자 등과 같은 다른 정보와 결합한다면 대리지표 데이터를 이용해 운동하다가 부상당했음을 알아낼 수 있지 않을까? 같은 데이터를 사용하여 회복 과정을 추적할 수도 있지 않을까? 다시 강조하지만 한 가지 측정치로는 불가능하다. 그러나 충분한 시간 동안 연속적으로 데이터를 수집한다면 삶에 대해 중요한 사실들을 알아낼 수도 있을 것이다. 대화 중에 누군가 버스를 타는 것 역시 중요한 지표이므로 걸음 수는 활동을 측정하는 좋은 방법이 아니라고 지적했을 때, 활동 영역이라는 아이디어가 탄생했다. 앱이 만들어졌고, 사생활을 보장하기 위해 환자의 휴대폰 속에서 작동하며 벡터를 이용해 움직인 영역을 계산하고 합치는 알고리듬이 설계되었다. 바바라의 남편이자 회사를 공동 설립한 마이크는 옆에서 학술논문을 맹렬히 읽어가며 동물행동학에서 유래한 기법을 인간 의학에 유용한 도구로 변환하기 위해 코딩에 몰두했다. 환자의 활동 영역이 장차 임상적으로 쓸모가 있을지는 두고 봐야겠지만 비슷한 아이디어는 계속 이어질 것이다.

빈도를 늘려라

전통적 의학에서는 생물학적 표지자로 비교적 멀리 떨어진 시점에 측정한 별개의 수치들을 다룬다. 의사는 환자를 진료하고 몇 가지 지표를 측정한 후 치료를 처방한다. 그 뒤로 며칠, 몇 개월 심지어 몇 년 후에 그 지표를 재측정하여 치료 효과를 판정한다. 이처럼 어떤 시점에 측정한 수치는 변화에 대한 정보를 쉽게 알려주지 않는다. 시점 사이가 멀리 떨어져 있다면 측정치가 올라갔다가 떨어져 다시 정상으로 돌아오는 주기를 완전히 놓칠 수도 있다. 측정치 자체가 아주 정확해도 환자가 살면서 실제로 어떤 상태였는지, 측정치가 얼마나 빨리 변했는지에 관해서는 정확히 알 수 없다.

의사를 비난하려는 것은 아니다. 실제로 환자가 의료인을 찾아가야 정확히 측정할 수 있다. 이는 현재의 의료 자체가 지닌 한계라 할 수 있을 것이다. 우리는 특정한 시점에만 진료실에서 혈압이나 심박수를 재고 혈액 검사를 받는다. 그런 수치가 어떤 경향을 지니고 변한다면 거기 맞는 조치를 취하겠지만 어느 정도 추측에 의해 판단하는 것은 피할 수 없다. 심방세동이 상당히 심해도 마침 ECG 검사를 했을 때 심장이 정상적으로 뛰고 있다면 의사가 어떻게 알 수 있겠는가? '흰색 가운 고혈압'이 있어 병원에서는 혈압이 높게 측정되지만 평소에는 정상 혈압이라면 어떨까? 치과에 가기 직전에 이를 닦고 치실을 사용한다면 치과 의사가 평소의 구강 위생 상태를 정확히 알 수 있을까? 두 시점의 측정치가 직선적으로 변하거나 변화가 없는 것처럼 보이지만 사실은 중간 중간 갑작스럽게 높아지는 때가 있다면 알 수 있을까?

센서를 이용하면 진료 시에만 관찰하는 스타카토식 리듬이 아니라 연속적 흐름을 알 수 있다. 저빈도 데이터 환경에서 고빈도 환경으로 옮겨가면 실시간으로 데이터를 확인하여 즉시 적절한 조치를 취할 수도 있다. 너무 늦지 않게 발견하기만을 바라는 것이 아니라 환자가 위험에 처할 때 즉시 알 수 있는 이상적인 상황이 갖춰진다. 믿을 만한 기기로 환자를 모니터링하면서 측정할 필요가 있는지조차 몰랐던 것들을 측정하여 찾아볼 생각조차 못했던 증거들을 발견할 수도 있다. 지금까지는 뇌졸중이나 기타 다른 심각한 상황이 발생해야만 심방세동을 진단할 수 있었다. 아무 일도 없었던 사람의 심박동을 모니터링하지는 않기 때문이다. 하지만 그런 위험이 높은 환자를 미리 찾아내어 뇌졸중이 생기기 전에 최초로 혈액 응고 방지제를 투여한다면 생명을 구할 수도 있다. 실제로 애플워치를 사용하던 13세 소년이 심박수가 분당 150회에 이르자 스스로 응급실을 찾아 심방세동을 진단받은 경우도 있다. 당연히 의료진은 문제가 생기기 전에 예방 조치를 취할 수 있었다.[7]

흰색 가운 고혈압에 관해서는 2018년《뉴잉글랜드 의학저널》에 실린 논문에서 24시간 혈압 모니터링이 진료실을 방문했을 때만 혈압을 측정하는 것보다 사망률을 훨씬 잘 예측한다고 보고된 바 있다.[8] 모든 사람의 혈압을 하루 24시간 측정할 수 있다면 고혈압을 치료하는 방식과 치료가 얼마나 효과적인지 판단하는 방식이 완전히 바뀔 것이다.

이처럼 데이터를 고빈도로 측정하여 하나의 연속선을 이룬다면 환자가 신뢰성 있는 측정을 위해 반드시 전문 의료인을 찾아가야 할 필요도 없어질 것이다. 질병의 본질을 이해하려는 노력이란 차원에서 의사도 환자만큼 큰 혜택을 누리는 것이다. 환자는 진료 예약에 따라 몇 개월에 한 번만 중요한 지표를 측정하는 것이 아니라 연속적으로 모니터링받을 수 있으며, 이런 데이터는 주목해야 할 변화가 있을 때, 위험 수준에 도달했을 때, 또는 놓치기 쉬운 경향이 나타날 때 자동적으로 의사에게 통보된다. 전신 PET 영상검사를 매일 받을 수 있는 사람은 없다. 하지만 일상생활을 방해하지 않고 배경에서 조용히 작동하는 기기는 하루도 빠짐없이 24시간 데이터를 수집할 수 있다. 환자 입장에서 보자면 고빈도 피드백에 의해 약물 투여 방식과 용량을 최적화하고, 질병을 효과적으로 관리할 수 있으며, 뭔가 정상 궤도를 벗어나면 큰 손상이 발생하기 전에 즉시 조치를 취할 수 있다.

고빈도화된 세상에서 환자 방정식에 의한 변화는 비유컨대 조간 신문 경제면에서 주식 페이지를 들춰보는 데서 블룸버그 터미널을 통해 끊임없이 시세를 스크롤하는 방식으로 변한 것과 같다. 신문은 아마추어용이다. 블룸버그 터미널은 프로용이다. 다음날 아침까지 기다릴 필요는 없다. 환자의 상태를 평소와 다름없이 생활하면서 방정식이 변할 때마다 실시간으로 볼 수 있는 것이다.

핵심 레이어를 역설계하라

현재 진단과 치료에 사용하는 방정식은 대개 일변량이다. '한 가지 변수가 기준에 도달하면 어떻게 한다'는 식으로 단순한 공식이다. 콜레스테롤 수치가 180을 넘으면 스타틴을 처방한다. 180이라는 숫자가 안전과 위험 사이를 가르는 마법의 기준이라서가 아니다. 심지어 콜레스테롤 수치가 스타틴이 필요한지 결정하는 완벽한 한 가지 기준도 아니다. 그저 쉽게 측정할 수 있는 기준 중 제일 낫기 때문이다. 말하자면 사회 전체 규모에서 사람들을 치료하는 데 유용하도록 문제를 추상화한 것이다. 그런 모델이야말로 내가 극복하기를 바라는 것이다. 이제 기술의 발달로 인해 그저 측정하기 쉽다는 데서 벗어나 새로운 조건을 방정식에 추가하여 효과적인 진단과 치료에 실질적으로 도움을 받을 수 있다.

이런 목표에 이르는 길은 환자에게 적절한 기기를 장착하고, 수많은 디지털 생물학적 표본을 저장하고, 수집된 데이터를 재생하면서 점검하는 것이다. 비용도 많이 들지 않는다. 이제 종양 검체를 계속 얼음 위에 놓아두는 것보다 훨씬 적은 비용으로 연속적인 디지털 정보를 저장할 수 있다. 제이미 헤이우드는 반대할지 모르지만 음식 속에 들어 있는 미량영양소는 우리가 실감하지 못할 뿐 건강에 중요한 영향을 미칠지 모른다. 우리 몸속에는 건강을 유지하기 위해 일부 금속이 아주 미량 존재해야 하지만 현재는 그런 금속의 섭취량을 모니터링하지 않는다. 그런 것을 모니터링한다면 누군가에게는 큰 의미가 있을까? 그런 금속들을 너무 많이 섭취하면 어떤 문제가 생길까? 예를 들어 알아차리지 못하는 새에 수은의 독성이 아주 미묘한 방식으로 우리 건강에 영향을 미치는 것은 아닐까? 우리는 이런 것들을 측정할 수 있다. 정말 그렇게 한다면 몇 년 안에 전체 인구를 대상으로 어떤 결과가 나오는지 확인할 수도 있다. 실제로 상관관계가 드러날지도 모른다. 물론 그렇지 않을 수도 있지만, 결과가 나올 때쯤이면 이런 연구로 인해 새로운 지식을 쌓게 될 것이다. 수면, 휴식 시 심박수, 뇌를 훈련하는 게임, 그 밖에 상상하고 추적할 수 있는 수많은 변수에 대해 이런 연구를 수행한다면 가장 효과적이고 정확한 환자 방정식을 역설계할 수도 있을 것이다.

치료 과정 중 우연히 뭔가를 발견하는 일은 자주 일어난다. 상원의원이었던 존 맥케인(John McCain)의 목숨을 앗아간 교모세포종은 혈전 수술 중에 우연히 발견되었다. 이런 일은 그리 드물지 않지만, 대중의 건강을 향상시키는 전략으로 삼기에는 충분치 않다. 그런 발견은 다른 방식으로 찾아냈어야 할 것들이 존재한다는 교훈일 뿐이다. 환자에게 어떤 약물이 처방받은 사람의 80%에서 효과를 발휘한다고 설명하는 경우를 생각해보자. 그가 약에 반응하지 않는 20%에 들어갈지는 어떻게 알 수 있을까? 완벽한 세상이라면 처방을 내리기 전에 그 사실을 알아야 할 것이다. 물론 현실은 전혀 그렇지 못하다. 그러나 의미 있는 데이터가 전혀 없는 것은 아니다. 우리가 발견해주기를 기다리고 있을 뿐이다.

두말할 것도 없이 효율이 감소하는 지점이 있다. 측정할 수 있는 변수는 무한하지만 대부분의 경우에 의미 있는 차이를 낼 수 있는 것은 불과 몇 개에 그칠 것이다. 하지만 우리는 아직 그런 지점에 도달하지 못했다. 대부분의 환자 방정식에서 5개의 조건이 가장 큰 차이를 이끌어낼지, 500개의 조건이 그런 효과를 안 겨다줄지는 전혀 알 수 없다. 일단 그 지점에 도달해야 단순화를 추구할 수 있다. 그때서야 이렇게 말할 수 있는 것이다. "글쎄요, 장기적인 결과를 걱정한다면 헤모글로빈 A1c, 총 콜레스테롤, 혈압 그리고 식단과 운동 자가평가만 보면 됩니다. 다른 변수를 수백 가지 추가해도 전체 점수의 정확성이 1%도 향상되지 않으니까요." 우리는 콜레스테롤과 혈압을 조절하면 뇌졸중이나 심장발작 가능성이 낮아진다는 사실을 안다. 훨씬 정확한 예측을 위해 그런 검사를 보충할 수 있는 지표가 있을까? 휴식 시 심박수, 칼슘 지수, 연속 ECG 모니터링을 추가한다면 얼마나 도움이 될까? 심장 건강을 분석하여 장기적 생존 가능성에 훨씬 큰 수학적 영향을 미치는 다면적 방식은 없을까?

누구든 충분히 오랫동안 홀터 모니터링을 시행하면 비정상적인 순간, 평소와 다른 심박동을 찾아낼 수 있을 것이다. 하지만 그런 순간적 이상 소견과 심각한 문제가 나타난 ECG는 어떻게 다를까? 좋은 소견에서 나쁜 소견으로 변해가는 스펙트럼은 어떤 모양이며, 검사 결과가 그 스펙트럼상에서 정확히 어디에 위치하는지 알려면 얼마나 많은 데이터가 필요할까? 혹시 다른 변수가 더 중요할까? 똑같아 보이는 두 개의 ECG가 서로 연관되어 있음을 아직 모르는 다른 측정치에 따라 매우 다른 의미를 나타낼 수 있을까? 수많은 소견을 정확히 어떻게 분류해야 할지 더 잘 안다면, 질병을 더 정확히 예측하고 최적의 치료가 무엇인지도 보다 정밀하게 판단할 수 있을 것이다.

걸음 수만으로 심장발작을 예측할 수는 없지만, 그런 수준에 가까이 갈 수는 있을지도 모른다. 물론 그렇지 않을 수도 있다. 일부 새로운 테크놀로지의 영리함은(몇 가지를 2부에서 살펴볼 것이다.) 무엇을 측정할 필요가 없는지 찾아내고, 유용한 측정치와 유용하지 않은 측정치를 분리하는 데 있다. 우리는 질병을 모델링하는 데 일변량에서 다변량 접근법으로 옮겨가는 긴 여정을 시작하는 단계에 있다. 당장은 우리가 궁금해하는 대부분의 질문에 모른다고 대답할 수밖에 없다. 하지만 언젠가는 답을 찾을 것이다.

인지적 차원

현재 질병 모델에서 얼마나 많은 인지적 측정치를 놓치고 있는지는 강조할 필요도 없다. 우리는 신체와 뇌를 서로 다른 차원으로 생각한다. 건강과 정신을 독립적으로 바라본다. 두 가지 사이의 관계에 있어 너무나 많은 것을 제대로 평가하지 못하기 때문이다. 예컨대 낙관적인 성향과 비관적인 성향은 호르몬 분비, 대사율의 변화를 비롯한 수많은 신체 기능과 관련이 있다.

뇌와 행동 사이의 관계는 명백하며 관찰하기도 쉽다. 우리는 A라는 지점에서 B라는 지점으로 걸어가겠노라 마음먹는다. 의식적 또는 무의식적으로 몸을 꼼지락거린다. 교감신경계와 부교감신경계의 작용에 의해 달리고, 숨고, 하품하고, 잠을 잔다. 마음이나 영혼에 대한 형이상학적 고찰을 해볼 것도 없이 감각기관을 통해 들어온 자극이 근육의 수의적 및 불수의적 움직임을 자극하고, 자율신경계에 의한 생리학적 기능이 동일한 유형의 되먹임 회로와 함께 작동하는 것은 명백하다.

질병의 진행에 행동과 인지가 얼마나 큰 역할을 하는지에 대해서는 수많은 증거가 쌓이고 있다. 전혀 놀랍지 않은 일이다. 2018년에 발표된 기념비적 연구에 따르면 핏비트(Fitbit)를 처방하면 암 환자의 생존에 영향을 미친다고 한다.[9] 환자가 더 많이 움직이고, 대사율이 높은 상태를 유지하기 때문일까? 그럴지도 모른다. 면역계와 대사율 사이에 관련이 있다는 것은 잘 알려져 있다. 면역 반응을 일으키려면 에너지가 필요하며, 따라서 신체가 에너지를 공급하는 능력이 면역계에 영향을 미치리라는 점은 누구나 생각할 수 있다. 면역계와 암 사이에 밀접한 관련이 있기 때문에 활발한 환자일수록 예후가 좋으리라 가정한다고 해서 터무니없지는 않을 것이다.

하지만 활동을 측정한 후 그것을 숫자로 변환하여 보여주는 핏비트 장치를 착용한다는 것 자체가 인지적 차원을 놀랄 만큼 확장시킨다. 웨어러블 장치로 운동할 동기를 부여하는 것이 신뢰성 있는 인지적 효과를 발휘하여 치명적인 질병에 걸린 환자의 생존 가능성을 의미 있게 변화시킬 수 있을까? 이 점에 관해서는 많은 연구가 필요하지만 적어도 그런 논리 자체가 타당성이 있다고 생각할 이유는 충분하다.

전혀 다른 종류의 정신-신체 연관성도 있다. 바로 위약효과다.

임상시험에서는 위약효과를 매우 신중하게 통제해야 한다. 연구자들은 위약효과 때문에 예상치 못한 결과를 얻는 경우가 많다. 사람들은 활성약물 대신 가짜약을 투여받아도 기분이 좋아진다. 정신상태에만 영향을 미치는 것이 아니다. 실제로 생리학적 효과가 나타난다. 호르몬이 분비되고 동기가 부여된다. 치료에 환자가 적극적으로 참여하며 심리적으로는 물론 실제로 신체적인 변화가 생긴다. 연구를 할 때는 반드시 이런 부분을 염두에 두어야 한다.

위약효과는 현재 임상시험에서 종종 성가신 문제, 시험을 방해하는 요소로 취급된다. 하지만 위약효과를 잘 이용하면 이익을 얻을 수 있을지 모른다. 효과가 없는 약으로 환자를 치료해야 한다는 뜻이 아니다. 위약을 통계를 방해하는 요소로만 볼 것이 아니라 건강을 좋은 쪽으로 변화시키는 수단으로 사용할 수도 있다는 뜻이다. 그런 힘을 어떻게 긍정적인 방향으로 사용하여 최선의 결과를 얻을 것인지 생각해볼 필요가 있다.

많은 점에서 우리는 아마존 같은 기업들로부터 배울 수 있다. 그들이 건강을 최적화하려고 노력하는 것은 아니다. 그들은 소비자의 습관을 최적화하려고 노력한다. 그 방식은 상당히 많은 부분이 환자 방정식이라는 개념에 잘 들어맞는다. 그들은 A/B 테스팅을 하는데, 이것은 기본적으로 임상시험과 똑같은 방식의 무작위 연구다. 즉, 두 가지 서로 다른 집단에 서로 다른 추천 상품 세트를 보여주고 어느 쪽의 결과가 좋은지 비교하는 것이다. 알고리듬은 스스로 학습하며, 최선의 결과를 얻을 때까지 끊임없이 정교해진다.

흥미로운 것은 아마존을 비롯한 기업들이 예측 엔진이 지나치게 정교하면 오히려 역효과가 난다는 사실을 알아냈다는 것이다. 사람들은 추천 상품이 완벽하기를 원치 않는다. 그렇게 되면 흥미를 잃고, 섬뜩한 느낌을 받으며, 결과적으로는 물건을 덜 사게 된다. 과거 구매 내역과 검색 내역을 근거로 얼마나 정교하게 상품을 추천할지 1점에서 10점까지 설정할 수 있는 다이얼이 있다고 상상해보자. 데이터에 따르면 10점은 너무 높다. 사람들은 8점 정도를 편안하다고 느끼는 것 같다.(실제로는 훨씬 복잡할 것이다. 전자상거래 기업이 만들어낸 "소비자 방정식"이 무엇이든 그것은 기업의 일급 비밀이다.) 이 점이 우리에게 의미를 갖는다면 보건의료는 사람들에게 어떤 질병이나 상태에 관한 모든 정보를 보여준다고 해서 저절로 최적화되지 않는다는 점일 것이다. 어쩌면 사람은 약간 적은 정보, 약간 못 미치는 권고를 받았을 때 더 나은 결과를 나타낼지 모른다. 여러 가지 조건이 실제보다 더 무작위적이라고 생각할 때, 자신이 더 많은 통제권을 쥐고 있다고 믿을 때 가장 좋은 결과가 나올 수 있다.

'왜'라는 질문이 반드시 중요한 것은 아니다. 관련 정보를 100% 보여주는 것보다 80%만 보여주었을 때 결과가 더 좋다고 입증되었다면, 그렇게 하는 것이 최선일 것이다. 23andMe라는 회사에서 개발한 유전검사 장비를 소비자들에게 널리 판매할 수 있게 되었을 때 FDA는 분명 부정적인 결과가 나올 수 있다고 생각했던 것 같다.[10] 지나치게 많은 정보, 특히 잘못 해석할 수 있는 정보는 불필요한 과잉치료를 유도하고, 삶의 질과 의학적 결과에 부정적인 효과를 초래할 수 있다.

마인드스트롱(Mindstrong)이라는 회사가 있다. 우리가 스마트폰으로 하는 모든 일을 건강에 대한 실질적인 데이터로 바꾸는 회사다. 얼마나 빨리 스크롤하는지, 밤에는 얼마나 자주 폰을 들여다보는지, 어떤 내용을 포스팅하고 누구에게 전화하는지 그리고 그런 데이터가 질병의 증상과 어떤 상관관계가 있는지 알아보는 것이다.[11] 《뉴욕타임스》는 샌디에이고의 스크립스 중개과학연구소(Scripps Translational Science Institute) 디지털의학 부서장인 스티브 스타인허블(Steve Steinhubl) 박사를 인용했다. "사교적이었던 사람이 갑자기 친구들에게 문자를 보내지 않는다면… 우울증에 빠져 있을지 모른다… [또는] 캠핑 여행을 떠나서 평소의 행동이 바뀌었을 수도 있다."

이런 식으로 생각한다면 인지 데이터의 세계는 걸음 수든, 영역이든, 가속도 스트림 패턴으로 나타나는 디지털 생물학적 표본이든 행동의 세계를 모방하는 데서 출발한다. 우리는 여러 층에 걸쳐 풍부한 잠재적 생물학적 표지자를 수집하여 환자 방정식의 입력값으로 사용할 수 있다. 이런 생물학적 표지자 속에는 단독으로, 또는 조합하여 사용했을 때(이쪽이 가능성이 높을 것이다.) 질병의 진행을 예측하고, 추적하고, 알아낼 수 있는 유용한 측정치가 숨어 있다.

⎯ 사실상 공짜로 더 정밀한 측정치를

앞서 디지털 생물학적 표본은 보관 비용이 거의 없다고 했다. 애초에 이런 측정치를 확보하는 데 드는 비용도 점점 0으로 수렴한다. 서론에서 말했듯 나는 강연 중에 종종 청중에게 묻는다. "지금 활동 추적장치나 의료기기를 착용하고 계신 분은 얼마나 됩니까?" 당연히 모두가 손을 들지는 않는다. 하지만 그 방 안에 있는 모든 스마트폰은 만보계, 고도계, 활동영역 추적장치를 하나로 합친 것이라 할 수 있다. 나아가 앞으로 논의할 시계, 반지, 기타 스마트 기기가 날로 늘어나면서 휴대폰은 엄청난 양의 행동, 인지, 생리학적 데이터를 수집할 수 있는 편리한 허브가 될 수 있다.

심장 건강을 예로 들어 똑같은 의학적 개념을 세 가지 다른 방법으로 측정했을 때 비용과 데이터 품질(이쪽이 더 중요하다.)을 비교해보자. 의사에게 이런 질문을 받은 사람도 있을 것이다. "숨이 차지 않는 상태로 한 번에 계단으로 몇 층까지 올라갈 수 있습니까?" 보건의료인으로서는 상당히 간편한 질문이며, 환자도 대답하기 어렵지 않다. 하지만 전 세계에서 똑같은 질문이 몇 번이나 반복될까? 연구의 일환으로 질문과 답을 차트에 적거나 환자가 직접 일지에 기록한다면 소요되는 시간의 총합은 얼마일까? 비용이 결코 0이라고 할 수는 없을 것이다. 정확도는 얼마나 될까? 의사에게 우선 특정한 상황을 전달하는 데 관심을 두는 사람은 편향에 사로잡히기 쉽다. 전적으로 기억에만 의존하여 얻은 답의 정확도는 결코 높지 않을 것이다.

반대쪽 극단을 생각해보자. 매우 높은 정확도를 원한다면 심장 스트레스 검사를 할 수 있다. 환자에게 심전도 기계를 연결하고 러닝머신 위에서 점점 빨리 걷게 하여 심박동을 기록하면 객관적이고 정량적인 측정치를 얻을 수 있다. 하지만 이 방법은 상당한 비용이 든다. 환자의 시간, 의료인의 시간, 장비 가격까지 고려하면 더욱 그렇다. 또한 이 방법으로 얻은 측정치는 한순간의 심장 상태를 나타낼 뿐이다. 예컨대 전날 밤 얼마나 잤는지, 푹 잤는지에 따라서도 얼마든지 달라질 수 있다. 또한 식단을 크게 바꾸거나 규칙적으로 운동을 시작한다면 시간이 지나면서 측정치가 달라질 것이다. 따라서 한 번 측정한 값은 유용성이 그리 크지 않으며, 심장 건강을 정확히 평가하려면 장기간에 걸쳐 값비싼 검사를 반복해야 한다.

세 번째 방법으로 누구나 갖고 있는 스마트폰을 이용하여 똑같은 수치를 측정한다고 해보자. 대부분의 스마트폰에는 가속도계는 물론 고도계까지 내장되어 있다. 또한 점점 많은 사람이 심박수를 측정하는 보조기기를 착용하는 추세다. 질문을 하거나, 스트레스 검사를 받는 데 비용과 시간을 들이지 않아도 매일 얼마나 많은 계단을 올랐는지, 그때 얼마나 숨이 찼는지 객관적이고 정량적으로 측정할 수 있다.

다른 예를 들어보자. 6분걷기검사란 것이 있다. 환자에게 거리가 얼마인지 아는 복도 끝까지 걸어갔다가 돌아오도록 하면서 시간을 재는 것이다. 6분 동안 걸은 거리가 그대로 점수가 된다.

임상시험에서는 근이영양증처럼 보행에 지장이 있는 환자에서 치료 반응을 평가하는 지표, 즉 종료점(endpoint)으로 삼는다. 어떤 치료에 대한 환자의 반응은 이 검사 결과와 좋은 상관관계가 있다. 하지만 이런 측정 방법도 때로 아주 큰 문제가 있다.

뒤셴형(Duchenne) 근이영양증에서 6분걷기검사는 종종 FDA에 제출하는 임상시험 보고서에 종료점으로 사용된다. 하지만 아예 걷지 못하는 환자는 어떻게 해야 할까?[12] 검사가 아무 의미도 없을 것은 분명하다. 또한 환자가 그저 '컨디션이 안 좋은 날'이라면 어떨까? 근이영양증 환자의 기대수명을 생각해볼 때 환자는 어린이인 경우가 많다. 그날 상태가 좋지 않아서 검사를 제대로 마치지 못한다면 향후 측정치의 기준이 될 기저값을 구할 수 없으므로 임상시험에서 제외될 수 있다. 결국 어린이는 실험적 치료를 받을 수 없다.

결국 이 검사를 매우 중요한 판단의 근거로 삼았던 것이 불행한 결과로 이어지게 된 것이다. 뿐만 아니라 증상이 간헐적으로 나타나는 질병에서 한 시점에만 관찰한 소견이 통계적 약점을 지닐 수밖에 없는데도 기준점으로 삼은 것도 한몫했다. '컨디션이 좋은 날'과 '컨디션이 안 좋은 날'이 교대로 나타난다고 생각해보자. 평균 점수는 어떤 시점에 측정한 점수와는 크게 다를 것이다. 그럼에도 우리는 6분걷기검사와 비슷한 검사들을 다양한 질병에 사용하며, 그 데이터는 신약을 승인받는 데 매우 중요하다. 일상생활에 방해가 되지 않으면서 활동을 연속적으로 측정하는 디지털 기기를 이용하면 6분걷기검사보다 훨씬 좋은 데이터를 얻을 수 있음은 물론, 컨디션이 좋은 날이든 안 좋은 날이든 모든 환자에서 의미 있는 기저값을 쉽게 얻을 수 있다.

어떤 환자의 질병이 악화와 호전을 반복한다고 생각해보자. 예컨대 편두통 환자라면 두통을 겪는 날이 있고, 겪지 않는 날이 있을 것이다. 그림 2.1의 달력에서 색칠이 된 날은 편두통이 있었던 날이다. 환자는 그 달 말일에 의사를 만나 진찰을 받았다.(이중 동그라미된 날) 그 전 주에 분명히 증상을 기억할 수 있는 날은 동그라미로 표시했다. 그저 달력을 훑어보든, 문제가 있었던 날을 체크하여 빈도와 비율을 계산하든, 의료인이 환자를 관찰한 소견과 환자의 회상과 실제 질병 상태 사이에 불일치가 있으리라는 점은 쉽게 알 수 있다.

10년쯤 지나면 따로 떨어진 시점에 데이터를 측정한 임상시험은 자취를 감출 것이다. 가능한 경우 항상 연속으로 잠재적 생물학적 표지자를 측정하게 될 것이다. 진료실에서 측정하는 생화학적 또는 신체적 지표가 모두 이렇게 대체되거나, 환자들이 사용하는 휴대폰, 시계, 기타 센서 인프라스트럭처를 이용해 추가 비용이나 노력 없이 디지털 생물학적 표지자들이 자연스럽게 통합될 것이다. 그저 멋진 신식 도구들을 갖는 차원의 문제가 아니다. 의사가 특정한 순간 환자와 직접 만나야만 하는 환경에서 멀리 떨어진 곳에서도 훨씬 적은 비용으로 훨씬 신뢰성 있는 결과를 얻는 쪽으로 임상시험의 패러다임이 바뀌는 것이다. 이제 우리는 노동집약적, 시간집약적 진료를 통해 직접 환자의 몸에 물리적으로 접근하는 데서 벗어나 '컨디션이 좋은 날'과 '컨디션이 안 좋

그림 2.1 편두통 환자의 한 달간 증상 일지

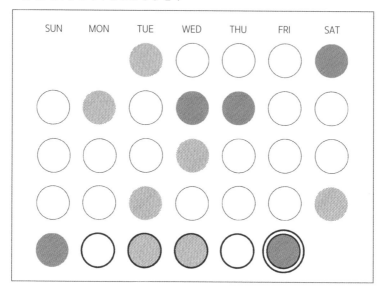

은 날'에 관계없이 대규모 측정치를 즉시 클라우드로 전송하고, 그것을 강력한 알고리듬으로 분석하는 시대의 문턱에 서 있다.

가설 확인에서 가설 생성으로

오늘날 의학 데이터의 세계는 가설 확인의 세계라 할 수 있다. 우리는 뭔가를 의심하고, 그 생각이 맞는지 확인하기 위해 검사를 지시한다. 하지만 장차 이런 도구들을 이용해 가설을 세우는 단계까지 나아갈 것이다. 데이터가 먼저 뭔가를 말해준다. 그때 조사에 나서는 것이다. 순간의 데이터를 근거로 결정하느냐, 연속적인 데이터의 흐름을 근거로 예측하느냐의 문제다. 그것은 엄청난 차이이며, 그런 차이를 낳는 원동력은 디지털 데이터에 있다. 환자의 삶에서 모든 순간이 똑같지는 않다. 삶에서 훨씬 큰 표본을 근거로 할수록 예측은 보다 정확해진다.

우선 정보의 전체적인 흐름을 손에 쥐고 나면 모든 데이터를 의학적 증거로 해석해 진료실, 실험실, 또는 시장에서 어떻게 앞으로 나아가야 할지 판단할 수 있다.

앞서 알츠하이머병을 언급하면서 휴대폰에서 자주 일정을 확인하는 것이 어떤 문제가 시작되었다는 징후일 수 있다고 했다. 그 정도로는 확실한 척도라고 할 수 없을지 모른다. 하지만 그런 데이터가 우리를 유용한 쪽으로 이끌 수는 있다. 가능성의 범위를 좁히고 보다 영리한 예측을 할 수 있는 것이다. 가까운 미래에 의학적 개입이 필요한 쪽으로 어떤 추세가 나타나고 있음을 전혀 모르는 것과, 75%의 확률로 치료해야 할 어떤 질병이 생길 것이라고 예측하는 것은 천지 차이다. 어쩌면 인구의 30%가 치매가 문제가 되기 훨씬 전에 다른 이유로 사망할 것이라고 예측할 수 있을지도 모른다. 이렇게 질병 모델을 향상시킬 수 있다면 의사들은 진료가 필요한 환자에게 더 일찍 주의를 집중할 수 있고, 의료비 지불자는 엉뚱한 사람에게 결코 걸리지 않을 질병을 치료하는 데 비용을 들이지 않을 수 있으며, 제약회사는 개개인의 필요에 훨씬 잘 맞는 약물을 개발할 수 있다. 궁극적으로 환자들이 훨씬 좋은 의학적 결과를 누릴 수 있다.

현재 가장 영리한 생명공학 기업가들은 이런 것들을 생각하고 있다. 가능성의 폭을 좁히고 누구를 치료할 것인지, 어떤 병을 언제 어떻게 치료할 것인지에 대한 판단을 향상시키고자 한다. 물론 단순히 트랜드를 좇아 기회를 포착하고, 마음을 사로잡는 유행어를 만들어내고, 환자 방정식과 아무 관련이 없는 제품을 출시하려는 기업가도 많다. 이러한 점을 고려하여, 다음 장에서는 오늘날 시장에서 판매되는 다양한 상품(기술, 약물, 기기, 웨어러블)을 살펴보고 그저 과장된 선전에 기대 붐을 일으키는 것과 진정 가치 있는 것을 구분하고, 실패로부터 배우며, 아이디어를 실제 사업으로 연결할 때 가장 중요한 것이 무엇인지 알아내는 수단들을 개발해볼 것이다.

Notes

1 Kyle Strimbu and Jorge A. Tavel, "What Are Biomarkers?," Current Opinion in HIV and AIDS 5, no. 6 (November 2010): 463–66, https://doi.org/10.1097/coh.0b013e32833ed177.

2 Carl A. Olsson, Glen M. de Vries, Ralph Buttyan, and Aaron E. Katz, "Reverse Transcriptase-Polymerase Chain Reaction Assays for Prostate Cancer," Urologic Clinics of North America 24, no. 2 (May 1997): 367–78, https://doi.org/10.1016/s0094-0143(05)70383-9.

3 Michael Behar, "Proteomics Might Have Saved My Mother's Life. And It May Yet Save Mine.," New York Times, November 15, 2018, https://www.nytimes.com/interactive/2018/11/15/magazine/techdesign-proteomics.html.

4 Glen de Vries and Barbara Elashoff, Mobile health device and method for determining patient territory as a digital biomarker while preserving patient privacy. United States Patent 9,439,584, issued September 13, 2016.

5 Jamie Heywood, interview for The Patient Equation, interview by Glen de Vries and Jeremy Blachman, February 27, 2017.

6 Courtesy of Barbara Elashoff.

7 Uzair Amir, "7 Times Apple Watch Saved Lives," HackRead, April 27, 2019, https://www.hackread.com/7-times-apple-watch-savedlives/.

8 Jose R. Banegas et al., "Relationship between Clinic and Ambulatory Blood-Pressure Measurements and Mortality," New England Journal of Medicine 378, no. 16 (April 19, 2018): 1509–20, https://doi.org/10.1056/nejmoa1712231.

9 Gillian Gresham et al., "Wearable Activity Monitors to Assess Performance Status and Predict Clinical Outcomes in Advanced Cancer Patients," npj Digital Medicine 1, no. 1 (July 5, 2018), https://doi.org/10.1038/s41746-018-0032-6.

10 "In Warning Letter, FDA Orders 23andMe to Stop Selling Saliva Kit," GEN: Genetic Engineering and Biotechnology News, November 25, 2013, https://www.genengnews.com/news/in-warning-letterfda-orders-23andme-to-stop-selling-saliva-kit/.

11 Natasha Singer, "How Companies Scour Our Digital Lives for Clues to Our Health," New York Times, February 25, 2018, https://www.nytimes.com/2018/02/25/technology/smartphones-mental-health.html.

12 Craig M. McDonald et al., "The 6-Minute Walk Test and Other Endpoints in Duchenne Muscular Dystrophy: Longitudinal Natural History Observations over 48 Weeks from a Multicenter Study," Muscle & Nerve 48, no. 3 (2013): 343–56, https://doi.org/10.1002/mus.23902.

핏비트, 스마트 화장실, 블루투스 내장 자율구동 심전도

앞 장에서 디지털 데이터가 의학과 생명공학 분야에 갖는 의미를 살펴보았다. 하지만 현재 상황을 보면 센서 기술이 비임상 분야에 적용되는 모습에는 거품이 많이 끼어 있는 것 같다. 임상적으로 유용하기를 바라지만 수준 미달의 제품들이 많다. 약속과 가능성은 끝이 없고, 약삭빠른 마케팅은 넘쳐난다. 이런 현실 속에서 외과 의사이자 작가인 아툴 가완디(Atul Gawande) 박사의 말을 떠올리지 않을 수 없다. 그는 경제학자이자 작가인 타일러 코웬(Tyler Cowen)과 인터뷰에서 이렇게 말했다. "임상의사가 실제 진료에 마땅히 이용해야 한다고들 하는 데이터는 어마어마하지만, [그 정보는] 실제로 치료 결과를 크게 향상시키는 방식으로 사용할 수 있었던 적이 한 번도 없습니다." [1]

우리는 기술의 과도기에 살고 있다. 웨어러블 시장의 규모가 거대하다는 것에는 의심의 여지가 없다. 한 자문회사의 예측에 따르면 이 책이 출간될 때쯤에는 그 규모가 340억 달러 이상일 것이라고 한다.[2] 하지만 다변량 환자 방정식이 질병을 진단하고 치료하는 방식을 바꿀 것이라는 약속이 실현되려면 앞으로도 많은 시간이 필요할 것이다.

사실 의학 분야에서 '디지털 혁명'이란 모두 과장 광고에 불과하다는 비난을 들어도 할 말이 없다. 그만큼 엄청난 실수들이 있었기 때문이다. 세 가지만 예를 들자면 테라노스(Theranos), IBM 왓슨(Watson), 베릴리(Verily)의 혈당 감지 콘택트렌즈가 있다. 이번 장에서는 어떤 제품이 시장에 나와 있는지 알아보면서 특히 그 배경에 초점을 맞출 것이다. 웨어러블 제품들을 볼 때 착용 가능하다는 사실만 바라보면 나무만 보고 숲을 보지 못하는 우를 범하게 된다. 제조사에서 뭐라고 하든 진정 의미 있는 변화를 이끌어내려면 손목밴드보다 훨씬 근본적인 기술이 필요하다.

진정한 변화는 기술이 아니라 생명과학 산업 내부에서 시작될 것이다. 손목밴드가 환자 방정식의 입력값이 되고, 끊임없이 환자 방정식을 개선시키는 되먹임 회로의 일부가 되어야 비로소 그런 변화가 가능하다. 새로운 기술을 그 자체로서가 아니라 생명과학 산업계의 실천과 지식, 즉 엄정한 과학적 과정을 통해 개발되는 약물과 기기, 의학에 대한 깊은 이해와 조화롭게 사용해야만 삶에 큰 영향을 미칠 수 있다. 이런 기술의 진정한 의미를 실현하는 데는 엄청난 비용이 든다. 장기적으로 여기 필요한 환자 방정식을 개발하는 데 자원을 투자하고, 얻어지는 정보를 이용하는 데 직접적 이해관계를 지닌 것은 제약회사, 의료기기 회사 그리고 환자권리 옹호단체들일 것이다. 모든 시스템에 이런 기술이 도입되어 우리의 근본을 이루는 생물학, 생리학 및 인지, 행동과 의미 있고도 측정 가능한 방식으로 결합할 때 보건의료와 생명과학 산업 분야에서 가장 스마트하고 오래 지속될 성공이 실현될 것이다.

놀라운 기기와 진취적인 계획을 폄하할 생각은 없다. 삼킬 수 있고 이식할 수 있는 '스마트한' 기기를 이용해 삶과 미래를 바꾼다는 것은 분명 대단한 일이다. 우리가 살아가는 디지털 세상의 모습에 흥분하지 않기가 오히려 어렵다. 다가올 세상에 대한 약속은 한층 짜릿하다. 기술만으로는 의학의 미래를 앞당길 수 없다고 확신하는 것만큼이나 이 기술들이 미래 의학의 일부, 그것도 필수불가결한 일부가 되리라는 것 또한 분명하다.

▬ 앱은 새로운 만병통치약일까?

애플워치나 다른 기기에 내장된 카디오그램(Cardiogram)이라는 앱이 있다. 사용자의 심박수와 걸음 수 데이터를 딥하트(DeepHeart)라는 머신러닝 알고리듬에 전송하여 수면 무호흡증, 고혈압, 당뇨병의 조기 징후 등을 미리 알아내는 것이 목표다.[3] 특히 심방세동 스크리닝은 97%의 정확도를 보이며, 환자들을 심

혈관 문제 위험군에 따라 층화할 수 있다.[4]

영국에 기반을 둔 베빌런(Babylon) 사는 인공지능이 내장된 자신들의 앱이 웹엠디(WebMD, 대표적인 인터넷 의료정보 제공 사이트-역주)보다 낫다고 주장하면서, 실제로 의사보다 훨씬 정확하게 환자를 진단한 바 있다. "저는 우리 제품이 의사만큼 훌륭해질 것이라고 생각하지 않습니다." 베빌런의 창립자인 알리 파사(Ali Parsa)는 《파이낸셜 타임스(Financial Times)》와의 인터뷰 중 이렇게 말했다.[5] "의사보다 10배 더 정확해질 겁니다. 어떤 인간의 뇌도 그 근처조차 미치지 못할 겁니다." 어찌 보면 당연한 일이지만, 《랜싯(Lancet)》에 실린 한 논문은 그의 주장을 반박했다. "베빌런의 연구는 자사의 베빌런 다이아그노스틱 앤 트리아지 시스템(Babylon Diagnostic and Triage System)이 어떤 현실적 상황에서도 의사보다 우수하다는 믿을 만한 증거를 제시하지 않으며, 훨씬 못할 가능성도 있다."[6]

또 다른 앱인 헬시마이즈(Healthymize)는 스마트폰 통화 중에 사용자의 목소리와 호흡 패턴을 듣고 만성 폐쇄성 폐질환의 징후를 감지하여 사용자와 보호자에게 알려준다.[7] 마이그레인 알러트(Migraine Alert)라는 앱도 있다. 잠재적 유발인자(날씨, 활동, 수면, 스트레스 등)에 대한 정보를 수집한 후, 머신러닝을 이용해 편두통이 생길 가능성을 개인별 맞춤 예측한다. 어떤 환자는 열다섯 번의 편두통을 기록한 후 정확도가 85%에 이른다고 보고했다.[8]

그 밖에도 수많은 앱이 있다. 시간이 지난 후 임상적 가치가 입증되는 것도 있고, 그렇지 않은 것도 있을 것이다. 편두통이 발생하기 사흘 전에 85%의 정확도로 발생 여부를 예측할 수 있다면 좋은 일이지만,[9] 편두통을 예방하거나, 치료받도록 유도하거나, 행동과 환경을 바꾸어 편두통 횟수를 점점 줄이는 등 실제로 환자에게 도움이 되는 것은 전혀 다른 문제다. 정보를 생성하는 기계는 대단히 인상적이고 때로는 그것만으로 충분한 것처럼 보이지만, 그 정보가 유용하거나 쉽게 실행 가능하지 않다면 처음 본 순간의 감탄은 이내 사그라들고 만다.

또한 회의론자들은 연구에 참여한 피험자들이 얼마나 자주 편두통을 앓았는지 봐야 한다고 주장한다. 일주일에 평균 6일간 편두통을 겪는 사람이 매일 편두통을 경험했다고 추정한다면 85%를 정확히 맞춘 셈이 된다. 이런 연구를 무작정 비난하려는 것이 아니다. 과학적으로 책임 있는 자세로 예방과 치료에 유용한 예측을 하고 있는지 확인할 필요가 있다는 것이다. 데이터라는 수많은 점을 연결하여 큰 그림을 보여줌으로써 질병의 경과를 이해하고 환자를 위해 더 나은 결과를 끌어내는 시스템이 필요하다. 데이터만으로는 충분치 않다. 제품 마케팅을 넘어서는 뭔가가 있어야 한다.

공포에 질린 개를 위한 웨어러블

환상적인 기능을 약속하는 것은 비단 앱만이 아니다. 최근 열린 연례 소비자 가전 전시회(Consumer Electronics Show, CES) 웨어러블 분야에는 250개가 넘는 회사들이 참여하여 첨단기술을 내장한 반지와 운동화에서 잠옷과 반려견 목걸이에 이르는 신제품을 선보였다.[10] 행복하거나, 슬프거나, 스트레스를 받고 있다는 식으로 착용자의 감정을 감지한다는 손목밴드,[11] 앱과 함께 사용하면 공황발작을 감지하고 이겨내도록 도와준다는 센서도 있다.[12] 감정 센서와 반려견 목걸이를 결합한다면 반려동물의 내면세계를 보여주는 새로운 시장이 열릴지 모를 일이다.

애플은 그리 오래지 않은 과거에 새로운 웨어러블 장치의 특허를 출원했다고 발표하여 화제를 모았다. 신체 어느 부위에 착용하든 애플워치를 능가할 정도로 정확한 심전도를 기록하고 판독까지 해주는 보석 장신구였다.[13] 노스웨스턴 대학(Northwestern University) 연구자들은 땀을 분석하여 혈당치를 비롯한 몇 가지 건강지표를 모니터하는 피부 패치를 개발했다.[14] 구글의 생명과학 회사 베릴리는 혈당 감지 콘택트렌즈를 착용하고, 수전증을 없애는 식기를 사용하는 등 사람들의 몸에 기구를 장착하여 레이싱 카처럼 수많은 원격 측정 데이터를 지속적으로 수집하려는 소망을 피력한 바 있다.[15]

온갖 장치가 진정 의미 있는 변화를 이끌어내는 미래 사회의 모습을 상상하는 것이 불가능한 일은 아니다. 스마트 화장실에서 볼일을 보면 배설물을 분석하여 그날 필요한 영양소를 알려주고, 그 결과에 따라 집집마다 갖춰진 3D 약물 프린터로 매일 아침 맞춤형 영양보충제를 만들어 먹는다면 어떨까? 특수한 장치를 이식하거나 삼키면 생활하는 동안 조용히 작동하여 체온, 심박수, 혈액의 화학성분을 자동 분석하고, 데이터를 클라우드에 업로드하고, 그 결과에 따라 건강을 위한 조언과 권고가 전송된다면 어떨까?

하지만 우리는 적어도 임상적으로 입증된 유용성에 관한 한 아직 그런 세상에 살고 있지 않다. 사실은 여전히 꿈 같은 일이다. 일시적 유행과 의학, 현란함과 의학적 가치 사이의 경계는 흐릿하기만 하며, 갈수록 더 그럴 것이다. 이 모든 것을, 적어도 전통적인 생명과학 분야와 완전히 다른 사업 영역에 존재하는 일련의 제품들을 그저 한때의 유행으로 치부하기 쉽다. 혁신적 기술을 약속하며 7억 달러가 넘는 투자금을 끌어모았지만 실체가 없는 사상누각임이 밝혀져 몰락한 테라노스의 이야기는 너무나 유명하다.[16] IBM 왓슨 슈퍼컴퓨터는 데이터를 이용해 암을 완치할 것으로 기대를 모았지만, 안전하지 않은 치료 계획을 권고한 것으로 밝혀져 막을 내리고 말았다.[17] 구글이 개발하던 혈당 감지 콘택트렌즈는 어떻게 되었을까? 수많은 화제를 불러일으킨 끝에 프로젝트 자체가 취소되었다.[18]

현실적으로는 최고의 웨어러블조차 많은 문제를 안고 있다. 무엇보다 널리 사용되지 않는다. 한 연구에 따르면 '스마트 의류'를 구입한 사람의 1/3이 옷을 입지 않는다.[19] 피트니스 밴드, 스마트 워치, 스마트 글래스를 착용하는 사람 중 상당수가 불편하고, 투박하며, 충전이나 스마트폰 동기화가 불편하다고 생각한다. 어쩌면 이런 문제는 기기들이 보다 유용한 건강 정보를 제공하게 되면서 자연스럽게 극복될지 모른다. 걸음 수에 관심이 줄어들면 만보계를 착용하지 않게 될 것이 당연하다. 하지만 어떤 기기가 걸음 수 대신 항암화학요법이 효과가 있는지 없는지 알려준다면 그 기기를 착용하는 것은 전혀 다른 차원의 문제가 될 것이다.

기기를 꾸준히 착용하고 그것을 통해 유용한 데이터를 얻는 데 가장 큰 걸림돌은 아마도 배터리 기술일 것이다. 이 문제는 웨어러블 장치뿐 아니라 수많은 산업에서 해결하기 위해 노력 중이다. 자동차, 주택, 웨어러블 등 모든 영역에서 배터리는 점점 발전하여 용량이나 지속 시간이 눈에 띄게 향상되고 있다. 모터에서 마이크로칩에 이르기까지 배터리를 통해 전원을 공급받는 전자 장비들 또한 갈수록 전력을 효율적으로 이용한다. 무선충전 기술은 계속 성장하고 있으며, 유망한 기술이 속속 개발되고 있어 훨씬 먼 거리에서도 충전이 가능해질 전망이다. 적어도 환자 방정식과 관련된 웨어러블 기기에 관한 한 충전 문제가 해결되는 것은 시간 문제다. 소재과학과 전기공학이 큰 몫을 할 것이다. 하지만 다른 문제도 있다.

《플로스 메디슨(PLOS Medicine)》에 실린 「소비자 건강 웨어러블스의 약진-기대와 장벽(The Rise of Consumer Health Wearables: Promises and Barriers)」이라는 보고서는 많은 화제를 모으고 있음에도 웨어러블 기기가 건강을 향상시키는 것은 물론 행동에 영향을 미친다는 증거조차 없다고 지적한다.[20] "많은 웨어러블 기기가 '문제를 찾기 위한 솔루션' 신세를 면치 못한다." 이 기기에 마음이 끌리는 사람은 대개 건강하다. 따라서 웨어러블 기기를 오랫동안 꾸준히 사용하지 않으므로, 애초에 데이터가 큰 의미가 없다는 것이다.

마지막으로 데이터를 잘못 해석하는 문제가 있다. 스웨덴에서 수행된 연구 결과 휴식 시 심박수가 낮은 것과 폭력적인 성향 사이에 상관관계가 발견되었다.[21] 하지만 인과관계는 상관관계가 아니다. 그 정보를 이용하여 개인을 분류하거나 심지어 누군가를 범죄자로 지목하는 것은 터무니없는 비약에 불과할 것이다. 온라인 잡지《슬레이트(Slate)》에 실린 한 기사는 직장에서 사용되는 데이터의 의미에 의구심을 드러낸다. 예를 들어 수면 데이터와 충분히 휴식을 취한 직원이 일을 더 잘 한다는 개념을 생각해보자. "경영진이 당신이 밤에 숙면을 취했는지를 근거로 어떤 프로젝트에 배정할 것인지 결정한다고 상상해보라."[22]

나는 생명과학 산업의 모든 분야에 종사하는 사람들과 이야기를 나눠보았다. 그들은 다양한 이야기들을 들려주었지만, 그것은 하나의 이야기에 대한 각기 다른 버전일 뿐이었다. 해당 업계 사람들은 오래 전부터 정밀의료와 그것이 어떠한 미래를 만들어나갈 것인지를 묻고 있다. 그 과정에서 수많은 사람들이 막다른 골목에 부딪치기도 했다. 마법 같은 치료라고 해서 열심히 쫓아가보면 신기루에 불과했던 경우도 빈번했다. 그럼에도 불구하고 임상시험이 수세대를 이어온 구태의연한 방법을 계속 사용하는 데는 이유가 있는 것이다.

나의 대답은? 첨단기술에 힘입어 산업계 자체가 혁명적인 변화를 맞으리란 예측이 모두 실현되는 것은 아니다. 그렇다고 해서 우리가 놀랄 만한 발전을 이루지 못했다거나, 진정한 혁신의 문턱에 서 있지 않다는 뜻은 아니다. 답을 얻지 못한 질문과 의심스러운 점이 한두 가지가 아니지만 목욕물을 버리면서 아기까지 흘려 내버리는 실수를 범해서는 안 된다. 회의적인 태도는 좋은 것이다. 과학적으로 입증될 때까지는 회의적인 태도를 견지하는 것이 현명하다. 그러나 뉴스에서 떠들어대는 것 이면의 잠재력을 보지 못한다면 부정할 수 없는 미래를 놓칠 위험이 있다. 나는 어느 누구보다 회의적인 편이다. 이 책에서도 웨어러블 기기와 스마트폰 앱이 대중에게 보급되기 전에 처방약과 똑같은 규제기관의 승인을 받아야 한다고 주장하고 있다. 동시에 나는 앞으로도 가슴에 패치를 붙이고 손목밴드를 착용할 것이다. 이것들이 아직까지는 내 삶을 바꾸지는 못했지만 그렇다고 해서 잠재력이 없다거나, 잠재력이 실현될 날이 아주 멀다고 생각하는 것은 큰 실수가 될 것이다.

▔기기가 아니라, 방정식이 문제다

현란한 헤드라인을 내거는 뉴스에 정신이 팔리면 정작 중요한 것은 기기가 아니란 사실을 잊기 쉽다. 중요한 것은 앱이 아니며, 대개 첨단기술 자체도 아니다. 정말 중요한 것은 겉으로 드러나는 풍경 뒤에서 작동하는 시스템이다. 거기에 주목해야 한다. 가장 환상적이고 미래적인 것처럼 보이는 기기도 대부분 오래 전부터 사용되어 온 센서 기술을 기반으로 한다. 때로는 수십 년 된 기술도 있다. 우리의 휴대폰과 스마트 워치 속에 들어 있는 가속도계는 인류 최초로 사람을 달에 보낼 때 사용한 것과 똑같은 압전기술(piezoelectric technology, 어떤 물질에 물리적 스트레스를 가하면 전기가 발생하도록 하는 기술)을 이용한다.[23] 만보계, 수면 추적기, 피부에 빛을 비춰 심박수를 측정하는 기계는 모두 새로운 응용 분야지만 바탕에 깔린 기술은 아이젠하워 시대로 거슬러 올라간다.

물론 절대적으로 새로운 센서 기술도 있다. 두 가지만 예로 든다면 피부에 패치를 붙여 종양의 미세한 대사적 변화를 측정하거나, 실시간으로 혈액 속 화학물질의 농도를 모니터링할 수 있다. 하지만 당장 수명을 늘리고 삶의 질을 개선하는 획기적인 센서들은 아마존에서 살 수 있으며, 사실 크기가 훨씬 큰 제품이었을 뿐 아주 오래 전부터 시판되어 왔다. 진정한 변화를 끌어내는 것은 웨어러블 기기 자체가 아니라 충분한 데이터와 계산 능력을 갖추고 강력한 연결성을 유지하는 데 필요한 실질적인 일들을 해내면서도 뒤에 숨어 있는 알고리듬이다.

우리는 지금부터 과학의 현재뿐 아니라 미래까지도 생각해야 한다. 가까운 미래에 내가 착용한 기기에서 데이터를 받은 알고리듬이 유전 데이터나 다변량 방정식의 다른 입력값과 통합하여 우울증, 알츠하이머병, 암 등이 생길 것이라고 알려줄지도 모른다. 기기들조차 감지하지 못한 움직임을 내 손에서 감지하고 파킨슨병의 시작을 경고해줄지도 모른다. 집안에서 오염물질을 감지하고 의사에게 혈액검사를 하라고 알려주거나, 수면 패턴을 체크하여 심장약의 용량을 조절하는 기기가 나올 수도 있다. 이런 기기들은 그저 사용자의 휴식 시 심박수를 측정하는 데서 그치지 않고 대사기능과 병력과 주변 환경, 심지어 그날 치즈버거를 먹었는지 먹지 않았는지까지 종합하여 언제 무슨 운동을 얼마나 해야 할지 알려줄지 모른다.

전 세계의 수많은 사람들이 스마트폰과 스마트 워치를 사용하는 동안 엄청난 규모의 데이터가 쌓이게 된다. 그런데 그 잠재력을 부정한다는 것은 근시안적인 태도다. 안정적인 인터넷 연결이 테크놀로지 산업 전반에 게임 체인저였던 것과 마찬가지로 스마트폰은 의학 연구 분야에서 게임 체인저가 될 것이다. 20년 전 메디데이터를 시작했을 때 임상시험 데이터를 클라우드에 저장하여 누구나 접근하도록 할 수 있으며, 그렇게 해야만 한다는 우리의 주장에 많은 사람이 의문을 던졌다. 의사에게 컴퓨터가 없다면 어떻게 하나? 인터넷이 제대로 연결되지 않으면 어떻게 하나? 우리의 핵심적인 통찰은 빠른 시일 내에 변곡점이 찾아온다는 것이었다. 모든 의사들은 컴퓨터를 갖게 될 것이다. 인터넷 연결이 원활하지 않으면 임상시험 데이터를 업로드할 수 없을 뿐 아니라, 환자들의 차트를 저장하고 의료비를 청구할 수도 없게 된다. 심지어 퇴근 시간을 예측하기도 어려울 것이므로 이상이 생기더라도 최대한 빨리 복구될 것이다. 10년도 안 되어 인터넷은 우리 삶 속 어디에나 존재하게 되었다.

스마트폰도 마찬가지다. 사람들이 팔만 뻗으면 연결할 수 있게 되자 센서 데이터의 세계에 즉시 변곡점이 찾아왔다. 가속도계는 수십 년간 사용해온 기기다. 의료기, 만보계, 심지어 장난감에도 사용되었다. 하지만 하루 아침에 주머니 속에 있는 인프라스트럭처의 일부가 되어, 사람들의 데이터를 실시간으로 측정할 수 있게 되었다.

초기의 아이폰을 설계한 사람들이 주고받은 대화 내용을 알 수는 없으나, 현재 알려진 정보로 추측해볼 때 가속도계를 휴대폰에 결합한 것은 배터리 수명을 연장하려는 시도였던 것 같다. 다시 한번 배터리 문제가 등장하는 지점이다. 다만 이번에는 웨어러블 기기에 대한 환자의 순응도를 제한하는 요소가 아니라 혁신의 촉매로 등장한다. 스티브 잡스가 보여주었듯 초기의 아이폰은 폰을 귀에 댄다든지, 테이블에 내려놓는 등 필요할 때가 아니면 즉시 스크린이 꺼지게 되어 있었다.

배터리 사용 시간을 연장하는 가속도계를 휴대폰에 집어넣은 것이 의료기기의 세계에 혁명을 일으키려는 거대한 계획의 일부였을까? 그렇게 생각할 수도 있겠지만, 가장 간단하고 가장 타당한 설명은 사람들이 그 의학적 함의, 예컨대 가속도계로 걸음 수를 셀 수 있다는 사실을 깨달은 것은 기술이 휴대폰 속에 존재한 뒤라고 해야 할 것이다. 솔직히 우리는 현재 존재하는 센서들로 측정 가능한 항목을 다 알지도 못한다. 위딩스(Withings, 이전의 노키아 헬스[Nokia Health])는 심장 건강의 지표로 저항을 측정하는 전기 센서를 사용한다. 20년 전만 해도 전기 센서를 이런 방식으로 응용할 수 있다고는 어느 누구도 생각하지 못했을 것이다.

물론 하루에 몇 걸음이나 걷는지 측정하는 것 자체는 흥미로운 사실이 아니다. 하루에 걷는 걸음 수가 활발하게 자라나는 암의 종양 부담처럼 흥미로운 의학적 결과와 어찌어찌하여 상관관계가 있다는 사실을 알아내기 전까지는 그렇다. 하지만 그런 사실이 입증된다면 걸음 수를 얼마나 정확히 측정할 수 있느냐에 따라 핏비트는 암 환자에게 엄청나게 가치 있는 기기가 될 수 있다. 다른 어떤 방법보다도 빨리 종양 부담이 늘어나고 있음을 알려준다면 왜 그렇지 않겠는가? 바로 이것이 디지털 기기가 환자 방정식에 통합되는 지점이다.

배설물을 자동분석하는 스마트 화장실에 대해 들어본 적이 있는가? 어쩌면 코믹한 풍자처럼 들릴 수도 있다. 하지만 그 속에 측정할 수 있는 생물학적 표지자가 있어 새로 나온 프로바이오틱에 좋은 반응을 보일지, 우리의 미생물총 속에 어떤 균이 얼마나 존재하는지 알 수 있다면 이야기가 달라진다. 이런 웨어러블 기기와 스마트 기기는 실제로 질병을 더 잘 이해하도록 도와줄 수 있다. 그리고 그 원인을 알아내려면 임상시험을 비롯해 잘 짜인 연구가 필요하다. 지름길은 없다. 상관관계를 검증하고, 환자의 경과를 측정하고 예측하는 데 진정 중요한 입력값이 무엇인지 발견하려면 힘겨운(종종 값비싼) 노력이 필요하다.

바로 그 때문에 생명과학 산업이 존재한다. 걸음 수를 측정하면 종양 부담에 대한 많은 정보들을 얻을 수 있지만, 알츠하이머병의 발병 유무에 대해서는 어떠한 사실도 알 수 없다고 가정해보자. 이때 암과 신경변성질환의 진행을 연구하는 산업계에서는 비용과 노력을 투입해 그런 지표들을 측정할 것이다. 제약회사와 의료기 회사들은 이미 철저한 과학성과 규제 관행 속에서 연구를 수행하고 있다. 디지털 측정에는 많은 비용이 필요하지 않다. 때문에 기존 연구에 통합해 이런 질문에 대한 답을 추구하는 데는 엄청난 기회가 존재한다. 기기도, 앱도, 스마트 글래스에 대한 최신 보도자료도 아닌 그런 대답을 찾는 것이야말로 잃어버린 성배를 찾는 일이다.

센서의 세계에서 일어나는 일들은 흥분을 안겨다준다. 하지만 그 가운데에서도 짜릿한 것은 센서 데이터를 이용해 보다 나은 결과를 이끌어내는 것이다. 보건의료와 생명과학 분야의 모든 사람에게 엄청난 이익을 안겨줄 수 있는 질병의 수학적 모델을 정의 및 측정하고 개발하는 일 말이다. 의사는 환자에게 성공적인 치료를 약속할 수 있고, 제약회사는 특이적이며 효과적인 약물을 개발할 수 있으며, 의료비 지불자는 엄청난 수의 사람들을 보다 성공적으로 관리할 수 있을 것이다. 환자 방정식은 혁신적인 신약을 개발하고, 대중의 건강을 완전히 바꿔 놓을 역학적인 사실들을 발견하며, 혁신적인 임상시험을 설계하는 데 도움을 줄 것이다.

▬ 온도계로 시작해보자

다음 장에서는 이런 첨단기술을 이용해 질병을 보다 잘 이해하고, 실행 가능한 정보를 생성하고, 사람들의 건강과 행복을 향상시키는 몇 가지 예를 살펴볼 것이다. 그에 앞서 의학의 세계 바깥에서 아주 단순한 예를 하나 살펴보자.

이제는 구글의 소유가 되어버린 네스트 러닝 터모스태트(Nest Learning Thermostat)는 의미 있는 규모로 시장에 진입한 최초의 '스마트' 온도계다. 사용자는 집을 나서는 시간, 다시 돌아오는 시간 그리고 집에 왔을 때 원하는 실내 온도 등 몇 가지의 데이터를 입력한다. 몇 주가 지나면 온도계는 사용자가 언제 집에 있고, 언제 밖에 있는지 등을 학습하여 집이 비어 있을 때는 시스템을 에너지 절약 모드로 전환한다.[24] 사용자를 중심으로 일정을 구축하고 배운다. 몇 가지 정보만 입력하면 지속적인 학습을 통해 에너지 사용량과 사용자가 느끼는 쾌적함을 최적화한다. 환자 방정식의 실내 공기 조절 버전이라 할 수 있다. 입력값, 알고리듬, 출력값, 이익이 모두 존재한다. 건강이 아니라 집안 환경을 대상으로 할 뿐이다. 아직까지는 건강에 직접적인 도움을 주지는 못한다. 어쩌면 언젠가는 스마트 매트리스가 입력값을 제공하고, 스마트 에어컨과 연결되어 침실 온도를 자동 조절하고 수면 패턴을 최적화할 것이다. 한 번에 한 걸음씩 나아가야 한다.

네스트는 가정 냉난방의 세계를 변화시켜놓았다. 구글이나 아마존을 슬쩍 훑어보기만 해도 전통적인('스마트'의 반대말인 '멍청한'을 친절하게 표현한 것) 온도계 제조사부터 네스트 이후로 시장에 뛰어든 수많은 회사들이 있음을 알 수 있다. 대부분의 제품이 애플 홈키트(HomeKit), 아마존 알렉사(Alexa), 구글 홈(Home)과 통합하여 사용할 수 있다고 광고한다. 이런 온도계를 특정 질병에 대한 환자 방정식에 사용되는 센서와 시스템으로 생각하면, 그런 비유를 나중에 논의할 이론적 플랫폼으로 확장할 수도 있을 것이다. 그런 플랫폼은 모든 입력값과 알고리듬을 종합한 후, 보다 전체적인 방식으로 건강을 관리한다.

온도계가 하는 일은 적절한 시간에 방의 온도를 적절하게 유지하는 것이다. 환자 방정식은 적절한 시간에 적절한 치료를 적절한 환자에게 제공하는 것이다. 우리는 전통 의학적인 측정치, 디지털 기기 그리고 수학을 이용해 누구를 (어떤 방식으로) 치료해야 하며, 누구를 치료해서는 안 될지 알아내려고 노력한다. 우리는 일주일 이상 넘어가면 날씨를 예측하는 데 어려움을 겪는다. 하지만 이제는 질병을 예측하고, 약물 치료의 성공을 예측하고, 의학적 미래를 예측할 수 있는 도구들을 손에 넣기 시작했다. 환자의 가치를 확장하고, 높은 삶의 질을 누리는 시간을 연장할 도구들을 손에 넣기 시작했다. 데이터를 이용해 사형선고를 만성질병으로 바꾸고, 만성질병을 완치 가능한 문제로 바꿀 보다 정밀한 치료들을 개발할 수 있게 된 것이다. 다음 장에서는 이런 일이 벌써 일어나고 있는 분야로 눈을 돌려 인간의 건강에 관해 어떤 것을 모델로 삼을 수 있을지 알아본다.

Notes

1 Mercatus Center, "Atul Gawande on Priorities, Big and Small (Ep. 26)," Medium (Conversations with Tyler, July 19, 2017), https://medium.com/conversations-with-tyler/atul-gawande-checklistbooks-tyler-cowen-d8268b8dfe53.

2 "Wearables Momentum Continues," CCS Insight, February 2016, https://www.ccsinsight.com/press/company-news/2516-wearablesmomentum-continues/. 3. Caroline Haskins, "If Your Apple Watch Knows You'll Get Diabetes, Who Can It Tell?," The Outline, February 21, 2018, https://theoutline.com/post/3467/everyone-can-hear-your-heart-beat?zd=1&zi=ixcc7c67.

4 "Cardiogram—What's Your Heart Telling You?," Cardiogram.com, 2018, https://cardiogram.com/research/.

5 Madhumita Murgia, "How Smartphones Are Transforming Healthcare," Financial Times, January 12, 2017, https://www.ft.com/content/1efb95ba-d852-11e6-944b-e7eb37a6aa8e.

6 Hamish Fraser, Enrico Coiera, and David Wong, "Safety of Patient-Facing Digital Symptom Checkers," The Lancet 392, no.10161 (November 2018): 2263–2264, https://doi.org/10.1016/s0140-6736(18)32819-8.

7 Eric Wicklund, "MHealth Startup Uses a Smartphone App to Detect Sickness in Speech," mHealthIntelligence, November 13, 2017, https://mhealthintelligence.com/news/mhealth-startup-uses-asmartphone-app-to-detect-sickness-in-speech.

8 Dave Muoio, "Machine Learning App Migraine Alert Warns Patients of Oncoming Episodes," MobiHealthNews, October 30, 2017, https://www.mobihealthnews.com/content/machine-learning-appmigraine-alert-warns-patients-oncoming-episodes.

9 Second Opinion Health, Inc., "Migraine Alert," App Store, August 2017, https://apps.apple.com/us/app/migraine-alert/id1115974731.

10 Victoria Song, "The Most Intriguing Wearable Devices at CES 2017," PCMag, January 9, 2017, http://www.pcmag.com/slideshow/story/350885/the-most-intriguing-wearable-devices-atces-2017.

11 Karthik Iyer, "Sence Wearable Band Accurately Tracks Emotional States & Productivity," PhoneRadar, November 26, 2016, http://phoneradar.com/sence-wearable-band-accurately-tracks-emotionalstates-productivity/.

12 Andrew Williams, "Panic Button: How Wearable Tech and VR Are Tackling the Problem of Panic Attacks," Wareable, December 3, 2015, https://www.wareable.com/health-and-wellbeing/wearabletech-vr-panic-attack-sufferers.

13 Ananya Bhattacharya, "Apple (AAPL) Filed a Patent Application for a New Kind of Heart-Monitoring Wearable," Quartz, August 11, 2016, https://qz.com/756156/apple-signaling-a-new-directionfiled-a-patent-application-for-a-new-kind-of-heart-

monitoringwearable/. 14. Brad Faber, "Skin Patch: New Device Collects Sweat To Monitor Health [Video]," The Inquisitr, November 26, 2016, http://www.inquisitr. com/3746360/skin-patch-new-device-collects-sweat-tomonitor-health-video/.

15 Jonah Comstock, "Verily's Goal: Make Our Bodies Produce as Much Data as Our Cars," MobiHealthNews, October 3, 2017, https://www.mobihealthnews.com/ content/verilys-goal-make-our-bodiesproduce-much-data-our-cars.

16 Polina Marinova, "How to Lose $700 Million, Theranos-Style," Fortune, May 4, 2018, https://fortune.com/2018/05/04/theranosinvestment-lost/.

17 Felix Salmon, "What Went Wrong With IBM's Watson," Slate, August 18, 2018, https://slate.com/business/2018/08/ibms-watsonhow-the-ai-project-to-improve-cancer-treatment-went-wrong.html.

18 Michela Tindera, "It's Lights Out For Novartis And Verily's Glucose Monitoring 'Smart Lens' Project," Forbes, November 16, 2018, https://www.forbes.com/ sites/michelatindera/2018/11/16/itslights-out-for-novartis-and-verilys-glucose-monitoring-smart-lensproject/#18933d4f51b2.

19 Eric Wicklund, "MHealth Engagement Issues Still Stand Between Wearables and Healthcare," mHealthIntelligence, May 13, 2016, https://mhealthintelligence.com/ news/engagement-issues-stillstand-between-wearables-and-healthcare.

20 Lukasz Piwek, David A. Ellis, Sally Andrews, and Adam Joinson, "The Rise of Consumer Health Wearables: Promises and Barriers," PLOS Medicine 13, no. 2 (February 2, 2016): e1001953, https://doi.org/10.1371/journal.pmed.1001953.

21 Elizabeth Weingarten, "There's No Such Thing as Innocuous Personal Data," Slate, August 8, 2016, http://www.slate.com/articles/technology/future_tense/2016/08/ there_s_no_such_thing_as_innocuous_personal_data.html.

22 Ibid.

23 "The Piezoelectric Effect—Piezoelectric Motors & Motion Systems," Nanomotion, August 28, 2018, https://www.nanomotion.com/piezo-ceramic-motor-technology/ piezoelectric-effect/.

24 "Nest Learning Thermostat—Programs Itself Then Pays for Itself," Google Store, 2009, https://store.google.com/us/product/nest_learning_thermostat_3rd_ gen?hl=en-US.

SECTION 2

데이터를
질병에 적용하기

Applying Data
to Disease

에이바—불임 추적과
모든 여성의 건강을 이해하는 길

간단한 문제처럼 보인다. 여성의 전형적인 월경주기에서 임신이 가능한 날은 딱 5일밖에 없기 때문이다. 아기를 갖기 위해 노력하는 사람에게는 그 기간을 정확히 알아내는 것이 무엇보다 중요하지만, 역사적으로 볼 때 그 기간을 예측하는 도구들은 상당히 큰 문제를 안고 있었다. 우선 달력법(calendar method)부터 알아보자. 과거의 월경주기를 이용하여 현재 월경주기를 예측하는 방법이다. 정확한 가임기간을 예측할 가능성은 약 30%다. 우연에 맡기는 것보다 낫다고 할 수도 없을 것이다. 체온법도 있다. 최선의 결과를 얻으려면 아침에 일어나자마자 곧장 체온을 재서 0.4도가 상승하는지 봐야 한다. 하지만 체온 상승은 가임기간의 막바지에 나타나는 경향이 있어, 거기에 맞춰 임신을 계획하기는 너무 늦어지는 경우가 많다. 자궁경부 점액법도 있다. 점액이 끈적거리는지, 탁한지, 미끌거리는지 등 미묘한 변화(어떤 웹사이트의 표현[1])를 해석해야 한다.

어떤 방법이든 복잡한 다변량 처리과정을 한 가지 측정치, 즉 단 하나의 데이터로 환원한다. 데이터 수집이 불편하다거나 해석이 어렵다는 문제도 있어 정확하고 유용한 정보를 얻을 수 없다. 임신을 시도할 수 있는 최적의 타이밍을 확신하기가 어렵게 된다.

환자 방정식의 관점에서의 배란은 다양한 입력 정보가 필요하기는 하지만, 보건의료에서 다루는 문제보다 오히려 네스트러닝 터모스태트에 가깝다. "난자가 방출되었는가?"라는 질문에 '예/아니오'라는 단 한 가지 출력값을 갖는 폐쇄형 질문 시스템이다. 전통적인 일변량 측정보다 정확한 결과를 얻으려면 복잡한 방정식이 필요하지만, 앞으로 살펴볼 방정식들에 비하면 훨씬 덜 복잡하다. 배란은 환자 방정식의 세계로 들어가는 첫걸음이다. 그 첫걸음을 통해 기업이 새로운 기술을 어떻게 실생활에 적용하는지에 대해 많은 것을 배울 수 있다.

에이바

에이바(Ava)는 배란 추적 팔찌이다. 2016년 FDA 승인을 받아 미국에서 출시되었으며, 현재 36개국에서 시판되고 있다. 이 제품은 한 달 한 달이 지날수록 예측 정확성과 기타 제공 정보가 향상된다. 전 세계 여성들의 건강 관련 측정치가 계속 쌓이기 때문이다. 에이바의 데이터베이스는 여성 건강에 관해 세계 최고의 규모를 자랑한다. 자는 동안 팔목에 착용하기만 하면 체온 센서, 가속도계, 광혈류측정계(피부의 층별 변화를 감지하는 기기)를 통해 심박수, 호흡수, 심박동의 변화, 수면 시간 및 수면 단계, 피부 체온, 혈류 등의 정보를 자동으로 수집한다. 이 정보는 사용자가 스마트폰 앱에 입력한 월경주기와 성관계 시기 등의 데이터와 통합된다. 다변량 데이터를 이용해 임신이 가능한 5일을 예측하는 것이다. 최근 보고에 의하면 정확도는 89%에 이르고, 사용자가 할 일은 거의 없다.

배후에서 작동하는 알고리듬은 진단과 처방을 동시에 제시한다. 가임기간을 정확히 파악하는 것은 물론이고, 임신 확률을 최대화할 수 있는 시기도 알려준다. 피임을 원한다면 행동을 취하지 않아야 하는 시기도 알 수 있는데, 그 또한 회사에서 제시하는 용도 중 하나다. 이렇듯 진단과 실행 가능한 조치라는 두 가지 측면이야말로 데이터 과학을 가장 유용하게 응용하는 길이다. 별다른 대책이 없다면 장차 알츠하이머병이 생길 것이라고 알려주는 것은 큰 의미가 없다. 정해진 결과를 피할 수 있는 실행 가능한 조치가 있어야 한다.

《뉴욕타임스》에 실린 기사는 "월경주기가 정상보다 길어 흔히 사용되는 월경주기 추적 앱으로는 매번 가임기간을 일주일 정도 놓쳐왔던" 여성의 사연을 보도했다.[2] 그녀는 에이바를 사용한 지

몇 개월 만에 임신에 성공했다. 이런 사례는 수없이 많다. 2019년, 제조사는 에이바 팔찌를 착용한 여성들이 낳은 아기가 2만 명을 넘었다고 발표했다. 팔찌는 시작일 뿐이다. 현재 사용되는 알고리듬도 마찬가지다. 전 세계 여성들로부터 점점 더 많은 정보를 모으고 추적하면서 회사의 데이터 과학자들은 두 가지 목표를 설정했다. 첫째, 가임기간 예측의 정확성을 지속적으로 향상시킨다. 둘째, 여성 건강에 관한 데이터의 연결성을 계속 넓혀 지금까지 데이터를 이용해 그런 일이 가능하다고 생각해본 적 없는 영역을 추구한다.

몇 가지 예를 들어보자. 월경주기는 기분 변화, 두통, 전반적인 건강에 어떤 영향을 미칠까? 어떻게 하면 임신 중이나 폐경 후 호르몬의 급격한 변화를 정확히 이해하고 관리할 수 있을까? 이런 데이터를 이용하여 심장병이나 암, 기타 질병을 조기 발견할 수는 없을까? 이미 회사는 전통적인 방법으로 알아내기 전에 감염 징후를 나타낸 데이터 패턴을 파악하고자 했고, 그 방안으로 만삭 전 조기양막파수(Preterm Premature Rupture Of Membranes, PPROM)로 입원한 여성들을 추적하는 연구를 시작했다.[3]

임신을 원하는 사람들을 돕는다는 목표에서 출발한 에이바의 계획은 이제 연령과 임신에 관계없이 모든 여성을 위해 가치 있는 기능들을 더해 나가는 쪽으로 발전하고 있다. 나와의 인터뷰에서 에이바의 공동 창업자이자 CEO인 파스칼 쾨니히(Pascal Koenig)는 이렇게 말했다. "저희의 비전은 태어났을 때부터 초경을 지나 폐경에 이를 때까지, 어쩌면 그 뒤로도 여성의 전 생애에 걸처 호르몬 변화가 건강에 어떤 영향을 미치는지 이해하는 것입니다."[4]

그는 말을 이었다. "그것은 임신을 위해 노력하는 사람의 수태라는 문제에서 피임을 위해 호르몬을 복용하려는 사람의 문제, 임신 중에 겪는 다양한 문제에 이르기까지 자손을 이어 나가는 기나긴 여정 전체를 포괄합니다. 마지막으로 폐경이 있습니다. 연구가 턱없이 부족한 실정이죠. 우리의 목표는 각 시점에 사람들의 삶에 좋은 영향을 미칠 수 있는 제품과 서비스를 개발하는 것입니다."

데이터는 끊임없는 향상을 위한 되먹임 회로를 제공한다. 더 많은 데이터를 모을수록 알고리듬을 개선하여 더 정확한 예측이 가능하며, 더 많은 가설을 검증할 수 있고, 결국 더 많은 통찰을 얻는다. 거꾸로 알고리듬을 통해 더 큰 가치를 얻을 수 있음이 입증되고, 기술의 발달로 데이터를 더 쉽게 얻을 수 있게 되면 점점 더 많은 데이터를 수집할 수 있을 것이다.

쾨니히는 이렇게 설명한다. "저희는 애초에 아주 작은 데이터 세트로 출발했습니다. 그 데이터를 이해하고 예측을 향상시키려면 어떤 데이터를 더해야 할지 알기 위해 엄청난 노력을 기울였지요. 이제는 점점 많은 요소를 누구도 예상하지 못한 수준으로 이용합니다. 저희 데이터 과학자들은 그런 상관관계가 진정으로 의미가 있는지, 걸러내야 할 우연한 효과인지 계속 확인합니다… 예전 같으면 상상도 못했을 수많은 연관성을 발견하고 있지요."

연관성 중 일부는 이해하기 쉽지만, 설명하기 어려운 것도 있다. 그들은 시차가 큰 지역으로 여행하는 사람들, 밤에 운동하는 사람들, 잠을 설친 사람들의 호르몬 변화를 연구했다. 모든 것이 레이어 케이크에서 진정한 차이를 만들어내는 층을 찾고, 최종 사용자에게 가치를 더해줄 수 있는 지점이 어디인지 알아내려는 정신에서 비롯된 것이다.

회사 웹사이트에 올라온 연구 중 하나는 2000년에 발표된 혈압과 심박수가 월경주기에 어떤 영향을 미치는지에 관한 논문까지 거슬러 올라갔다.[5] 20년 전에는 그런 것을 집에서 측정할 기술이 없었다. 그때만 해도 에이바는 현실이 될 수 없었다. 앞에서 우리가 역사적 변곡점에 이르렀다고 썼다. 사상 최초로 데이터를 수집할 센서들과, 그 데이터를 실행 가능한 정보로 바꿀 수 있는 계산 능력을 갖게 된 것이다. 많은 분야에서 우리는 센서가 있어도 어떤 층을 뒤져야 할지 몰랐다. 에이바를 통해 실로 오랜만에 의미 있는 층을 발견한 것이다. 하지만 우리는 최근까지도 그 층을 탐구하는 데 필요한 웨어러블 기술을 갖고 있지 않았다.

▄ 환자의 역할 변화

에이바 같은 기업이 하는 일은 환자에게 엄청난 권한을 부여한다. 예전 같으면 환자 수준에서 이 정도 정확성을 확보한다는 것은 꿈도 꿀 수 없었다. 이제 불임 전문의가 모든 정보를 손에

쥔 채 환자의 몸속에서 무슨 일이 일어나고 있으며, 임신 가능성을 극대화하려면 언제 행동을 취해야 할지 알려주는 데서 벗어났다. 본격적으로 환자 스스로 진료와 정보의 흐름에 참여하는 시대가 된 것이다. 환자는 시간 맞춰 의사를 찾아가야 하는 존재에서 적극적으로 결정을 내리고 자신을 치료하는 권한을 갖게 되었다. 물론 작은 예시에 불과하다. 진료실에서 수집되던 몇 가지 정보를 가정에서 추적 가능하게 된 것뿐이다. 하지만 다른 쪽으로 눈길을 돌려보면 이 개념을 얼마든지 확장할 수 있다. 이제 환자는 더 이상 수동적인 정보 수신자가 아니다.

다른 측면도 있다. 정보를 소유하게 된 환자는 더 많은 책임을 질 수밖에 없다. 첨단기술이 주도하는 보건의료의 세계에서는 그저 의사의 진료를 예약하는 것만으로는 충분치 않다. 환자는 에이바를 일관성 있게 사용하여 결과를 확인하고 정보에 맞게 행동해야 한다. 생명과학 회사는 수집된 정보를 전문교육을 받은 의료인뿐만 아니라 상대적으로 정교하지 못한 최종 사용자도 자유로이 접근하고 이해하도록 만들어야 한다. 그렇다고 의사의 역할이 없어지는 것은 아니다. 에이바를 이용해 임신에 성공했다면 첫 단계는 당연히 산부인과 의사를 만나는 것이다. 하지만 환자가 자신의 도구 상자 속에 훨씬 많은 도구들을 갖게 된 것만은 분명하다.

우리는 하나의 산업으로서 정보를 알기 쉽게 설명하거나 장치나 기기의 접근성을 향상시키는 문제에 관해서는 깊게 생각해본 적이 없다. 어느 정도는 사용하기 어려워도 큰 문제가 없었다.

충분한 수련을 받은 전문가들이 사용해왔었기 때문이다. 이제는 더 이상 그렇지 않다. 자궁경부의 점액을 검사하거나 기초 체온을 측정하는 것은 침습적이며, 많은 시간이 걸리는 일이다. 아침에 일어나 가장 먼저 해야 하는 일이라는 것도 잊어서는 안 된다. 생활이 불편해지는 것이다. 반면, 에이바는 팔찌에 불과하다. 휴대폰과 자동으로 동기화된다. 충전만 잘 하면 능동적이면서도 일관성 있는 사용이 가능한 것이다. 전원을 꽂는 순간 동기화되므로 진료에 참여하면서 의사의 지시에도 따르는 셈이다. 진료실이라면 이런 문제는 중요하지 않다. 환자가 이미 진료실을 찾은 상태에서 혈액검사를 하면 너무 불편하지 않을까 걱정하는 사람은 없다. 하지만 의료인이 감독하지 않은 상태에서 어떤 기기를 집에서 꾸준히 사용한다는 것은 매우 어려운 일이다.

사업적인 관점에서는 다양한 모델이 출시될 가능성도 있다. 에이바의 웹사이트는 잠재적 고객을 대상으로 꾸며졌지만, 전문 의료인을 겨냥한 메뉴도 마련되어 있다. 누군가 불임 문제를 겪는다면 의사가 다른 치료를 시도하기 전에 에이바를 써보라고 권유할 가능성도 있다. 의료비 지불자의 입장에서는 보험공단이 체외수정이나 다른 값비싼 치료를 하기 전에 반드시 에이바 같은 방법을 시도하여 그저 타이밍을 잘못 맞춘 것이 아닌지 확인할 것을 요구할 수도 있다.

동기부여

파스칼 쾨니히는 에이바를 공동 설립하기 전에 디지털 헬스 분야에 오래도록 몸담았다. 그는 그 과정에서 의사가 지시하는 것보다, 임신처럼 개인이 간절하게 원하는 목표가 있을 때 보다 꾸준한 기기의 사용이 이루어짐을 깨달았다. "울혈성 심부전 환자가 기기를 착용하거나 설문지를 작성하도록 하려면 엄청나게 힘이 듭니다. 하지만 아기를 가지려고 노력하는 여성은 지시에 따르려는 강력한 동기를 갖고 있지요."

여기에 기기의 사용성마저 편리해진다면 금상첨화다. 쾨니히는 의학적인 관점에서 손목은 웨어러블 기기를 착용하기에 가장 좋은 부위가 아닐 수도 있다는 데 동의한다. 하지만 실험 결과 계속 착용할 가능성이 가장 높은 부위는 손목이었다. 생활을 거의 방해하지 않기 때문이다. 그들은 오랜 시간에 걸쳐 걸리적거리는 부분을 없애고, 손목밴드를 잠그기 쉬우며, 밤에도 저절로 풀릴 가능성을 줄이고, 충전이 더 쉽게 기기를 개량했다. 이제는 따로 충전할 필요 없이 사용자의 휴대폰과 동기화될 때 자동으로 충전된다. "운동 추적장치를 사용하는 사람들은 매일 충전하는 것이 가장 불편하다고 합니다… 우리는 에이바가 일상에 자연스럽게 섞이기를 원했습니다. 충전하면서 동기화되는 거죠." 쾨니히의 설명이다.

또한 에이바는 정확한 데이터를 얻는 것과 사용자가 즐겁고 꾸준히 사용하는 경험 사이에서 균형을 잡으려고 했다. "소변이나 침을 이용하면 정확성이 향상되지요… 하지만 더 중요한 것은 꾸준히 사용하는 겁니다. 어떤 의사를 붙잡고 물어봐도 혈액 검사 결과, 질 체온 따위를 이용해야 한다고 할 겁니다… 하지만 의학적인 관점에서 조금 더 낫다고 해도 사람들이 실제로 따르느냐가 훨씬 중요합니다." 그들은 완벽하기보다는 충분히 괜찮은 결과를 목표로 했다. 그 결과 89%의 정확도를 얻었다. 단 한 가지 변수를 측정함으로써 가능하다고 생각했던 수준을 훨씬 넘어선 수치다. 균형을 잡으려는 노력이 성공했다고 볼 수 있을 것이다.

▬ 남자는 배란할 수 없지!

나는 쾨니히를 만나기 전에 에이바 팔찌를 하나 구매했다. 기기를 제대로 이해하고 싶었기 때문이었다. 나는 최신 활동 추적 장치가 나오면 직접 써보고 싶어 안달하는 편이지만, 여성을 위한 임신용 팔찌는 일상적인 흥미를 훨씬 뛰어넘는 환상의 영역이었다. 몇 주간 직접 착용한 뒤 기록된 측정치를 검토해보는 것은 굉장히 흥미로운 일이었다. 휴식 시 심박수, 혈류 상태, 스트레스 측정치는 임신을 원하는 여성을 위해 개발된 장치라지만 남성에게도 충분히 의미 있는 지표다. 다행히 내가 배란을 했다는 증거는 없었다. 쾨니히는 모든 사람의 모든 문제들을 다루는 대신 실제로 해결하려는 문제에 집중하여 표적으로 할 시장을 정확히 알아내는 것이 중요하다고 귀뜀한다. "저희는 여성 건강 분야에서 확실한 기회가 있다고 보았고, 그 분야에서 세계 최고가 되고 싶습니다. 핏비트와 경쟁할 생각은 없습니다. 여성의 일생을 통틀어 생식 관련 건강 분야의 리더가 되고 싶을 뿐입니다."

매우 중요한 말이다. 특정한 사람에게 성공적인 기기가 다른 사람에게도 성공적이어야 할 필요는 없다. 기술의 문제가 아니다. 당장 눈앞에 있는 문제에 집중하여 사용자가 답을 얻고 싶은 문제를 발견하고, 그것을 해결하는 데 최적화된 시스템을 개발해야 한다. 필요한 입력값이 무엇이든 궁극적으로 문제에 맞는 방향으로 기기를 개량해나가야 한다.

틈새 시장을 찾아라

에이바가 불임 시장에 데이터 기술을 도입한 유일한 기업은 아니다. 하지만 임신을 갈망하는 환자들의 기나긴 여정에서 약간 다른 곳을 겨냥한 제품으로 성공을 거둔 회사 가운데 하나임은 틀림없다. 블룸라이프(Bloomlife)는 임신 말기 여성의 자궁 수축을 기록하는 렌탈용 장비다. 블룸라이프 역시 에이바처럼 초기 시장 진입 목적을 넘어서려고 노력했다.[6] 회사의 CEO는 웹사이트 〈모비헬스뉴스(MobiHealthNews)〉에 이렇게 말했다. "[우리의] 센서는 [자궁 수축] 외에도 많은 것을 추적합니다. 소프트웨어와 알고리듬만 업그레이드하면 동일한 센서들을 통해 태아의 움직임, 태아의 심박수, 산모 건강의 다양한 측면을 모니터링할 수 있습니다." [7] 자궁 수축으로 시작했지만 임신 전체, 어쩌면 그 이상에 대한 데이터 지원을 목표로 하는 것이다.

남성 건강 분야를 추구하는 기업도 있다. YO는 집에서 스마트폰으로 정액을 분석하며,[8] 트랙(Trak) 역시 앱을 통해 비슷한 가정용 검사 키트를 제공한다.[9] 정액을 분석하는 것은 잠재적인 환자들을 겨냥한 진입 지점이다. 환자들에게 자신의 의학적 정보를 수집할 도구를 쥐어주고, 의사를 만나기 전에 스스로 뭔가 해볼 수 있는 기회를 주는 것이다.

임상적으로 입증된 환자 방정식에서 불임 같은 문제를 두고 얻을 수 있는 출력값은 굉장히 단순하다. 사람들은 정보를 원한다. 이때 에이바처럼 잘 설계된 제품은 삶의 변화를 가져다줄 수 있는 실행 가능한 정보들을 제공한다. 훨씬 큰 것이 걸려 있고, 도움을 받아야 할 필요도 삶의 특정 시점이 아니라 오랜 시간에 걸쳐 있는 만성질환의 경우에는 상황이 좀 더 복잡하다. 다음 장에서는 환자들의 삶을 근본적으로 바꾸기 시작한 첨단기술의 두 가지 분야를 살펴볼 것이다. 바로 천식과 당뇨병이다. 이런 질병에서 해결해야 할 문제는 에이바처럼 비교적 단순한 시스템보다 훨씬 다양하지만 잠재적인 보상 또한 훨씬 크다.

Notes

1 "What's the Cervical Mucus Method of FAMs?," Planned Parenthood, 2019, https://www.plannedparenthood.org/learn/birth-control/fertility-awareness/whats-cervical-mucus-method-fams.

2 Janet Morrissey, "Women Struggling to Get Pregnant Turn to Fertility Apps," New York Times, August 27, 2018, https://www.nytimes.com/2018/08/27/business/women-fertility-apps-pregnancy.html.

3 Dave Muoio, "Ava Announces New Feature for Cycle-Tracking Bracelet, Clinical Study," MobiHealthNews, January 31, 2018, https://www.mobihealthnews.com/content/ava-announces-new-featurecycle-tracking-bracelet-clinical-study.

4 Pascal Koenig, interview for The Patient Equation, interview by Glen de Vries and Jeremy Blachman, February 23, 2017.

5 "Ava's Research—Science-Backed Technology | Ava," Ava, 2015, https://www.avawomen.com/how-ava-works/healthcare/research/.

6 "Bloomlife," https://www.facebook.com/Bloomlife, Bloomlife, 2019, https://bloomlife.com.

7 Jonah Comstock, "Bloomlife Gets $4M for Wearable Pregnancy Tracker," MobiHealthNews, August 15, 2016, http://mobihealthnews.com/content/bloomlife-gets-4m-wearable-pregnancy-tracker.

8 "YO Sperm Test | A Male Fertility Test You Can Use At Home," YoSperm Test, 2017, https://www.yospermtest.com/.

9 "How the Trak Male Fertility Test Works," Trak Fertility, 2018, https://trakfertility.com/how-trak-works/.

호흡 한 번, 피 한 방울— 천식과 당뇨병, 첨단기술로 정복 중인 만성질환

언뜻 보기에 천식과 당뇨병은 공통점이 거의 없는 것처럼 느껴진다. 그러나 깊게 파고들수록 유사점이 많음을 깨닫게 된다. 이 두 질병을 함께 논의하는 것은 환자 방정식은 건강 문제만 해결하는 것이 아니라, 우선 어떤 틀을 짜놓으면 반복해서 응용할 수 있다는 점에서 의미가 있다. 천식과 당뇨병을 나란히 놓고 보면 전혀 딴판이다. 한쪽(천식)에서 우리는 환자가 위험한 상황에 처하지 않도록 노력하며, 내적인 변수와 외적인 변수를 동시에 고려해야 한다. '환자가 어떻게 숨쉬는가'라는 문제가 있고, '바깥 환경은 어떻고, 무엇이 천식을 유발하는가'라는 문제가 있다. 다른 쪽(당뇨병)에서 우리는 체내에서 일어나는 한 가지 과정, 즉 혈당과 인슐린을 조절하는 과정의 균형을 맞추려고 노력한다.

그렇다면 공통점은 무엇일까? 실시간으로 개입해야 한다는 점이다. 더 큰 과정이 진행 중임을 나타내는 지표, 질병이 진행 중임을 알려주는 증거를 전통적인 방식보다 빠르게 찾아내는 것이 관건인 암과는 다르다. 천식이나 당뇨는 휴대폰과 동기화되기를 기다렸다가, 앱을 체크하고, 데이터를 곰곰이 따지는 과정과는 거리가 멀다. 당장 공기 질이 더 좋은 환경을 찾아 떠나거나, 인슐린 용량을 조절해야 한다. 환자들이 기기나 알고리듬을 신뢰한다면 실수할 여지는 없다. 인간이 개입하여 분석할 시간도 없다. 따라서 환자 방정식은 매번, 항상 옳아야 한다. 실질적인 효과 역시 있어야 한다.

▔위험 지대를 벗어나라

비나 미스라(Veena Misra) 박사는 노스캐롤라이나 주립대학(North Carolina State University) 전기 및 컴퓨터 공학과 석좌교수로 같은 대학에서 ASSIST(Nanosystems Engineering Research Center for Advanced Self-Powered Systems of Integrated Sensors and Technologies, 센서 통합 첨단 자가동력 시스템을 위한 나노시스템공학 연구센터)라는 프로그램을 이끌고 있다. 프로그램의 주된 목표는 건강을 모니터링하는 웨어러블 기기와 그것에 필요한 센서들을 개발하는 것이다.

미스라 박사가 특별한 관심을 기울이는 분야는 초저전력으로 작동하여 배터리를 거의 소모하지 않는 기기들이다. 이런 목표는

ASSIST 프로그램이 개발한 제품이 시장에 진입할 때 가장 중요한 차별 요소로 내세우는 것이기도 하다. 그녀는 나와의 인터뷰에서 인체에서 생성되는 극히 작은 전기 에너지로 작동하는 기기를 만드는 것이 목표라고 했다.[1] 이 기기는 충전을 위해 몸에서 분리할 필요가 없다. 일단 신체 표면이나 내부에 장착한 뒤로는 충전에 관해 아예 생각할 필요가 없다는 뜻이다. 충전은 사용자가 기기를 꾸준히 사용하는 데 가장 큰 걸림돌이다. 에이바는 충전과 동기화를 결합시켜 이 문제를 극복했다. 미스라 박사 팀은 이 문제를 과거의 추억으로 만들고 싶어 한다. 그녀는 2017년 노스캐롤라이나주의 한 공학 잡지와 인터뷰에서 이렇게 말했다. "우리는 목표를 정했습니다. 초저전력을 추구하는 겁니다. 그 분야에서 ASSIST는 이미 독보적인 위치를 차지하고 있습니다."[2]

미스라 박사 팀에서 개발한 플랫폼 중에는 천식 발작을 방지하는 웨어러블 기기가 있다. 손목밴드와 패치를 착용하고, 함께 제공되는 폐활량계에 하루에 몇 차례 숨을 쉬면 시스템에서 사용자 데이터와 환경 정보(심박수, 혈액 용존 산소량, 수분 공급 상태, 공기 오염도, 오존, 일산화탄소, 이산화질소, 습도, 온도 등)를 통합하여 천식 발작의 가능성을 예측한다. 문제가 있다면 장소를 옮기고 발작 예방 조치들을 수행하라고 알려준다.

2019년 5월에 발표된 예비시험 결과에 따르면 이런 식의 모니터링을 통해 폐 기능의 생리학적 변화를 감지할 수 있으며, 천식 악화를 막는 데도 유용한 것으로 나타났다.[3] 궁극적으로 미스라 박사 팀은 대중에게 보급할 수 있는 웨어러블 기기를 생산하고,

질병에 새로운 통찰을 제공하는 데이터를 수집할 수 있는 기업과 협력하기를 원한다.[4] 연구팀은 다양한 저전력 센서를 이용해 심장 건강, 당뇨병 전단계, 상처 관리에 도움이 되는 앱도 개발하고 있다.

▪ 걸림돌을 없애기

에이바는 기기 충전을 일상생활에서 쉽게 실행할 수 있는 일로 바꾸기 위해 노력하지만, 미스라 박사는 아예 충전이 필요 없는 기기를 만들고 싶어 한다. "옷을 입는 것처럼 일단 착용하면 신경쓸 필요가 전혀 없고, 필요할 때 건강이나 환경 정보를 제공하여 보다 편안한 삶을 살 수 있도록" 실질적인 장애물을 완전히 없앤 상태에서 완벽하게 기기와 연결되도록 하려는 것이다. 그녀의 비전은 장차 건강한 사람도 웨어러블 기기를 착용하여 직장에서의 환경적 노출이든, 부정맥이든, 당뇨병 예방을 위한 혈당 지수 관리든 다양한 질병의 경고 신호를 조기에 포착하는 것이다. 우리는 오랜 시간에 걸쳐 의사를 찾아야 하는 시기와, 검사를 받아야 하는 시점을 보다 정확히 예측할 수 있는 단서들을 수집할 수 있다.

사람들이 "땀의 성분이나 혈당을 측정하기 위해 병원을 정기적으로 방문할 필요가 없으면 좋겠지요." 미스라 박사는 강조한다. "이런 기술을 이용하면 스스로 건강이 어떻게 변하는지, 식단을 바꾸면 무엇이 변하는지, 무엇이 호흡에 영향을 미치는지 항상 알 수 있습니다… 데이터를 많이 모을수록 어떤 측면이 서로 상관관계가 있는지, 미래를 예측하는 데 무엇이 가장 유용한지 더 잘 알 수 있지요."

2016년 노스캐롤라이나주 롤리(Raleigh) 시에서 열린 테드엑스 토크(TEDx Talk)에서 미스라 박사는 "자신의 행복을 주도하기(Powering Your Own Wellness)"란 강연을 통해 유지보수가 필요 없는 자가동력 웨어러블 기기들이 빈부격차와 건강 상태에 관계없이 스스로 건강을 유지하는 일에 모든 사람을 참여시키고, 정보를 제공하고, 권한을 부여하는 미래의 모습을 그렸다. 우리는 스스로 배터리가 되어 1년에 평균 네 번만 의사를 찾는다. 아무도 돌보지 않는 연간 8,700시간 동안에는 건강을 직접 모니터링하는 것이다.[5]

어쩌면 지나친 일일지 모른다. 모든 사람이 항상 건강을 모니터링하고 싶지는 않을지도 모른다. 스스로 건강하다고 생각하는 사람은 특히 그럴 것이다. 휴가를 맞아 스모그 가득한 어떤 도시의 공항에 내렸을 때, 또는 하루에 두 개나 세 개의 도넛을 입에 넣었을 때 건강에 나쁘다는 사실을 매번 상기하고 싶지는 않을 수도 있다. 하지만 천식 같은 만성질환이 있다면, 크게 걱정하지 않던 상황이 삽시간에 생명을 위협할 정도로 돌변할 수 있다면 생각이 달라질 것이다. 그리고 당뇨병만큼 흔하고, 지속적으로 면밀한 관찰이 필요한 질병은 없을 것이다. 당뇨병이 웨어러블 기기 분야에서 가장 큰 관심과 기대를 모으고, 가장 연구가 활발한 것은 우연이 아니다.

완벽한 인공췌장

당뇨병은 진정한 폐쇄 시스템의 예로 들었던 스마트 온도계의 궁극적인 생물학적 상징이다. 환자는 이런 시스템을 통해 스스로 혈당을 재고, 인슐린 용량을 결정하고, 투여하는 일을 충분히 해낼 수 있다. 웨어러블 기술이 등장한 이래 지금까지 인공췌장 형태의 솔루션을 통해 당뇨병이라는 문제를 '해결'하기를 추구했던 이유다. 기업들은 환자 스스로 부지런히 관리해야 한다는 개념을 옛날 이야기로 만들어버릴 기계를 개발하여 시장을 선점하기 위한 치열한 경쟁을 벌였다. 제1형 당뇨병 환자인 케이디 헬름(Kady Helme)은 이미 2014년에 임상시험을 통해 지속적 혈당 모니터와 인슐린 펌프와 신체 리듬을 학습하는 알고리듬이 결합된 기기를 사용해볼 기회를 얻었다. 그녀는 《포브스(Forbes)》 헬스케어 서밋 (Healthcare Summit) 강연 중 자신의 경험을 이렇게 요약했다.

"모든 것을 제대로 해도 혈당 수치는 완전히 롤러코스터처럼 오르락내리락했습니다. [그러나] 인공췌장을 사용하자마자 관리할 필요가 전혀 없더군요… 펌프가 5분마다 [혈당치를] 판독하여 어떻게 할지 알아서 결정해주었습니다… 정상인의 췌장처럼요." [6]

헬름은 예전 같으면 틀림없이 죄책감을 느꼈을 "정신 나간 것들"을 먹을 수 있었다. 파스타, 술, 디저트 같은 것들이다. "정말 그저 시험 삼아 먹어봤어요. 그러고 나니 시스템을 신뢰할 수밖에 없더군요.” 임상시험이 끝나자 그녀는 그 기기와 그것이 허락해준 삶의 질에 너무나도 만족하고 있다는 사실을 깨달았다.

당뇨병 환자에게는 꿈 같은 일이다. 하지만 현실은 좀더 복잡하다. 많은 회사들이 오랜 시간에 걸쳐 독특한 기기들을 개발 중이지만 현재 미국 내에서 상업적 인공췌장 형태의 시스템으로 FDA 승인을 받은 제품은 메드트로닉(Medtronic)의 미니메드 670G(Minimed 670G)뿐이다. 이 기기는 제1형 당뇨병을 앓는 7세 이상 어린이와 성인을 대상으로 한다.[7] 문제는 메드트로닉 제품을 포함한 이 기기들이 완벽하지 않다는 점이다. 최근 연구에 따르면 메드트로닉 제품 사용자의 40%가량이 15개월의 연구 기간 도중에 사용을 중단했다.[8] 경고 메시지가 너무 자주 뜨고, 피부 연결을 유지하는 데 어려움이 있으며, 센서 입력값을 잘못 판독하고, 자동모드가 곧잘 수동모드로 넘어가 전통적인 혈당 모니터보다 나을 것이 없다고 느꼈던 것이다.

작가인 클라라 로드리게즈 페르난데즈(Clara Rodriguez Fernandez)는 유럽 생명공학 업계를 다루는 디지털 미디어 사이트 라바이오테크(Labiotech.eu)에 이렇게 설명했다. “이 시스템은 사용자가 음식을 먹지 않거나 운동을 할 때만 혈당치를 예측할 수 있을 뿐, 혈당치가 너무 높거나 낮으면 저절로 수동모드로 변한다.”[9] 결국 기기는 완전 자동이 아니며, 닫힌 회로가 아니다. 페르난데즈의 표현을 빌리자면 “하이브리드 회로”에 불과하다.

페르난데즈는 보다 완벽한 시스템을 만들기 위해 해결해야 할 문제를 이렇게 정리했다. 첫째, 혈당치가 크게 변하는 경우 현재 사용하는 인슐린보다 훨씬 빨리 효과를 나타내는 인슐린이 필요하다. 둘째, 당뇨병이 없는 사람만큼 혈당치를 완벽하게 조절하려면 인슐린만으로는 충분치 않다. 셋째, 알고리듬을 더 스마트하게 개선해야 하며, 각각의 환자들이 인슐린 용량에 반응하는 결과에 따라 유동적으로 변할 수 있는 개인 맞춤형으로 작동해야 한다.

두 번째 항목에 관해 최근 《사이언스 중개의학학술지(Science Translational Medicine)》에 실린 보고서는 인슐린에만 의존할 것이 아니라 다양한 호르몬의 닫힌 회로 시스템이 필요하다고 제안했다.[10] 두 가지 호르몬 시스템을 사용한 결과 혈당치를 성공적으로 조절하면서도 환자가 저혈당 상태에 빠지지 않게 할 수 있었던 것이다. 하지만 유용한 다른 호르몬들을 보다 안정적이고, 그 효과가 더욱 빠른 인슐린을 개발하고, 더 똑똑한 알고리듬이 배후에서 모든 것을 쉽게 통제하는 혁신적인 시스템은 여전히 미래에 속한 기기라 해야 할 것이다.

¯ 자신의 기기 해킹하기

인공췌장 시스템은 생명과학 산업에만 맡길 것이 아니라 제1형 당뇨병 환자들에게 통제 권한을 줘야 한다는 움직임이 있다. 바로 인공췌장 시스템 개방 프로젝트(Open Artificial Pancreas System,

#OpenAPS)다.[11] 현재 따로 부품을 구해 혈당 모니터, 인슐린 펌프 그리고 두 가지 기기 사이에 신호 교환을 담당하는 컴퓨터를 조합하여 손수 자신만의 인공췌장을 만들려는 사람이 1,000~2,000명에 이를 것이라고 추정한다. 짐작하듯 완전히 성공한 경우는 없다. 2019년 5월 FDA는 한 당뇨병 환자가 조잡한 자작 시스템을 사용하다가 사고로 인슐린을 과다 투여한 사건이 발생하자 경고문을 발표하기도 했다.[12]

물론 심각한 문제지만, 환자들이 데이터에 의해 움직이는 기계를 이용해 만성질병을 관리하려는 욕망이 얼마나 간절한지 알려주는 예이기도 하다. 케이디 헬름의 경험담을 듣고 인공췌장 같은 기기가 환자의 삶을 얼마나 크게 바꾸는지 깨닫지 못할 사람은 없을 것이다. 특히 당뇨병은 이미 몇 가지 기기를 이용해 스스로 관리하는 질병이기 때문에 관심이 더욱 높다. 새로운 기계들이 발명되어 자기 손으로 삶의 모든 측면을 관리해야 하는 상황을 좀더 편하게 만들어 주기를 갈망하는 것이다. 실시간으로 정보를 수집하여 즉시 대응할 수 있다면 쉽게 정복할 수도 있으리라 느끼기 때문이다. 암이나 다른 질병에서 기대할 수 없는 당뇨병의 독특한 측면이다. 많은 회사가 의미 있는 발전을 이룬 덕에, 이런 기기들을 이용해 당뇨병을 정복할 수 있으리라 내다볼 정도로 상황이 좋아졌다.

한 번에 한 방울씩

제프리 다치스(Jeffrey Dachis)는 원드롭(OneDrop)의 설립자이자 이사장을 겸하는 CEO다. 이 회사는 인슐린을 자동 투여하는 인공췌장 문제로 씨름하기보다 환자 데이터, 자체 개발한 하드웨어 그리고 소프트웨어 플랫폼을 이용하여 최대한 혈당을 조절하는 방식으로 당뇨병을 관리하고자 한다. 언뜻 보기에 원드롭은 기존의 보편화된 기기들을 소폭 개량한 것처럼 보인다. 더 세련되어 보이는 혈당 측정기, 꼼꼼하게 디자인된 앱, 검사 스트립을 소비자에게 직접 공급하는 처방 플랜, 온라인을 통해 환자들을 서로 연결하는 공동체적 요소를 결합한 것이 전부인 것 같다.

하지만 진정한 가치는 거기서 그치지 않는다. 2018년 원드롭은 사용자 데이터를 이용해 향후 혈당치를 예측함으로써 인슐린이 얼마나 필요할지 결정하는 자동결정지원(Automated Decision Support) 시스템을 선보였다.[13] 이 시스템의 알고리듬은 개인의 데이터를 '비슷한' 사용자들의 정보와 비교 분석하여 혈당치를 아래위 50mg/dL 범위 내에서 91%, 27mg/dL 범위 내에서 75% 정확도로 예측한다. 인공췌장은 아니지만 그저 숫자만 알려주는 전통적인 혈당계를 훨씬 능가하는 가치를 제공하는 것이다.

다치스는 레이저피시(Razorfish)라는 마케팅 대행업체의 공동설립자였지만, 47세에 당뇨병 진단을 받고 원드롭을 설립했다. 온라인 사이트 《뉴아틀라스(New Atlas)》에 실린 기사에 따르면 다치스는 8주도 안 되어 체중이 10킬로그램가량 줄고, 끊임없이 갈증을 느꼈다.[14] 결국 그는 성인 지연형 자가면역 당뇨병(Latent Autoimmune Diabetes of Adulthood, LADA) 진단을 받았다. 이 병은 드문 형태의 제1형 당뇨병이지만, 30세가 넘어서 발병하기 때문에 종종 오진된다.[15]

그는 병을 진단받고도 별다른 지침을 듣지 못했다는 사실에 놀랐다. "임상 간호사가 인슐린 펜과 처방전을 주면서 6분간 진료하고는 끝이었다." [16] 직접 문제를 해결하기로 결심한 그는 수백 명의 당뇨병 환자를 면담하며 첨단기술을 이용해 가장 필요한 것들을 해결할 방법을 궁리했다. "이건 의학적 문제라기보다 사용자 경험의 문제입니다. 당뇨병이란 상황 속에는 의료계와 아무 관련이 없는 온갖 복잡한 사회심리적 문제가 존재하죠."

원드롭 시스템은 혈당 측정치, 신체활동 측정치(핏비트나 애플워치 같은 추적 장치와 동기화하여 얻음), 음식 섭취량, 약물 투여 기록 등의 데이터를 수집한 후 앱을 통해 알아보기 쉬운 형태로 시각화하여 제공한다. 환자들은 인증받은 당뇨병 교육자와의 채팅 및 환자 공동체 기능을 통해 전문가와 동료 환자들로부터 유용한 정보를 듣고 배운다. 다치스는 온라인 사이트《헬스라인(Healthline)》과의 인터뷰에서 이렇게 말했다. "당뇨병 진단을 받았을 때 이미 누군가 이런 문제들을 모두 해결해놓았을 것이라고 생각했습니다. 사물인터넷, 자기정량화, 모바일 컴퓨팅, 빅 데이터를 결합한 기막힌 기기들이 있을 거라고 짐작했죠." [17] 하지만 다치스의 생각과 달리 그런 것은 없었다. 그래서 그는 원드롭을 설립했다.

원드롭 시스템의 유용성에 힘입어 여러 건의 임상시험이 탄생했다. 유명 저널 《당뇨병(Diabetes)》에서는 원드롭의 자동결정지원 기능을 설명하면서 28,838건의 예측을 5,506명의 사용자에게 보낸 결과 92.4%의 예측이 유용하다는 평가를 얻었다고 보고했다.[18] 다치스는 업계 동향 사이트 《당뇨병 조절(Diabetes in Control)》에 모든 것이 따로따로 존재하던 데이터를 연결시킨 데서 출발했다고 말했다.[19] "당뇨병이야말로 데이터가 핵심인 질병인데, 병을 관리하기 위해 필요한 데이터는 여기저기 흩어져 있습니다." 탄수화물 데이터, 약물 데이터, 인슐린 데이터, 신체활동, 혈당치 등 모든 것이 아무런 질서와 조화도 없이 사방에 흩어져 있다는 것이다. "누군가 연결된 측정 기준 하나를 사용하는 순간 우리는 자동으로 그 사람의 혈당을 추적합니다." 그리고 모든 것을 한데 연결하여 환자에게 바람직한 조치를 권고하고, 충분한 정보를 바탕으로 선택할 수 있도록 한다.

메드트로닉이나 현재 개발 중인 인공췌장과 달리 원드롭은 당뇨 인구의 5%에 불과한 제1형 당뇨병 환자만을 위한 것이 아니다. 특히 결정지원은 제2형 당뇨병 환자를 위한 것으로, 전 세계에서 4억 명이 넘는 사람이 매일 다뤄야 하는 온갖 문제에 최선의 결정을 내릴 수 있도록 돕는다.[20] 꼭 필요한 순간 앱이 알림 메시지를 보내 실행 가능한 권고안을 제시하는 것이다. 예를 들어 혈당이 올라가고 있다면 15분 정도 걷는 것이 어떻겠냐고 제안하는 식이다.[21]

"이미 일어난 일을 찬찬히 돌아보는 것만으로도 많은 것을 배울 수 있습니다." 원드롭의 데이터 과학 부문 부사장인 댄 골드너 (Dan Goldner) 박사는 기자회견을 통해 자동결정지원 시스템을 이렇게 소개했다. "우리는 환자들에게 앞을 내다보는 힘을 주고 싶습니다. 어떤 일이 일어나고, 무엇을 해야 할지 미리 알려주는 거죠. 자동차의 충돌 방지 시스템처럼 혈당치를 예측하는 것은 그때그때 적절한 조치를 취하고 장기적으로 당뇨병의 경과를 결정할 수 있는 정보를 제공합니다." [22]

충돌 방지 시스템이라는 비유는 더없이 적절하다. 당뇨병뿐 아니라 많은 만성질환에 앞으로 무엇을 기대할 수 있는지 한마디로 함축한다. 이런 시스템은 단순한 추적 장치에 그치지 않고 환자가 최적의 행동을 취해 일어날 가능성이 높은 문제를 미리 알고 피할 수 있는 실질적인 도움을 준다. 우리는 이미 존재하는 기술 정도면 '충분히 좋다'고 만족하는 데 길들여졌다. 진정한 위기를 맞지 않은 사람은 그렇게 말할 수 있다. 하지만 우리는 선제적으로 대응할 능력이 있다. 충분히 좋다는 정도에 만족하는 게 아닌, 최선을 목표로 나아가야 한다.

만성질환은 개인의 데이터와 패턴으로부터 학습할 시간이 있다. 매일, 매주, 매달 예측을 정교하게 다듬을 수 있다. 하지만 전혀 다른 문제가 있다. 독감이나 패혈증 같은 급성 질병이다. 다음 장에서는 이런 질병에 대해 이야기해보자.

Notes

1 Veena Misra, interview for The Patient Equation, interview by Glen de Vries and Jeremy Blachman, August 11, 2016.

2 Engineering Communications, "NSF Engineering Research Centers: ASSIST and FREEDM," College of Engineering News, @NCStateEngr, October 9, 2017, https://www.engr.ncsu.edu/news/2017/10/09/nsf-engineering-research-centers-assist-andfreedm/.

3 Veena Misra, "Smart Health at the Cyber-Physical-Human Interface," NAE Regional Meeting at the University of Virginia, May 1, 2019, https://engineering.virginia.edu/sites/default/files/common/offices/marketing-and-communications/Veena%20Misra%20NAE%20Talk%20Final.pdf .

4 Engineering Communications, "NSF Engineering Research Centers: ASSIST and FREEDM."

5 Veena Misra, "Wearable Devices: Powering Your Own Wellness | Veena Misra | TEDxRaleigh," YouTube Video, June 14, 2016, https://www.youtube.com/watch?v=noiKR_yWniU.

6 Kady Helme, "Why I Miss My Artificial Pancreas," Forbes, December 22, 2014, https://www.forbes.com/video/3930264846001/#7eff48c61e78.

7 Amy Tenderich, "Artificial Pancreas: What You Should Know," Healthline Media, April 2019, https://www.healthline.com/diabetesmine/artificial-pancreas-what-you-should-know#1.

8 Craig Idlebrook, "38 Percent of Medtronic 670G Users Discontinued Use, Small Observational Study Finds," Glu, March 25, 2019, https://myglu.org/articles/38-percent-of-medtronic-670g-users-discontinued-use-small-observational-study-finds.

9 Clara Rodriguez Fernandez, "The Three Steps Needed to Fully Automate the Artificial Pancreas," Labiotech UG, March 11, 2019), https://labiotech.eu/features/artificial-pancreas-diabetes/.

10 Charlotte K. Boughton and Roman Hovorka, "Advances in Artificial Pancreas Systems," Science Translational Medicine 11, no. 484 (March 20, 2019): eaaw4949, https://doi.org/10.1126/scitranslmed.aaw4949.

11 "What Is #OpenAPS?," Openaps.org, 2018, https://openaps.org/what-is-openaps/.

12 Craig Idlebrook, "FDA Warns Against Use of DIY Artificial Pancreas Systems," Glu, May 17, 2019, https://myglu.org/articles/fda-warnsagainst-use-of-diy-artificial-pancreas-systems.

13 One Drop, "Predictive Insights | Automated Decision Support,"One Drop, 2019, https://onedrop.today/blogs/support/predictiveinsights.

14 Michael Irving, "One Drop: The Data-Driven Approach to Managing Diabetes," New Atlas, August 14, 2017, https://newatlas.com/one-drop-diabetes-interview/50885/.

15 "What Is LADA?," Beyond Type 1, 2015, https://beyondtype1.org/what-is-lada-diabetes/.

16 Michael Irving, "One Drop: The Data-Driven Approach to Managing Diabetes."

17 Amy Tenderich, "OneDrop: A Newly Diagnosed Digital Guru's Big Diabetes Vision," Healthline, March 19, 2015, https://www.healthline.com/diabetesmine/onedrop-newly-diagnosed-digitalguru-s-big-diabetes-vision.

18 Daniel R. Goldner et al., "49-LB: Reported Utility of Automated Blood Glucose Forecasts," Diabetes 68, Supplement 1 (June 2019): 49-LB, https://doi.org/10.2337/db19-49-lb.

19 Steve Freed, "Transcript: Jeffrey Dachis, Founder and CEO of One Drop," Diabetes In Control. A free weekly diabetes newsletter for Medical Professionals., November 19, 2016, http://www.diabetesincontrol.com/transcript-jeffrey-dachis-founder-and-ceoof-one-drop-diabetes-app/.

20 Adrienne Santos-Longhurst, "Type 2 Diabetes Statistics and Facts," Healthline, 2014, https://www.healthline.com/health/type-2-diabetes/statistics.

21 One Drop, "Predictive Insights | Automated Decision Support."

22 One Drop, "One Drop Launches 8-Hour Blood Glucose Forecasts for People with Type 2 Diabetes on Insulin," PR Newswire, June 8, 2019, https://www.prnewswire.com/news-releases/one-droplaunches-8-hour-blood-glucose-forecasts-for-people-with-type-2-diabetes-on-insulin-300864192.html.

플루모지와 패혈증 감시—스마트한 데이터로 치명적인 급성질환을 예측하고 예방하는 두 가지 방법

보건의료 분야에서 금과옥조처럼 통하는 법칙이 있다. 문제를 빨리 발견할수록 치료가 덜 고통스럽다는 것이다.(비용 효과적이기도 하다.) 문제를 조기에 발견한다면 모든 게임에서 최고의 패를 손에 쥘 수 있다. 치료 경과의 예측성, 성공 가능성은 물론 치료 중 비용이 많이 들거나 해로운 문제가 생길 위험도 줄어든다. 독감은 빨리 알아낼수록 중증도를 최소화할 수 있다. 사회적인 관점에서 본다면 타미플루 같은 항바이러스제를 사용하여 전체적인 생산성 감소를 최소화할 수도 있다. 패혈증은 얼마나 빨리 발견하느냐에 따라 생사가 갈린다. 진단이 늦으면 죽는다.

시각을 확장해본다면 모든 질병, 모든 반응, 모든 경과를 조기에 그리고 정확히 발견하는 것이야말로 정교한 환자 방정식을 찾아내고 적용하기 위해 노력하는 궁극적인 이유다. 알츠하이머 병이든 암이든 당뇨나 천식 악화, 배란 시기 등 모든 것은 빨리 알수록 선택의 폭이 넓어지고, 최적의 해결책을 찾아낼 가능성도 높아진다. 환자의 치료에 대한 반응 유무 역시 빨리 알수록 유리하다. 암처럼 장기전을 펼치든, 단기 승부를 내야 하든 조기 발견은 항상 중요하다. 더욱이 독감이나 패혈증처럼 불과 며칠, 심지어 몇 시간 만에 삶과 죽음이 완전히 갈릴 수 있는 급박한 문제에서 조기 발견은 그야말로 결정적이다.

▬패혈증을 잡아내라

패혈증이란 감염에 대해 심한 염증 반응이 생겨 장기들의 기능이 급속히 저하되는 현상이다. 패혈증성 쇼크로 진행하는 경우 사망률이 50%에 이른다.[1] 미국에서 전체 사망자의 6%가 패혈증으로 인한 것이며, 매년 230억 달러의 의료비가 패혈증 치료에 지출된다.[2] 매년 150만 건 이상의 패혈증이 발생하여 25만 명이 사망한다.[3] 하지만 패혈증 감시(Sepsis Watch) 시스템을 개발한 듀크 대학병원 연구자와 의사들에 의하면 조기 발견은 "경험 많은 임상의사에게도 여전히 어려운 문제다." [4]

듀크 대학의 마크 센댁(Mark Sendak) 박사는 〈인사이드 시그널 프로세싱(Inside Signal Processing)〉 뉴스레터에 패혈증의 진단율이 전국 평균 "약 50% 정도"라고 말했다.[5] "많은 곳에서 이 문제로 고

심하고 있습니다." 듀크 대학병원에서도 하루 평균 7~9건의 패혈증이 발생하며, 사망률은 10%에 이른다.[6] 문제는 한 가지 증상이나 징후, 한 가지 검사만으로는 알아낼 수 없다는 점이다. 패혈증을 조기에 발견하고 치료하는 것은 정해진 틀 없이 환자에 따라, 상황에 따라 매번 달라지는 문제다. 의사와 간호사는 너무 늦기 전에만 발견되길 바랄 뿐이다. 하지만 듀크 대학 연구자들은 데이터가 큰 도움이 될 수 있음을 알아냈다.

2018년 11월, 수개월간의 시험 끝에 듀크 대학에서 패혈증 감시 시스템이 출범했다. 어느 때보다도 빨리 패혈증을 감지하여 너무 늦기 전에 치료하도록 설계된 데이터 중심 인공지능 시스템이다. 환자의 인구통계학적 특징, 동반질환, 검사수치, 활력징후, 복용 중인 약물 등 총 86가지 변수를 결합한 이 시스템은 5분에 한 번씩 의무기록 정보를 수집해 의사가 알아차리기도 전에 패혈증 징후를 나타내는 환자를 찾아내 신속 대응팀에 알린다.[7] 위험 가능성이 있는 환자를 파악한 후에도 환자 분류, 선별, 감시, 치료 등 네 단계로 분류하여 계속 추적함으로써, 일단 찾아낸 환자를 무시하지 않도록 계속 챙겨준다.

본격 가동 전에 듀크 대학은 이 모델을 후향적으로 환자 데이터에 시험해보았다. 통상 진료 시보다 최대 5시간 먼저 패혈증을 감지할 수 있었다. 별것 아닌 것처럼 들릴지 몰라도 이 정도면 생사를 가를 수 있는 시간이다.[8] 《미국 보건의료 리더(American Healthcare Leader)》와의 인터뷰에서 듀크 대학 수석 보건정보 책임자인 에릭 푼(Eric Poon)은 이렇게 말했다. "우리는 임상의사로서

왠지 모르게 환자가 이상하다는 생각을 하면서도, 너무 많은 일이 한꺼번에 일어나기 때문에 희미한 신호를 소음과 구별하기 어려운 순간을 경험합니다." [9] 이제 그들은 보다 빨리 대응하여 실제로 환자의 경과를 바꿀 수 있을 것이다.

▬ 의사를 대체하는 것이 아니라 의사와 협력하는 것

감시 시스템은 패혈증의 인공췌장이 아니다. 약물을 투여하지 않으며, 특정 치료를 권고하지도 않는다. 그저 의사와 간호사가 빨리 환자를 평가하도록 경보를 울릴 뿐이다. 데이터가 의사와 병원을 대신하는 것이 아니라, 더 나은 진료를 할 수 있도록 더 큰 힘을 부여하는 것이다. 센댁 박사가 IEEE 스펙트럼(IEEE Spectrum)에서 말했듯이 AI가 모든 일을 할 수는 없다.[10] 결국 최종적인 결정을 내리는 것은 의사의 몫이다.

병원에 따라서는 이런 정도의 중재를 업무에 도입하는 것조차 어려울 수 있다. 객관적인 데이터로 입증해도 마찬가지다. 듀크 대학 연구팀이 《의료인터넷연구저널(Journal of Medical Internet Research)》에 투고한 논문의 도입부는 이 점을 잘 보여준다. "일상적 임상진료에 머신러닝을 성공적으로 통합한 예는 놀랄 정도로 드물다." [11]

데이터와 사회연구소(Data & Society Research Institute)의 메덜레인

클레어 엘리시(Madeleine Clare Elish)는 "불확실성의 문제-임상진료에서 머신러닝의 개발 및 통합(The Stakes of Uncertainty: Developing and Integrating Machine Learning in Clinical Care)"이라는 제목의 논문에서 듀크 대학의 패혈증 감시 시스템을 예로 들어 인공지능 기반 시스템에 대한 신뢰를 확립하기가 얼마나 어려운지 기술했다.[12] 그녀는 우선 직감에 의존해 진단하는 질병인 패혈증이 머신러닝의 완벽한 후보임을 지적하면서, 그럼에도 패혈증 감시 시스템을 실행에 옮기는 일은 의사들이 임상적 판단을 방해받는다고 느끼지 않도록 매우 조심스럽게 접근해야 한다고 덧붙였다. "역사적으로 보건의료는, 특히 일부 병원에서 새로운 기술을 채택하는 데 매우 느린 분야다… 심지어 환자의 경과를 개선시킬 수 있다고 해도 (이런 반응을 마주한다.) … '달성하기 쉬운 목표처럼 보이지만 그만큼 걸림돌도 만만치 않아. 실제로는 절대 목표를 달성할 수 없지.'"[13]

엘리시는 보건의료 기관을 변화시키려는 사람에게 도움이 되는 교훈들과 함께 첫 단계부터 최종 사용자, 즉 의사와 간호사들을 포함시켜 당사자가 변화 과정에 참여하고 프로젝트의 성공을 위해 뭔가를 투자했다고 느끼는 것이 중요하다고 강조했다. 또한 의도적으로 패혈증 감시 시스템의 기능을 제한했음을 지적했다. 환자에게 첫 번째 패혈증 징후가 나타날 것을 예측하고 치료 팀에 경고할 뿐 그 이상을 지시하지 않음으로써, 시스템이 의사의 역할을 대신하는 것이 아니라 보조하는 것으로 인식하도록 했다는 것이다.

그녀는 "경보 피로"에 대해서도 언급했다. 경보가 너무 빈번하면 "도움이 되기보다 성가신 것"이라 느낄 위험이 있다는 것이다. 비슷한 시스템을 개발할 때는 경보를 너무 자주 내보내는 것(결국 경보를 무시하게 된다.)과 불충분하게 내보내는 것(결국 패혈증 환자를 자주 놓치게 되므로 시스템을 신뢰하지 않게 된다.) 사이에서 적절한 균형을 잡아야 한다. 의사들에게는 시스템을 이용하면 단독으로 판단할 때보다 훨씬 낫다는 증거가 필요하다. 듀크 대학에서 후향적 분석을 통해 시스템을 이용하면 패혈증 환자를 평균 5시간 먼저 찾아낼 수 있음을 보여준 이유다. 동시에 의사들은 자율성이 침해받지 않기를 원한다.

이런 사회적 요인들은 매우 중요하다. 패혈증 감시 시스템뿐 아니라 새로운 기술을 이용하는 모든 일에서도 마찬가지다. 엘리사는 이와 관련하여 또 한 가지 사항을 지적했다. 그녀는 듀크 대학의 진료 팀과 이야기하면서 사람들이 패혈증 감시 시스템을 다른 명칭보다 '도구'라고 부르기를 더 좋아하며, '머신러닝'이나 '인공지능'보다 '예측 분석'이라는 용어를 선호함을 알게 되었다. 도구란 그저 쓸모 있게 사용하기 위해 존재하는 것이지, 내 역할을 대신하지는 않는다는 것이다.

에릭 푼 연구팀은 현재 듀크 대학에서 패혈증 감시 시스템의 초기 결과를 평가하고 있다.[14] 푼은 《미국 보건의료 리더》 지에 이렇게 말했다. "저희는 새로운 요소를 포함시키기를 주저하지 않습니다. 하지만 그것이 환자 진료에 영향을 미쳤는지 철저히 평가하죠… 혁신을 하되 영리하게 혁신하려고 하는 겁니다."[15]

데이터가 주도하는 새로운 세상에서 경쟁력을 갖춘 스마트한 병원이 되려면 정확히 이런 종류의 가치 있는 도구들을 계속 개발할 필요가 있다. 패혈증을 일찍 발견할 수 있다면 병원의 치료 결과 통계를 크게 향상시킬 수 있으며, 그것은 경쟁력을 확보한다. 더 나아가 수많은 방식으로 병원에 큰 도움이 될 것이다.

▬ 패혈증을 넘어

패혈증 감시 시스템이 데이터 지능을 진료에 통합하는 유일한 병원 기반 시스템은 아니다. 캘리포니아의 엘카미노 병원(El Camino Hospital)은 다양한 위험인자를 통해 환자의 낙상 가능성을 예측하기 위해 머신러닝을 이용한다.[16] 프로그램을 시작한 지 6개월 만에 낙상이 39% 감소했다.[17]

오리건주와 워싱턴주의 노스웨스트 카이저 퍼머넌트(Kaiser Permanente of the Northwest)에서 시험 중인 콜론플래그(ColonFlag)는 환자 데이터에서 위험 점수를 산출하여 대장암 선별검사를 의뢰할 환자를 판별하는 머신러닝 알고리듬이다. 연구에서 이 시스템은 낮은 헤모글로빈 수치만 고려하는 것보다 34% 향상된 결과를 보였다.[18]

마운트 시나이 병원(Mount Sinai Hospital)은 인공지능 모델을 이용해 환자 데이터베이스를 검토하면 무엇을 발견할 수 있는지 연구했다. 고혈압, 당뇨병, 조현병이 생길 가능성이 높은 환자를 미리 예측할 수 있었다.[19] 사실 이런 프로그램은 전 세계 다양한 병원과 부서에서 진행 중이다. 궁극적인 목표는 이런 시도가 얼마나 유용한지, 얼마나 신뢰성 있는 결과를 얻을 수 있고, 일선에서 일하는 의사들이 시스템을 얼마나 믿을 수 있을지 밝히는 것이다.

⁻ 크라우드소싱으로 독감 추적하기

지금까지 논의한 시스템은 환자 기록과 검사 데이터를 발굴하여 사람이 감지할 수 없는, 최소한 시스템만큼 속도와 신뢰성을 갖고 감지할 수 없는 패턴을 찾아내는 것이었다. 개인 수준을 벗어나 많은 인구를 대상으로 독감 같은 감염병을 추적할 때도 비슷한 방법을 사용할 수 있다. 주변 데이터(주변에 있는 사람들이 병에 걸렸는지 건강한지)를 효과적인 방식으로 이용하면 질병을 조기 발견하여 더 쉽게 치료하거나, 애초에 질병이 유행하는 곳을 피해 병에 걸리지 않을 수도 있다. 인구 기반 정보를 필요에 맞게 사용할 수 있는 것이다.

2017년 글락소스미스클라인(GlaxoSmithKline)은 MIT 커넥션 사이언스(Connection Science)와 공동으로 플루모지를 출범했다. 웹사이트 피어스파마(FiercePharma)에서 "독감에 대한 웨이즈(Waze, 세계적으로 널리 사용되는 사용자 참여형 내비게이션 앱-역주)"[20] 라고 했던 실시간 크라우드소싱 추적 엔진이다. 이 앱은 사용자의 활동과 사회적 상호작용 패턴의 변화를 미국 질병관리본부(Centers for Disease Control and Prevention, CDC)의 독감 추적 데이터와 결합하여 전통적인 방법보다 훨씬 빨리 유행을 찾아낸다.

플루모지는 활동 데이터를 건강의 대리지표로 삼는다는 점에서 독특하지만, 사실 미 국립과학재단(NPR)에서 지원하는 사이언스 프라이데이(Science Friday, 매주 금요일 전화로 진행되는 라디오 토크쇼-역주)와 협력하여 미국 전역에서 독감 유행을 추적하는 플루 니어 유(Flu Near You) 등 다른 크라우드소싱 엔진에서도 비슷한 방식의 예측을 시도한 바 있다.[21] CDC의 「플루 뷰(Flu View)」 보고서 등 전통적인 방식의 문제는 의사들이 독감 환자를 진단하는 시점과 시스템에 데이터를 입력하여 분석하는 시점 사이에 거의 일주일 정도 간격이 생긴다는 점이다.[22] 이 간격을 줄이면 귀중한 생명을 살릴 수 있다. 그 사이에 병의원에서 독감 유행을 예측하여 충분한 물품을 주문하고, 어린이와 노인들을 집에 머물도록 안내하고, 독감 백신을 맞으라고 권고할 수 있기 때문이다.

오래 전부터 구글은 검색 활동 데이터를 이용하여 독감을 추적하려고 했다. 하지만 2015년에는 독감 시즌이 정점에 달하는 시점을 예측하는 데 실패했다.[23] 웨더 채널(Weather Channel, 미국의 일기예보 전문방송으로 Weather.com이라는 일기예보 사이트를 같이 운영한다.-역주)에서는 소셜미디어 활동을 이용해 독감 지도를 작성했지만, 어디까지나 유행 현황을 보여주는 것이지 예측하는 것은 아니다.[24] 문제는 신뢰성이다. 사람들이 독감 유행에 관심을 갖는 수준에서 실제 치료와 결과에 도움될 만큼의 행동을 하게끔 유도하려면 해당 정보를 충분히 믿을 수 있어야 한다. 하지만 아직 그런 수준에 도달한 예측 도구는 없다.

《BMC 감염병(BMC Infectious Diseases)》에 실린 한 연구에서는 플루 니어 유를 비롯한 크라우드소싱 독감 추적 시스템들이 국가나 지역 등 광범위한 영역에 추가적으로 특정한 정보를 알려줄 수는 있지만, 조금만 자세히 들어가면 시스템 사이의 상관관계가 그리 높지 않으며 유용성 또한 의심스럽다고 결론지었다.[25] 독감 예측이 행동과 치료에 의미 있는 변화를 이끌어내려면 비교적 좁은 지역을 대상으로 해야 한다. 따라서 현재 이러한 시스템의 실질적인 가치는 의심스러운 실정이다.

▀ 데이터로 질병 확산을 막기는 어렵다

나는 줄리언 젠킨스(Julian Jenkins)와 이야기해보았다. 그는 현재에는 인사이트(Incyte, 미국 제약회사-역주)로 자리를 옮겼지만 7년간 글락소스미스클라인에 있으면서 2017년 플루모지 프로젝트 출범 당시 MIT와 긴밀히 협력한 바가 있었다.[26] 젠킨스는 계획에서 가장 멋진 점은 레이어 케이크에서 진정한 차이를 실현할 수 있는 새로운 층, 즉 새로운 생물학적 표지자들을 찾아내려는 것이었다고 설명했다. 앱을 실행하면 발병하기 전날 밤에 수면 시간이 변했는지, 페이스북이나 트위터를 들여다보는 패턴이 변했는지, CVS(미국의 온라인 약국)가 열렸는지 검색해보기 훨씬 전부터 온라인상의 활동이 질병을 시사했는지 추적할 수 있다. 그렇다면 누군가가 스스로 병에 걸렸다고 생각하기 전부터 독감 발병 여부를 알아낼 수도 있을까?

젠킨스는 우리가 아직 효과적으로 발굴하지 못하는 데이터가 많다고 믿는다. TV를 시청하는 패턴이나, 시청하는 동안 얼마나 많이 돌아다니는지 등을 통해 미처 알지 못했던 자신에 대한 무언가를 새롭게 알아낼 수도 있지 않을까? 휴대폰 속의 GPS를 통해 어떤 종류의 음식점을 방문했는지, 어떤 상점에서 물건을 샀는지 체크한다면 의학적 관점에서 우리 삶을 이해하는 데 유용한 정보가 될 수 있지 않을까?

이런 식의 사고 방식은 독감에만 국한되지 않는다. 캘리포니아 대학 샌프란시스코 캠퍼스의 연구전략 책임자이자 정밀의료 부책임자인 인디아 후크-바나드(India Hook-Barnard)는 《모비헬스 뉴스》에서 인구집단 수준에서 활동 데이터를 이용해 모든 종류의 질병을 보다 잘 이해할 수 있다고 말했다.[27] 어떤 지역에 사는 사람은 암이나 당뇨병에 걸릴 가능성이 더 높은가? 그렇다면 건강에 좋은 음식에 대한 접근성 때문일까, 아니면 의료 접근성 때문일까? 적절한 건강 정보를 제때 접하지 못하거나, 이전에 미처 생각하지 못했던 환경 인자 때문일까? "특정 집단의 위험이 더 크다는 사실을 안다면, 특정한 질병을 보다 빨리 진단하고 선별할 수 있습니다. 나아가 그 집단의 질병을 보다 효과적으로 감시할 수도 있습니다."[28]

이렇게 된다면 사람들은 더 건강해지고, 훨씬 빨리 치료에 나

설 수 있다. 하지만 젠킨스는 첨단기술을 이용하여 다양한 방식으로 질병을 이해하고 예측할 수 있는 것은 사실이지만, 아직도 만만치 않은 걸림돌이 있으며 그중에서도 플루모지 같은 프로그램에 많은 사람이 동참하는 것이 매우 중요하다고 믿는다. 사실 사람들이 플루모지 앱을 다운받도록 하는 일도 쉬운 일은 아니다. 매우 적은 환자들만 참여하는 임상시험에서 얻은 데이터를 논의한다면 문제는 훨씬 어려워진다. 상호운용성이 떨어지고(플루모지 앱 같은 경우 다양한 플랫폼[애플, 안드로이드 등]을 위한 프런트 엔드 앱(front-end app)을 개발할 필요가 있다.) 눈에 보이지 않는 곳에서 교신할 수 있는 데이터 소스가 부족하다는 점(책의 맨 뒷부분에서 자세히 논의함)은 아직도 해결되지 않은 엄청난 방해 요소다.

패혈증 감시 및 콜론플래그 등 병원 기반 프로젝트에서 중요한 점은 건강 기록 데이터를 완전히 사용할 수 있는 형태로 유지하고, 효율적이면서도 매끄러운 방식으로 신뢰성 있게 접근하는 것이다. 새로운 기술을 기존 데이터 시스템에 통합하는 것은 엄청나게 어려운 일이며, 결코 가까운 시일 내에 해결될 문제가 아니다. 누군가 많은 시간을 들여 일일이 입력하지 않아도 데이터가 자동으로 입력되는 단순한 작업조차 실제 상황이 너무나 다양하기 때문에 아직 완벽하게 해결되지 않았다. 따라서 알고리듬이 있다고 항상 실시간 분석이 가능한 것은 아니다.

환자 방정식과 정밀의료에 관해 보다 현실적으로 생각한다면 독감이 성배(聖杯)는 아니다. 사람들의 고통을 덜어주는 것은 멋진 일이며 패혈증에서 예측을 통해 생명을 구할 수 있다면 엄청난 일이 되겠지만, 정밀의료가 이미 가장 큰 성과를 거두고 있는 영역은 암처럼 위험이 높은 질병이며 그럼에도 현 상황이 결코 이상적인 것은 아니다. 1991년 이래 암 사망률은 27% 감소했지만,[29] 상당 부분 흡연 인구 감소 등 생활습관 변화로 인한 것이었다. 정밀의료가 질병 발견과 치료 면에서 단순히 점진적인 변화가 아니라 혁명적인 뭔가를 이끌어낼 수 있으리라는 희망이 있다. 그런 희망의 실현에는 이번 장에서 살펴본 것보다 훨씬 복잡한 문제가 얽혀 있지만, 환자 방정식은 이 분야에서 수십 년간 볼 수 없었던 기대를 던져준다.

Notes

1 Yang Li, "What Should We Learn? Hospitals Fight Sepsis with AI," IEEE Signal Processing Society, November 5, 2018, https://signalprocessingsociety.org/newsletter/2018/11/what-should-welearn-hospitals-fight-sepsis-ai.

2 Cara O'Brien, MD, and Mark Sendak, MD, "Implementation and Evaluations of Sepsis Watch – ICH GCP – Clinical Trials Registry," Good Clinical Practice Network, 2019, https://ichgcp.net/clinicaltrials-registry/NCT03655626.

3 Laura Ertel, "Buying Time to Save Sepsis Patients," Duke University School of Medicine," June 4, 2019, https://medschool.duke.edu/about-us/news-and-communications/med-school-blog/buyingtime-save-sepsis-patients.

4 Cara O'Brien, MD, and Mark Sendak, MD, "Implementation and Evaluations of Sepsis Watch – ICH GCP – Clinical Trials Registry."

5 Yang Li, "What Should We Learn? Hospitals Fight Sepsis with AI."

6 Mark Sendak et al., "Leveraging Deep Learning and Rapid Response Team Nurses to Improve Sepsis Management," 2018, https://static1.squarespace.com/static/59d5ac1780bd5ef9c396eda6/t/5b737a1903ce645e7ad3d9a2/1534294563869/Sendak_M.pdf.

7 Ibid.

8 Laura Ertel, "Buying Time to Save Sepsis Patients."

9 Will Grant, "Eric Poon's Boundary-Pushing Use of Technology at Duke Health," American Healthcare Leader, February 4, 2019, https://americanhealthcareleader.com/2019/poon-tech-patient-care/.

10 Eliza Strickland, "Hospitals Roll Out AI Systems to Keep Patients From Dying of Sepsis," IEEE Spectrum: Technology, Engineering, and Science News, October 19, 2018, https://spectrum.ieee.org/biomedical/diagnostics/hospitals-roll-out-ai-systems-to-keeppatients-from-dying-of-sepsis.

11 Mark P. Sendak et al., "Sepsis Watch: A Real-World Integration of Deep Learning into Routine Clinical Care," Journal of Medical Internet Research, June 26, 2019, https://www.jmir.org/preprint/15182.

12 M. C. Elish, "The Stakes of Uncertainty: Developing and Integrating Machine Learning in Clinical Care," 2018 EPIC Proceedings, October 11, 2018, https://papers.ssrn.com/sol3/papers.cfm?abstract_id=3324571.

13 Ibid.

14 Cara O'Brien, MD, and Mark Sendak, MD, "Implementation and Evaluations of Sepsis Watch – ICH GCP – Clinical Trials Registry."

15 Will Grant, "Eric Poon's Boundary-Pushing Use of Technology at Duke Health."

16 "3 Considerations for Adopting AI Solutions," American Hospital Association, 2019, https://www.aha.org/aha-center-healthinnovation-market-scan/2019-01-08-3-considerations-adopting-aisolutions.

17 Bill Siwicki, "Hospital Cuts Costly Falls by 39% Due to Predictive Analytics," Healthcare IT News, April 12, 2017, https://www.healthcareitnews.com/news/hospital-cuts-costly-falls-39-duepredictive-analytics.

18 Paul Cerrato and John Halamka, "Replacing Old-School Algorithms with New-School AI in Medicine," Healthcare Analytic News, April 5, 2019, https://www.idigitalhealth.com/news/replacing-oldschoolalgorithms-with-newschool-ai-in-medicine.

19 Thomas Davis, "Artificial Intelligence: The Future Is Now," ProCRNA, April 21, 2019, https://www.procrna.com/artificialintelligence-the-future-is-now/.

20 Beth Snyder Bulik, "GSK and MIT Flumoji App Tracks Influenza Outbreaks with Crowdsourcing," FiercePharma, January 28, 2017, https://www.fiercepharma.com/marketing/gsk-and-mit-flumojiapp-tracks-influenza-outbreaks-crowdsourcing.

21 "Tracking The Flu, In Sickness And In Health," Science Friday, 2018, https://www.sciencefriday.com/segments/tracking-the-fluin-sickness-and-in-health/.

22 Laura Bliss, "The Imperfect Science of Mapping the Flu," CityLab, January 30, 2018, https://www.citylab.com/design/2018/01/theimperfect-science-of-mapping-the-flu/551387/.

23 Ibid.

24 Ibid.

25 Kristin Baltrusaitis et al., "Comparison of Crowd-Sourced, Electronic Health Records Based, and Traditional Health-Care Based Influenza-Tracking Systems at Multiple Spatial Resolutions in the United States of America," BMC Infectious Diseases 18, no. 1 (August 15, 2018), https://doi.org/10.1186/s12879-018-3322-3.

26 Julian Jenkins, interview for The Patient Equation, interview by Glen de Vries and Jeremy Blachman, March 24, 2017.

27 Bill Siwicki, "What Precision Medicine and Netflix Have in Common," MobiHealthNews, May 22, 2017, http://www.mobihealthnews.com/content/what-precision-medicine-andnetflix-have-common.

28 Ibid.

29 Stacy Simon, "Facts & Figures 2019: US Cancer Death Rate Has Dropped 27% in 25 Years," American Cancer Society, January 8, 2019, https://www.cancer.org/latest-news/facts-and-figures-2019.html.

암과 파지요법—
나만을 위한 맞춤 치료

1971년 미국 대통령 리처드 닉슨(Richard Nixon)은 암에 대한 전쟁을 선포했다. 하지만 50년이 지난 지금 기대에 비해 성과는 보잘것없다. 가장 큰 문제는 암이라는 병이 복잡하다는 것이다. 사실은 '병들'이라고 해야 맞다. 암은 한 가지 질병이 아니라 여러 가지 질병을 통칭하는 말이기 때문이다. 암은 어떤 면에서 환자에 따라 전혀 다른 병으로 봐야 하며, 수많은 개별적 요인이 모든 암과 모든 환자에 달리 작용한다. 암을 너무 늦게 발견하여 완치할 수 없는 경우도 종종 있으며, 어떤 환자에게는 들었던 치료가 다른 환자에게는 듣지 않는 경우도 많다. 암 자체도 시간이 지나면서 처음에 효과가 있던 치료에 저항성을 나타내어 전혀 새로운 치료 전략이 필요하기도 하다. 개인 맞춤형 의료란 대개 개인 맞춤형 암 치료를 의미한다. 정밀의료의 필요성이 암처럼 높은 질병은 거의 없다.

이번 장의 뒷부분에서는 역시 개인 맞춤형 치료가 필요한 또 다른 복잡한 문제를 살펴볼 것이다. 개인 맞춤형 박테리오파지를 이용해 심각한 세균 감염을 치료하는 파지요법이다. 우선 암을 예로 들어 개인 맞춤형 환자 방정식을 살펴보자. 분명 진단 측면에서는 흥미로운 발전이 있었다. 한 가지 예를 들면 스타트업 기업인 서케이디아 헬스(Cyrcadia Health)에서 개발한 패치를 들 수 있다. 여성이 브라 아래에 착용하면 유방 조직의 온도를 계속 체크해 체온 변화 양상이 크게 달라지는 경우 의사에게 진료를 받으라고 알려주는 제품이다.[1] 또 다른 예로 현재 연구자들은 내쉬는 숨을 검사하여 암을 발견할 수 있을지 알아보고 있다. 몸속에 암이 생기면 날숨 속 분자들의 양상이 달라진다는 이론에 착안한 것이다. 실제 데이터를 살펴보면 전반적인 암뿐 아니라 특정 암들을 전통적인 검사법보다 더 빨리 찾아낼 수 있는 분자 지문(molecular fingerprint)이 존재할 가능성이 있다.[2]

가장 흥미로운 혁신이라면 전통적 치료에 저항성이 있는 암을 치료하는 영역일 것이다. 이 분야는 유전 정보와 단백질체학을 결합하여(종양 검체의 단백질을 분석한다.) 새로운 치료법으로 통하는 문을 열어젖혔다. 서던 캘리포니아 대학의 제리 리(Jerry Lee) 박사는 전 세계적 캔서 문샷(Cancer Moonshot, 암 정복을 달 착륙에 비유하여 붙인 이름-역주)에 관한 기사에서 미국 대통령 조 바이든(Joe Biden)이 부통령 시절에 했던 말을 인용했다. "유전자를 야구팀의 모든 선수에 비유한다면 이기는 전략은 어떤 경기에 누가 출전할지 결정하는 것과 같습니다. 단백질은 상대편이라고 할 수 있습니다. 방어해야 하는 선발 선수 다섯 명 말이죠."[3]

단백질에 관한 정보를 유전 정보와 결합하여 우리는 예컨대 유방암을 한 가지 질병으로 생각하는 데서 삼중음성(에스트로겐, 프로게스테론, HER2/neu 유전자 등 유방암 증식에 관여하는 가장 흔한 세 가지 수용체가 하나도 없다는 뜻)이란 하위 범주를 지닌 질병으로 이해하는 단계로 나아갈 수 있었으며, 이를 통해 개인 맞춤형 치료를 설계하여 닉슨이 암에 대한 전쟁을 선포한 이래 꿈꾸어 왔던 결과를 얻을 수 있었다.

▔ 암을 보는 시각을 바꾸자

과거의 관점에서 보면 암은 그저 조직이 통제를 벗어나 성장하고, 세포가 통제를 벗어나 증식하는 하나의 질병이었다. 하지만 시간이 흐르면서 우리는 그게 다가 아님을 알게 되었다. 암이 증식하려면 스스로 인프라스트럭처를 갖춰야 한다. 새로운 혈관의 성장을 촉진해야 한다. 암이 계속 자라기 위해 이런 구조를 구축하는 능력을 차단할 수 있다면 성장을 억제할 수 있다. 나는 이 문제가 사이버 보안 문제와 같다고 생각한다. 외부와 연결할 수 없고, 어떤 네트워크 주변장치도 연결되어 있지 않으며, USB 드라이브도 없고, 인터넷에 접속할 수도 없는 컴퓨터, 즉 에어 갭

(air-gap) 컴퓨터를 만드는 것이 해결책이다. 암도 똑같다. 고립된 시스템으로 만들어야 한다.

컴퓨터 분야에서 이런 시스템을 만드는 것은 생각보다 어렵다. 심지어 데이터는 전원선을 통해서도 들어오고 나갈 수 있다. 무선 네트워크에 연결한다면 에어 갭은 거의 불가능하다. 암은 그보다 훨씬 다양한 약점을 파고든다. 상상할 수도 없는 다양한 방식으로 원하는 것을 얻어내고 환자의 몸을 파괴한다. 전통적인 치료는 부수적 피해를 감수하고 화학요법으로 융단폭격을 퍼붓는 것이었다. 하지만 예컨대 혈관 신생 과정만 표적으로 삼아 암의 증식을 차단할 수 있다. 건강한 세포를 파괴하지 않고 암의 진행을 중단시킬 수 있다면 큰 승리를 거둘 수 있다.

2008년 《뉴스위크(Newsweek)》지는 이렇게 선언했다. "우리는 암과 싸웠다… 그리고 암이 이겼다." [4] 실제로 모르는 것이 너무 많다. 진단되지 않은 질병의 경우 데이터로는 일부밖에 찾아낼 수 없다. 유전 염기서열 분석을 통해 약 40%의 환자를 진단할 수 있으며, 그 가운데 성공 가능성이 있는 치료를 찾을 수 있는 경우는 다시 40%에 불과하다. 우리가 아직도 수학을 이용해 암을 완치할 수 없음을 깨닫는 순간 정신이 번쩍 든다. 암은 우리가 어떤 방법을 써서 차단하려고 하든 회피하는 데 탁월한 능력을 지니고 있다. 표적치료를 개발한 뒤에도 우리는 패배를 거듭했다. 따라서 1차 표적치료뿐만 아니라 2차, 3차 치료가 필요하다. 암이 변화를 강요하기 전에 준비가 되어 있어야 한다. 암을 충분히 물리칠 수 있을 정도로 면밀하게 추적하면서 치명적인 질병에서 만성질병으로 바꿔놓아야 한다. 그렇게 할 수 있다면 굳이 '완치'를 추구하지 않아도 일시 중단 버튼을 계속 찾을 수 있을 것이다.

측정할 수 있는 것이 많아질수록 올바른 치료뿐 아니라, 현재 치료가 효과가 있는지, 환자가 더 나아지고 있는지 더 잘 알 수 있을 것이다. 치료가 여전히 효과적인지 판단하는 것은 항상 쉬운 일은 아니며, 실시간으로 판단하는 것은 매우 어렵다. 전통적으로는 잘라내어 들여다보거나, 시간이 많이 소요되는 영상검사를 통해 판정했다. 현재는 센서 기술이 발달하여 연속적 다변량 정보를 점점 더 많이 제공받을 수 있게 되었다. 원하는 정보를 항상 정확히 측정할 수 있는 것은 아니지만, 적어도 대리척도로 사용할 만한 것들을 측정할 수는 있다.

우리는 손목밴드형 활동 추적기를 통해 사용자의 움직임을 매일 알 수 있다. 활동 수준이 높아지거나 낮아지는 추세를 통해 종양 부담이 늘어나거나 줄어든다는 것을 알 수 있을까? 새로운 혈관이 종양을 뚫고 자라거나, 얼마나 많은 새로운 종양이 살아남아 증식하는지 알아내거나, 대리지표를 통해 미루어 짐작해 볼 방법을 찾을 수 있을까? 생물학적 표지자를 통해 이런 지표를 6주에 한 번이 아니라 1초에 100번씩 측정할 수 있을까? 누군가의 치료 경과에 관해 모든 것을 예측할 수는 없다.(하다못해 치료 중에 버스에 치는 사람도 있을 수 있다.) 그러나 우리는 점점 짧은 간격으로 점점 해상도 높은 정보를 얻어 특정 환자의 암에 대해 가능한 모든 것을 알아내고, 시기적절하게 대처하면서 질병을 앞서 나갈 수 있을 것이다.

미래의 p53 전문가

p53은 종양억제단백질이다. TP53이라는 유전자에 의해 부호화된다. p53의 돌연변이는 50% 이상의 종양에서 발견되므로 암과 강력한 연관이 있다.[5] 정상적으로 세포는 정해진 일정에 따라 증식하고 사멸한다. 하지만 암세포는 죽지 않는다. 통제를 벗어나 증식하면서 신체 여러 부위로 퍼진다. p53은 이렇게 통제를 벗어난 증식을 억제한다. p53이 제대로 작동하지 않으면 암세포가 끝없이 증식하여 결국 암이 승리를 거둔다. 지난 20년 사이에 밝혀진 새로운 지식이지만, 그 지식은 현 단계에서 제한적이다. 누군가 p53 돌연변이를 갖고 있다면 분명 전립선, 콩팥, 뇌 등 다양한 장기에 암이 생길 가능성이 높다고 예측할 수 있다. 그럼에도 p53 전문가란 직업은 존재하지 않는다. 분자 수준에서 오직 p53에만 초점을 맞추어 어떤 장기에 생긴 암이든 p53 돌연변이가 발견되면 어떤 문제가 생길 수 있는지, p53에 대한 지식을 이용해 질병을 완전히 없애려면 레이어 케이크에서 어떤 층을 이해해야 하는지를 연구하는 사람이 없다는 뜻이다. p53 돌연변이를 지닌 환자라면 장기별로 암을 치료하기보다 이 단백질을 정확히 이해하는 편이 훨씬 유용할지도 모른다.

PP2A라는 단백질도 있다. 암세포의 증식뿐 아니라 모든 대사 경로에 관여하는 세포 조절 단백질이다. 대사 경로에는 암에 관련된 것도 있고, 다른 세포 기능에 관련된 것도 있다. 또한 이 단백질은 암을 억제하여, 활성화되면 암세포 증식을 막는 데 도움이 될 수 있다. PP2A에 대해 흥미로운 점은 항암 특성이 우연히 발견되었다는 점이다. 보스턴 어린이병원(Boston Children's Hospital) 블로그인 〈벡터(Vector)〉에 몇몇 연구자가 대략 5천 종에 달하는 약물, 화합물, 기타 천연물질을 조사하여 T세포 급성림프모구백혈병(T-ALL)에 대한 새로운 치료를 발견하기 위한 노력에 있다는 글이 실렸다.[6] 그들은 항정신병 약물인 페르페나진(perphenazine)에 독특한 부수효과가 있음을 알아냈다. 발암률을 낮추는 것이었다. 기전은 무엇일까? 바로 PP2A 활성화였다. 〈벡터〉에서는 이렇게 설명한다. "이 약물은 PP2A를 재활성화함으로써 암세포가 비활성화한 단백질을 다시 활성화하여 암세포의 사멸을 촉진한다."[7]

이 연구를 시작으로 PP2A 활성화가 T-ALL 환자에게만 도움이 되는지, 다른 암에도 폭넓게 적용할 수 있는지 알아보는 연구들이 뒤를 이었다. 이제 과학자들은 p53과 PP2A 사이에서 세포 기능에 중요한 역할을 하는 단백질에 대해 더 많은 지식을 얻을 수 있다면, 증상이 아니라 질병의 핵심을 바로 파고들어 암 환자를 치료할 수 있음을 깨닫기 시작했다. 중요한 점은 이 두 가지 단백질이 암이란 문제를 해결하는 1만 가지, 또는 10만 가지 방법 중 두 가지에 불과하다는 것이다. 우리는 이제 막 한 발짝을 내딛었을 뿐이다. 더 많은 사실을 알려줄 수 있는 것, 지금 이 순간에도 생물학적 검체 속에 존재하지만 아직까지 발견하지 못한 분자 표적들을 일깨워줄 수 있는 것은 바로 데이터다. 환자 데이터를 꼼꼼하게 수집하고 영리하게 분석하는 것이야말로 그런 정보를 제공해줄 것이다. 바로 이것이 환자 방정식이 암 치료에 최선의 효과를 발휘하는 방식이다. 우리가 한 번도 본 적 없는 패턴을 발견하는 것 말이다.

▬ 현재의 카티(Car-t) 지형도

2017년 《파마보이스(PharmaVOICE)》는 FDA가 키트루다(Keytruda)를 "조직이나 종양 유형이 아니라 종양의 유전적 프로파일을 기반으로 한" 항암제로 승인했다는 소식을 전했다.[8] 이 약물은 소수의(하지만 무시할 수 없는) 종양에서 발견되는 한 가지 특정 유전 염기서열을 표적으로 한다. 이런 유형의 치료는 앞으로 점점 많이 등장할 것이다. 노벨라 클리니컬(Novella Clinical) 종양학 부문 전략팀장인 조이 카슨(Joy Carson)은 《파마보이스》에 이렇게 말했다. "우리는 이제 막 암의 표적분자에 대한 메타 데이터베이스를 구축하기 시작했습니다. 많은 표적에 대해 아직 승인된 치료가 없는 형편입니다… 신약 개발을 촉진하는 데이터 엔진이 되겠지만, 이런 지식을 효과적인 표적치료로 연결시켜 그 혜택을 보려면 앞으로도 많은 시간이 필요할 겁니다."[9]

키트루다는 신체 어느 부위에 암이 생겼는지를 따지지 않고, 오직 특정한 유전적 이상이 있는지만 검토한 후 투여한다. 연구에 따르면 췌장, 전립선, 자궁, 뼈 암에 모두 효과가 있다.[10] 《뉴욕 타임스》에 따르면 "한 여성은 너무나 희귀해서 검증된 치료 방법이 없는 암이었다."[11]

2018년 이런 치료의 혜택을 본 환자는 5% 미만이었다. 하지만 키트루다 한 가지만 따져도 잠재적 치료 대상 환자가 6만 명에 이른다.[12] 어떤 분석에 따르면 생검을 시행한 종양 중 표적치료 약물(현재 약 30종이 있다.)을 한 가지라도 쓸 수 있는 경우는 5건 중 1건도 안 된다.[13] 하지만 이 분야야말로 미래의 희망이다. 현재의 희망이기도 하다.

노바티스(Novartis)는 재발성 또는 불응성 B세포 급성림프모구백혈병에 대한 맞춤형 치료제 킴리아(Kymriah)를 개발했다. 환자 자신의 T세포를 이용해 암과 싸우는 약물이다. 치료비가 거의 50만 달러에 이른다. 하지만 노바티스는 암이 반응하지 않으면 치료비를 받지 않는다. 최근 연구에서는 3개월 이내에 관해율이 82%, 18개월 이후 전체 생존율이 49%로 보고되었다. 과거에 같은 유형의 재발성 암 환자의 생존율은 15~27%였다.[14] 개인 맞춤형 면역요법은 맞춤 의료의 최고봉이다. 문자 그대로 환자 하나하나에 맞추어 약물을 만들기 때문에 비쌀 수밖에 없다. 하지만 주변 세포의 손상을 최소화하면서 암세포에게만 정밀 외과적 타격을 가한다. "이제 시작일 뿐입니다." 마운드 시나이 의과대학 정밀면역학 연구소(Precision Immunology Institute) 소장인 미리엄 메라드(Miriam Merad)는 아스펜 아이디어스(Aspen Ideas)에서 열린 〈키트루다와 킴리아 사이에서(Health. Between Keytruda and Kymriah)〉라는 세션에 참여한 패널들에게 이렇게 말했다. "현재 시장에는 두 가지 분자밖에 없지만 우리가 이용할 수 있는 분자는 수백 가지입니다."[15]

▬ 암을 넘어선 개인 맞춤형 면역요법

암이라는 분야에서 희망을 보여준 접근 방법이 반드시 암에 국한되는 것은 아니다. 알렉터(Alector)라는 스타트업 기업은 알츠하이머병 환자에게 도움이 되리라는 희망에서 뇌의 면역계를 표적으로 하는 약물을 개발 중이다.[16] "뇌 속의 면역계가 정상적으로 작동하지 않으면 신경세포 역시 정상적인 기능을 유지할 수 없습니다." 알렉터의 공동 창업자이자 CEO인 아넌 로젠탈(Arnon Rosenthal)은 미디엄(Medium, 온라인 출판 플랫폼 기업-역주)에서 발간하는 기술과학 잡지《원제로(OneZero)》에서 이렇게 말했다. "결국 신경세포는 변성되어 죽고 맙니다. 이렇게 해서 알츠하이머병이 생기죠."[17]

최근 또 다른 면역요법 기반 치료에 의해 낭포성 섬유증으로 폐 이식을 받은 15세 환자의 생명을 구했다는 뉴스가 헤드라인을 장식했다. 환자는 항생제에 반응하지 않는 세균 감염을 앓고 있었다.[18] 어떤 치료를 받았을까? 바로 파지요법이다. 세균에 대한 면역요법의 하나로, 환자를 침입한 세균을 표적으로 삼는 완벽한 바이러스를 찾아내는 것이다.

파지요법은 100년 이상 된 과거의 러시아로부터 시작되었다. 당시 러시아 정부는 항생제에 비싼 값을 치르고 싶지 않았기 때문에 세균을 죽일 수 있는 바이러스를 찾아 나섰다. 이런 치료 방법은 대개 오랫동안 잊혔지만 최근 항생제 내성 감염이 늘면서 새로운 돌파구가 필요해짐에 따라 부활했다. 바이러스가 화려한 주목을 받게 된 것이다.

피츠버그 대학 생명공학과 교수 그레엄 해트풀(Graham Hatfull)은 박테리오파지(세균을 공격하는 바이러스)를 연구하면서 약 1만 5천 종을 수집해 초저온 냉동고(-80℃)에 보관하고 있다.[19] 그는 내게 꼭 치료적 유용성을 찾고자 한 것은 아니지만 뜻하지 않게 어떤 환자의 치료에 개입하면서 연구가 완전히 새로운 방향을 향하게 되었다고 했다.[20]

박테리오파지는 다양성과 유전학에 대한 가장 기초적인 질문에 답하는 데 도움이 될 수 있다. 해트풀은 매년 140개 기관에서 5,500명의 학생이 참여하는 프로그램을 이끈다. 그들은 새로운 파지를 분리하고 범주를 정한 후 조사하여 생물학과 진화 과정을 더 잘 이해하려고 한다. 《와이어드(Wired)》지에 따르면 2017년 10월 해트풀은 런던의 한 미생물학자로부터 간절히 기적을 바라는 이메일을 한 통 받았다. 낭포성 섬유증을 앓는 두 명의 십대가 폐 이식을 받은 후 감염증으로 사경을 헤맨다는 것이었다.[21] 항생제가 듣지 않아 더 이상 방법이 없다고 했다. 어쩌면 파지가 마지막 희망일지도 모른다는 생각에 해트풀에게 연락한 것이었다. 한 환자는 해트풀의 연구팀에서 감염에 맞서 싸울 파지를 분리해 내기도 전에 사망하고 말았다. 반면 다른 한 명은 운이 좋았다. 그녀의 몸을 침범한 세균을 효과적으로 공격하는 세 종류의 파지를 찾아낸 것이다. 환자는 완전히 회복하여 현재에도 건강하게 살고 있다.

해트풀은 이런 치료가 맞춤형 의료 중에서도 가장 개인화된 것이 문제라고 했다. 파지는 특이성을 갖는다. 오직 한 가지 세균 균주에만 효과가 있다는 뜻이다. 한 환자에게 잘 들었던 파지가 다른 환자에게는 전혀 듣지 않기 때문에 환자마다 새로운 검색과 조합과 치료 과정이 필요하다. 그러니 약국에서 구입할 수 있는 약물 따위가 있을 리 없다. 그런 식의 해결책은 먼 미래에나 가능할 것이다.

해트풀 연구팀은 파지들을 오래도록 분류하고 목록을 만들어 왔기 때문에 환자에게 성공적인 치료법을 찾아낼 수 있었다. 하지만 항상 그런 성공을 거둘 수 있는 것은 아니다. 사실 해트풀은 그저 운이 좋았던 것은 아닌지, 파지를 쓰지 않았더라도 환자가 저절로 낫지 않았을지 생각하기도 한다. 그는 더 많은 환자를 치료할 방법이 있는지, 그렇다면 어떻게 해야 하는지 알아내기 위해 계속 연구해왔다. 적절한 시간 내에 딱 맞는 파지를 찾아내지 못해 환자를 구하지 못한 경우도 있고, 불과 열흘 만에 또 다른 폐 이식 환자의 심한 감염증을 해결한 운 좋은 경우도 몇 차례 더 있었다. 열흘이면 적절한 파지를 발견하기에는 놀랄 정도로 짧은 시간이라고 한다. 환자는 여러 가지 합병증으로 4주 후에 사망했지만 감염은 꾸준히 좋아졌다.

해트풀은 더 많은 환자들을 치료해보고 싶어 한다. 또한 매번 같은 과정을 반복하는 데서 벗어나 많은 사람을 한꺼번에 치료할 수 있는 방법을 궁리한다. 생명과학의 낡은 모델에서는 맞춤형 치료를 한꺼번에 많은 사람에게 제공할 수 없다. 하지만 이제는 이처럼 가장 개인화된 치료까지 제공할 수 있는 데이터를 갖게 될지 모른다. 해트풀은 효과적인 파지를 찾기 위해 다양한 세균 균주를 수집했다. 미코박테리움 압세수스(Mycobacterium abscessus)라는 균주의 1/3가량에 대해서는 효과적인 파지를 찾을 수 없었으나, 다른 균주들에 대해서는 적어도 한 가지, 때로는 두 가지 이상의 파지가 항상 효과적이라는 사실을 발견할 수 있었다. 이 사실은 두 가지 도전을 의미한다. 폭넓은 효과를 지닌 파지를 더 많이 발견하는 것과 선별 과정의 속도를 높여 쉽고 빠르게 적절한 파지를 발견하는 것이다. 프로그램을 확장하는 것이 경제적으로 타당한지 결정하는 문제도 남아 있다.

해트풀은 미래에(가까운 미래는 아님을 기억하자.) 파지가 어떤 원리로 작동하는지 알아내어 연구실에서 파지를 합성하고, 표적 세균에 맞춰 공격하도록 조절하고, 궁극적으로 파지 치료를 의약품의 영역으로 진입시킬 수 있으리라 생각한다. 그러면서도 현재 수준은 어림도 없을 정도로 낮으며, 아직 일부 파지가 왜 어떤 세균 균주는 공격하고 다른 균주는 공격하지 않는지조차 이해하지 못한다고 덧붙였다. 파지는 수백만 년간 세균과 공진화했다. 그들 사이의 춤은 말할 수 없이 복잡하다. 우리는 겨우 그것을 이해하기 시작했다. 해트풀은 빌앤멜린다 게이츠 재단(Bill & Melinda Gates Foundation)에서 파지를 이용해 유아의 장내 미생물총을 조작하는(건강에 좋지 않은 세균총을 건강한 쪽으로 바꾸는) 연구를 제안했다고 귀띔했지만, 그 또한 아직 초기 단계다. 해트풀은 여러 사람과 협력하여 데이터 세트를 향상하고 파지와 잠재적 응용 분야를 더 깊게 이해하고자 한다. 장차 결핵에 대한 병합요법도 가능하리라

160

내다본다. 결핵균을 표적으로 하는 파지를 함께 투여해 항생제 사용 기간을 수주 정도로 줄이고, 기존 치료를 보완하여 더욱 강력하고 지속적인 효과를 얻을 수 있다는 것이다.

암에 대한 면역요법과 세균 감염에 대한 파지요법은 표준치료로 충분한 효과를 얻지 못하는 환자들에게 큰 희망을 던져준다. 하지만 적어도 이 분야에서는 시작점으로 삼을 만한 전통적 치료 방법과 수십 년간 개발되어 온 지식 및 연구 결과가 축적되어 있다. 다음 장에서는 최근까지도 그리 많은 사실이 알려지지 않았던 희귀 질환을 살펴볼 것이다. 캐슬맨병은 환자 방정식에 의해 축적된 지식이 거의 전무한 상태에서 질병을 제대로 이해하게 된 극적인 예이다. 또한 자기 자신은 물론 이 병을 앓는 수많은 사람의 생명을 구하기 위한 데이비드 패겐바움 박사의 열정과 노력에 의해 치료가 눈부신 발전을 거듭하고 있는 분야이기도 하다.

Notes

1 Mike Montgomery, "In Cancer Fight, Artificial Intelligence Is A Smart Move For Everyone," Forbes, December 22, 2016, http://www.forbes.com/sites/ mikemontgomery/2016/12/22/in-cancerfight-artificial-intelligence-is-a-smart-move-for-everyone/.

2 The Economist, "Understanding Cancer's Unruly Origins Helps Early Diagnosis," Medium (The Economist), December 12, 2017, https://medium. economist.com/understanding-cancers-unruly-originshelps-early-diagnosis-eb449e3ff466?gi=6a5cf570ac1.

3 Jerry S. H. Lee and Danielle Carnival, "A Global Effort to End Cancer as We Know It," Medium (The Cancer Moonshot), September 23, 2016, https://medium.com/ cancer-moonshot/a-global-effortto-end-cancer-as-we-know-it-42a9905327e8.

4 Sharon Begley, "We Fought Cancer . . . and Cancer Won," Newsweek 152, no. 11 (2008): 42–44, 46, 57–58 passim, https://www.ncbi.nlm.nih.gov/ pubmed/18800570.

5 Francesco Perri, Salvatore Pisconti, and Giuseppina Della Vittoria Scarpati, "P53 Mutations and Cancer: A Tight Linkage," Annals of Translational Medicine 4, no. 24 (December 2016): 522—522, https://doi.org/10.21037/atm.2016.12.40.

6 Tom Ulrich, "When Is an Antipsychotic Not an Antipsychotic? When It's an Antileukemic," Vector, January 21, 2014, https://vector.childrenshospital. org/2014/01/when-is-an-antipsychotic-not-anantipsychotic-when-its-an-antileukemic/.

7 Ibid.

8 Denise Myshko, "Trend: Advanced Diagnostics and Precision Medicine," PharmaVOICE, November 2018, https://www.pharmavoice.com/article/2018-11-diagnostics/.

9 Ibid.

10 Gina Kolata, "Cancer Drug Proves to Be Effective Against Multiple Tumors," New York Times, June 8, 2017, https://www.nytimes.com/2017/06/08/health/cancer-drug-keytruda-tumors.html.

11 Ibid.

12 Ibid.

13 Denise Myshko, "Trend: Advanced Diagnostics and Precision Medicine."

14 Matthew H. Forsberg, Amritava Das, Krishanu Saha, and Christian M. Capitini, "The Potential of CAR T Therapy for Relapsed or Refractory Pediatric and Young Adult B-Cell ALL," Therapeutics and Clinical Risk Management 14 (September 2018):

1573–84, https://doi.org/10.2147/tcrm.s146309.

15 Amanda Mull, "The Two Technologies Changing the Future of Cancer Treatment," The Atlantic, June 25, 2019, https://www.theatlantic.com/health/archive/2019/06/immunotherapies-makecancer-treatment-less-brutal/592378/.

16 Ron Winslow, "The Future of Alzheimer's Treatment May Be Enlisting the Immune System," Medium (OneZero), June 4, 2019, https://onezero.medium.com/the-future-of-alzheimers-treatmentmay-be-enlisting-the-immune-system-d4de95ac1cff.

17 Ibid.

18 Sigal Samuel, "Phage Therapy: Curing Infections in the Era of Antibiotic Resistance," Vox, May 14, 2019, https://www.vox.com/future-perfect/2019/5/14/18618618/phage-therapy-antibioticresistance.

19 Megan Molteni, "Genetically Tweaked Viruses Just Saved a Very Sick Teen," Wired, May 8, 2019, https://www.wired.com/story/genetically-tweaked-viruses-just-saved-a-very-sick-teen/.

20 Graham Hatfull, interview for The Patient Equation, interview by Glen de Vries and Jeremy Blachman, July 2, 2019.

21 Megan Molteni, "Genetically Tweaked Viruses Just Saved a Very Sick Teen."

캐슬맨병—
데이터가 가져다준 희망

　　전형적인 신약 개발 모델을 생각해보자. 생명과학 회사들은 최대한 많은 사람을 치료하여 최대한의 이윤을 추구할 수 있는 치료약을 원한다. 소위 블록버스터 약물이다. 자체적인 효과도 중요하지만 현재 사용되는 약물보다 더 효과적이기만 하면 시장에 진입하는 데 전혀 문제되지 않는다. 약을 사용하는 모든 사람들이 효과를 보지는 못해도 수많은 사람들의 필요를 충족시키기만 하면 블록버스터가 될 수 있다. 이런 말이 썩 마음에 들지는 않을 수도 있겠지만 이것이 신약 개발의 현실이다.

　　정밀의료는 패러다임을 바꾸고 있다. 보다 정밀한 치료법을 사용하게 될 경우, 각각의 치료법을 적용할 수 있는 환자 수는 당연히 감소한다. 이런 현상은 생명과학 회사의 사업상 의사결정을 지대하게 바꿔 놓았다. 목표가 완전히 달라진 것이다. 이제 손에 넣을 수 있는 모든 정보를 끌어 모은 후, 그것을 이용해 각각의 환자에게 진정한 가치를 제공하는 뭔가를 만들어내야 한다.

이전 장에서 암에 대한 면역요법과 세균 감염에 대한 파지요법을 통해 일어나는 변화를 살펴보았다. 그런 변화는 캐슬맨병에 대해서도 여전히 핵심적이다. 비교적 효과가 낮은 한 가지 치료 방법밖에 없는 희귀병을 치료하는 데서 그 병이 사실은 세 가지 서로 다른 병이었으며 각기 다른 치료를 필요로 함을 알아낸 것이다. 물론 인간의 생명과 관련된 이야기지만 여기 해당되는 사람은 수백 명, 기껏해야 수천 명밖에 안 된다. 차세대 콜레스테롤 약물이나 항우울제를 찾는 것과는 전혀 다른 노력이 필요한 것이다.

무작위적인 세상에서
산발적으로 존재하는 집단 찾기

캐슬맨병은 림프절을 침범하며 전신적으로 다양한 장기의 기능을 앗아가는 치명적인 질병이다. 매년 캐슬맨병으로 진단받는 사람은 전 세계에서 몇천 명 수준이다. 최선의 치료를 해도 1/3이 조금 넘는 환자만 효과를 본다. 나머지 환자들은 희망이 없다. 오래도록 데이터가 쌓인 덕에 분석해볼 만한 임상데이터가 충분하고, 환자의 특징도 잘 알려져 있으며 최근 들어 훨씬 많은 데이터를 수집하고 이해할 수 있게 되었다. 생물학적 검체들, 유전체와 단백질체 프로파일을 얻을 수 있기 때문이다. 그리고 상황은 서서히 변하고 있다.

펜실베이니아 의과대학 조교수 데이비드 패겐바움 박사는 캐슬맨병 협력네트워크(Castleman Disease Collaborative Network)의 공동 설립자이자 전무 이사다. 이 분야를 선도하는 연구자이자 권리 옹호단체의 대표인 셈이다. 그의 위상은 거기서 그치지 않는다. 그 자신이 특발성 다중심 캐슬맨병(idiopathic Multicentric Castleman Disease, iMCD)으로 다섯 번 죽을 고비를 넘기고 살아남은 생존자다. 캐슬맨병 중에서도 가장 치명적 형태로 진단받은 지 5년 이내에 환자의 1/3 이상이 사망한다.

최근 연구에서는 예측 모델에 추가적인 환자 데이터를 통합한 결과 iMCD에 대한 유일한 전통적 치료약이 효과를 나타내는 환자의 비율을 올릴 수 있음이 입증되었다. 이 작업을 수행한 메디데이터의 수석 데이터 엔지니어 데이비드 리는《제약기술(Pharmaceutical Technology)》지에 이 연구를 통해 "의학계에 완전히 새로운" 여섯 가지 서로 다른 iMCD의 하위 유형을 발견했다고 말했다.[1] 한 가지 유형에서는 전통적 치료가 65%의 환자에게 효과를 보이는 반면, 다른 유형에서는 그 비율이 19%에 그친다. 엄청난 차이인 것이다. 하지만 이 연구의 의의는 수만 명 수준의 환자 집단에서 약물 치료가 다섯 명 중 한 명에게 효과가 있다고 말하는 대신, 환자 수는 훨씬 적지만 특정한 집단에 대해서는 다섯 명 중 세 명에게 효과가 있다고 알릴 수 있게 되었다는 점이다.

생명과학 회사 입장에서는 훨씬 특이적인 표적치료를 갖고 새로운 시장에 진입할 기회가 열린 셈이다.

리가 말했듯 이런 소견은 데이터 관리가 얼마나 중요한지 여실히 보여준다. "이전에는 오믹스(omics) 데이터를 임상시험 데이터와 통합할 시간이 없는 경우 어떤 알고리듬을 써도 이런 신호를 발견하지 못했을 겁니다." [2]

▬ 데이비드 패겐바움 박사의 완치를 향한 길

전통적 치료란 실툭시맙(siltuximab)이란 약이다. 캐슬맨병의 치료제로 유일하게 FDA 승인을 받았지만 패겐바움 박사에게는 듣지 않았다. 그는 시롤리무스(sirolimus)라는 약을 직접 자신에게 실험해보았다. 놀랍게도 그 약물 덕분에 5년 이상 iMCD의 진행을 묶어둘 수 있었다.[3] 그는 직접 시롤리무스에 대한 임상시험에 돌입했다.

패겐바움은 2019년 랜덤하우스에서 출간한 수기 《완치를 찾아(Chasing My Cure: A Doctor's Race to Turn Hope into Action)》에 자신의 여정을 기록으로 남겼다. 2010년 그는 의과대학 3학년이었다. 갑자기 피로감과 함께 밤에 땀을 많이 흘리고 체중이 줄기 시작했다. 급기야 어느 날 학교에서 산부인과학 시험을 치른 후 펜실베이니아 대학병원 응급실로 실려갔다.[4] 간과 콩팥과 골수가 제대로 기능을 하지 않았다. 입원 중에는 망막 출혈로 일시적 실명 상태에 이르기도 했다. 7주간 입원한 후 가까스로 회복되었지만 진단명은 오리무중이었다. 이후 몇 년간 그는 네 차례 재발을 경험했으며, 캐슬맨병이라는 진단을 받았다. 미국에서 매년 5천 명밖에 진단되지 않는 드문 병이었다.(루게릭병, 즉 근위축성 측색경화증 [amyotrophic lateral sclerosis, ALS]과 비슷한 숫자다.) 패겐바움 박사는 의대를 졸업한 후 종양 전문의가 되는 대신 경영대학원에 진학했으며, 서둘러 캐슬맨병을 연구하기 시작했다.

자신의 데이터를 분석한 끝에 그는 직접 입원을 피할 수 있는, 적어도 약간의 시간을 벌어줄 수 있는 치료를 찾아나서기로 결심했다. 한 인터뷰에서 말했듯 가장 최근에 재발하기 전 몇 개월 동안 채취한 자신의 혈액검체를 조사하여 T세포 활성화와 혈관 성장에 관한 표지자들을 발견했으며, 악화되는 동안 여러 가지 단백질을 측정하여 데이터를 세 가지 서로 다른 경로 분석 소프트웨어 시스템으로 분석했다. 모든 증거가 mTOR 세포내 신호 전달경로를 가리켰다.[5]

실험을 통해 데이터베이스가 시사하는 바를 확인할 수 있었다. mTOR가 활성화되어 있었던 것이다. FDA 승인 약물인 데이터베이스를 검색하여 mTOR 억제제 시롤리무스를 찾아냈다. 25년 전 신장 이식 환자에게 승인된 약물이었으나 상관없었다. 그리고 놀랍게도 그 약을 투여하자 효과를 보였다. 그는 시롤리무스를 사용한 뒤, 5년이 넘게 흐른 지금까지 단 한 번도 재발을 경험하지 않았다.

패겐바움 박사가 추구하는 목표는 자신이 발견한 소견이 다른 환자에게도 적용되는지 밝히는 것이다. 현재 이 질문에 답하기 위해 다른 치료에 반응하지 않는 24명의 환자를 대상으로 임상시험을 수행하고 있다. 때때로 이전에 전혀 반응하지 않았던 환자가 좋은 반응을 나타내는 경우가 있다.(일부 환자들은 여전히 반응을 보이지 않았다.) 하지만 가장 좋은 방법은 제대로 된 대규모 임상시험을 수행하여 iMCD 환자 중 특정 하위 집단이 시롤리무스로 효과를 볼 수 있는지 알아내는 것이다.

연구 중 가장 어려운 점은 실행 관련 문제들이었다. 환자의 의무기록, 단백질체 데이터, 임상시험 결과 등 필요한 데이터가 온갖 다른 장소에 흩어져 있기 때문이다. 어디엔가 답이 있을 수 있다. 하지만 레이어 케이크에서 서로 다른 층을 볼 수 있게 되는 순간 훨씬 많은 것을 알게 된다. 그것은 가장 기초적인 환자 방정식 스토리다. 의미 있는 패턴을 파악하려면 일단 모든 데이터에 접근할 수 있어야 한다. 정확하고 완전한 데이터를 모아 통일시키고, 분류할 수 있게 만들어야 한다. 유전자만으로도, 단백질체만으로도, 임상시험만으로도 안 된다. 사람들에게 어떤 약물을 투여할 경우, 다른 약물을 투여했을 때와 어떤 차이를 보이게 될까? 그것이야말로 패겐바움 박사가 추구하는 질문이지만, 항상 만족할 만한 답을 얻을 수 있는 것은 아니다.

패겐바움 박사는 우리가 지금까지 암이라는 영역에서 이런 질문들을 제법 잘 다루어 왔다고 설명한다. 하지만 캐슬맨병 같은 희귀 질환에서는 훨씬 어려운 일이다. 일단 환자가 턱없이 적기 때문에 정보원이 부족하다. 현재 7천 종에 이르는 희귀 질환의

95%는 FDA 승인 치료약이 하나도 없다. 하지만 시롤리무스처럼 긍정적인 효과를 낼 가능성이 있는 약은 약 1,500종 정도 된다. 효과가 있는 약물을 발견하는 유일한 방법은 임상시험 데이터, 실생활 속에서 수집한 데이터 등 수집할 수 있는 최대한 많은 층위의 데이터를 스마트하게 분석하는 것이다. "데이터를 이용하는 창의적인 방법에 관해 생각해야 합니다. 그리고 더 이상 선택의 여지가 없는 환자들에게 새로운 방법을 시도해보면서 유망한 소견을 찾고 실제로 의미 있는 결과가 나오는지 주의 깊게 살펴야 합니다."

패겐바움 박사는 혈청 검체를 얻을 수 없었던 때의 좌절감에 대해서도 이야기했다. 결국 실툭시맙에 좋은 반응을 보이는 환자 하위군을 발견했지만, 그가 가까스로 그 시험에 사용된 검체를 손에 넣지 못했다면 전부 폐기되었을 것이다. iMCD처럼 빠른 속도로 환경이 변하는 질병에서는 누군가 실툭시맙에 반응할 수 있을지 알려주는 아주 작은 단서라도 삶과 죽음을 갈라놓을 수 있다. 환자들은 어떤 약이 효과가 있는지 3주씩이나 기다릴 여유가 없다. 데이터에서 반응이 있을지도 모른다는 징후가 발견되면 항암화학요법을 시작하기 전 3~5일 정도 약을 투여하면서 반응을 지켜볼 수 있다. 반응을 보이지 않을 가능성이 높다면 바로 항암화학요법을 시작해 상태가 급속히 나빠질 위험을 피하면 된다.

실툭시맙 연구 결과에서 크게 고무된 패겐바움 박사는 다시 환자 검체로 돌아가 다른 가능성 있는 약물을 찾아볼 계획이다. 한 집단은 실툭시맙에, 다른 집단은 시롤리무스에 반응을 보인다면 아직 시도해보지 않은 다른 약물이 비반응자에게 긍정적인 효과를 나타낼 수도 있을 것이다. 하지만 패겐바움 박사와 적극적인 동기에서 우러난 그의 연구가 없었다면 환자 수가 너무나 적은 캐슬맨병은 전혀 주목받지 못했을 가능성이 매우 높다.

희귀한 병과 흔한 문제

패겐바움 박사는 대부분의 희귀병 연구자들이 세 가지의 큰 문제에 부딪힌다고 했다. 연구비를 지원받기 어렵고, 표본 크기가 작으며, 데이터가 충분히 유용하지 않다는 점이다. 연구자들이 어떠한 연구에 흥미를 느끼고 유능하다고 해도 표본 집단을 잘 선정하는 것만큼 중요한 일은 없다. 환자 수가 너무 적어 데이터를 얻기 힘든 병이라면 제대로 된 연구가 이루어지기 힘들다. 패겐바움 박사는 자신의 연구 결과를 접하는 생명과학 산업계 관계자들에게 반드시 검체를 공개해줄 것을 요청했다. 냉동고에 보관된 검체를 연구자들에게 제공해주면 훨씬 많은 일을 해낼 수 있기 때문이다. 대규모 단백질체학 분석에서 RNA 염기서열 기법에 이르기까지 검체만 있다면 이용할 수 있는 계산 능력은 무궁무진하다.

또한 패겐바움 박사는 임상시험이 새로운 층들을 추가적으로 발견하므로 그 결과를 이용해서 할 수 있는 일들의 극대화가 필요하다고 믿는다. 단백질체학과 전사체학이 표준적인 임상시험의 일부가 된다면, 또한 단백질체학 및 여러 경로에 관련된 검사들이 표준 임상시험의 일부가 된다면 환자들에 대해, 그들을 어떻게 분류해야 할지에 대해 훨씬 많은 것들을 알아낼 수 있다. 최소의 예측을 위해 사실은 얼마나 적은 데이터가 필요했는지 깨닫게 되리라는 희망 속에서도 연구자들은 가능한 한 자세한 데이터가 필요하다. 데이터 속에는 간단한 답이 숨어 있을 수도 있다. 하지만 그런 답을 발견하려면 애초부터 풍부한 데이터 세트가 필요하다.

캐슬맨병에 관한 연구 결과를 살펴보면 비슷한 방법으로 비슷한 결과를 얻을 수 있는 질병이 또 있을지도 모른다는 생각이 든다. 치료 반응자와 비반응자의 패턴을 잘 관찰하여 각기 다른 하위군에 저마다 다른 약물을 사용하여 좋은 결과를 얻을 수도 있다. 그런 분석을 적용해볼 질병으로 류마티스성 관절염, 림프종, 에이즈가 떠오르지만 그 밖에도 얼마든지 있을 것이다. 이런 아이디어를 뒷받침해줄 더 많은 데이터를 얻을 수 있기만 바랄 뿐이다.

환자 방정식이라는 렌즈를 통해 성공적으로 해결할 수 있을 다양한 질병을 살펴보았다. 많은 의사, 연구자, 생명과학 회사들이 이런 방법으로 배란, 천식, 당뇨병, 독감, 패혈증, 암, 세균 감염, 캐슬맨병 등의 희귀병에 도전하고 있다. 다음 섹션에서는 초점을 약간 옮겨 이미 시행 중인 연구가 아니라, 생명과학 산업계에서 할 수 있고, 해야만 하는 중요한 연구들을 살펴보고자 한다. 어떻게 자신만의 환자 방정식을 구축할 수 있는지, 어떻게 새로운 데이터 기술의 잠재력을 사업에 응용할 수 있는지 알아볼 것이다. 좋은 데이터와 데이터 과학이 얼마나 중요한지, 연구와 임상시험에 어떻게 접근해야 하는지 생각해본다. 그 뒤로는 데이터를 실행 가능한 통찰로 바꿔주는 질병관리 플랫폼을 구축하여 치료를 현실 세계에 적용하고 효과를 알아보는 법, 환자에게 동기를 부여하고 특정한 행동을 장려하는 법 그리고 궁극적으로 이렇게 중요한 작업으로부터 경제적 이익을 얻기 위해 가장 좋은 위치를 잡는 법을 알아볼 것이다.

Notes

1 Allie Nawrat, "Castleman Disease: Can Machine Learning Help Drug Development?," Pharmaceutical Technology, February 26, 2019, https://www.pharmaceutical-technology.com/features/castlemandisease-machine-learning-cdcn-medidata/.

2 Ibid.

3 John Kopp, "Penn Doctor Makes Research Strides into His Own Rare Disease," PhillyVoice, January 24, 2019, https://www.phillyvoice.com/penn-medicine-doctor-research-strides-own-raredisease-castleman-disease-immune-system-disorder/.

4 David Fajgenbaum, Chasing My Cure: A Doctor's Race to Turn Hope into Action. (Random House Publishing Group, 2019).

5 David Fajgenbaum, interview for The Patient Equation, interview by Glen de Vries and Jeremy Blachman, June 26, 2019.

자신만의 환자 방정식
구축하기

Building Your
Own Patient Equations

증기온도
압력표

    고등학교 물리시간 이후 증기온도압력표(그림 9.1)를 본 사람은 많지 않을 것이다. 물이 액체에서 기체로 변하는 압력과 온도를 나타낸 표 말이다. 이 숫자들을 그래프로 그리면 압력과 온도에 따라 물이 액체인지, 고체인지, 기체인지 정확히 알려주는 상태도(그림 9.2)를 얻는다. 방정식에 필요한 모든 정보를 갖고 있다면 정확한 결과를 알 수 있다.

  이쯤에서 무슨 말을 하려는지 알아차린 독자도 있을 것이다. 수학적으로 이상적인 세상이라면 모든 건강 상태, 모든 질병에 대해 '증기온도압력표'를 작성할 수 있다. 그렇게 하여 경험적 결과를 근거로 누구를 치료하고 치료하지 않아야 하는지, 치료해야 한다면 어떤 방식으로 치료해야 하는지 알 수 있다. PSA, 전립

그림 9.1 증기온도압력표

P (bar)	온도(℃)				
	0	50	150	250	350
1	−0.09	0.46			
100	−0.05	0.46	0.99	1.85	
200	−0.01	0.46	0.96	1.70	6.92
300	0.02	0.45	0.93	1.59	4.28
400	0.05	0.45	0.90	1.49	3.32
500	0.08	0.45	0.88	1.42	2.79

(압력(기압))

선암, 근치적 전립선절제술(전립선을 제거하는 수술)을 예로 들어 온도압력표에 PSA 결과를 기입해보자. 세로열에 PSA 결과, 가로행에 환자의 연령을 적는다. 각각의 빈칸에는 전립선암에 걸리지 않은 사람과 걸린 사람의 비율을 적는다. 전립선절제술 여부는 문제되지 않는다.

증기온도압력표는 특정 온도와 압력에서 어떤 물질(보통 물)이 액체 상태로 존재하는 양과 기체 상태로 존재하는 양을 보여준다.

상태도는 물질이 어떤 상태에서 다른 상태(고체, 액체, 기체)로 전환되는 과정을 그래프로 보여준다. 위 그림은 물의 상태도이다.

비현실적이고 매우 비윤리적으로 들릴지도 모르지만, 이 개념은 중요하다. 데이터를 들여다보면 연령과 PSA의 특정 조합(연령이 높을수록, PSA 수치가 낮을수록)에서는 환자를 치료하는 것이 치료하지 않는 것보다 더 좋은 결과를 가져오지 않음을 알 수 있다.

그림 9.2 상태도

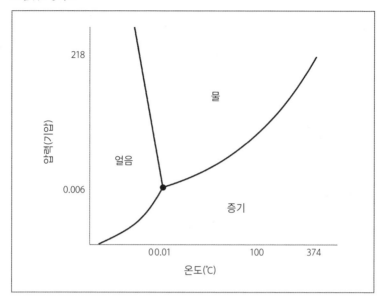

치료해서는 안 되는 환자를 정의할 수 있는 것이다. 그들을 치료
하지 않기로 하면, 또 다른 환자 집단이 눈에 띤다. 비교적 젊은
연령이지만 PSA 점수가 높은 환자들은 전립선암으로 심하게 고
생하고, 결국에는 사망에 이를 가능성이 높다. 이제 치료해야 하
는 환자가 명확히 드러나기 시작한다.

　여기서 대안적 치료를 추가해보자. 예를 들어 수술 대신 실험
적 약물을 사용하는 것이다. 표에 더 많은 데이터를 추가할 수 있
고, 이에 따라 그래프에서 새로운 약물로 치료해야 할 환자와 수
술로 치료해야 할 환자를 중심으로 새로운 형태가 나타나기 시
작한다(그림 9.3). 그들을 구분하는 선은 상태도에서 물과 증기를
구분하는 선만큼 명확하지는 않을 수도 있다. 전립선암을 치료한

다는 것은 물을 끓이는 것보다 훨씬 복잡하기 때문이다. 여기서 결과를 표로 만들고(증기온도압력표), 가공하지 않은 데이터를 그래프로 표시(상태도)하는 두 가지의 간단한 아이디어를 도입할 필요가 있다. 그렇게 하면 훨씬 더 다양한 데이터에 대해 생각과 분석을 할 수 있는 틀이 열린다.

종양 생검 조직에 대한 병리학적 검사 결과를 근거로 암의 악성도를 추가해 볼 수도 있다. 이제 3차원 공간이 나타나고, 다양한 방법으로 치료할 환자, 또는 치료하지 않을 환자의 비율을 계산할 수 있다. RT-PCR에 의한 PSA 분석 결과라는 차원을 추가해 볼 수도 있다. 활동도나 환자 영역이라는 차원을 추가할 수도 있다. 훨씬 많은 치료 옵션, 실험적이든 그렇지 않든 다양한 수술과 약물 역시 얼마든지 추가할 수 있다.

미처 눈치채지 못했을 수도 있으나, 기본 개념은 그대로이다. 2차원에서 3차원으로 나아가면 상태를 구분하는 선은 면이 된다. 4차원 이상으로 나아가면 전체적인 모양을 시각적으로 그리기는 어렵지만 개념이 사라지는 것은 아니다. 환자 방정식을 일상적으로 사용하게 될 미래에는 데이터를 분류하여 최대한 많은 온도압력표를 만든 후 상태 전환(상전이)을 지켜보아 어떻게 환자를 치료해야 할지 결정하게 될 것이다.

압력과 온도만 안다고 되는 것은 아니다. 현실에서 그래프는 책에 그린 것보다 훨씬 많은 차원을 갖는다. 하지만 지금까지 센서와 데이터 수집에 대해 이야기한 것들의 궁극적인 목표는 이 그래프를 얻는 것이다. 이 그래프야말로 최종 목적지다. 누구를

그림 9.3 치료선택 상태도

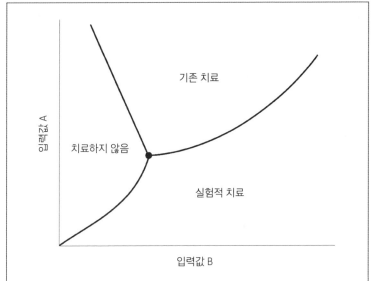

상태도에서 시각화한 원칙들을 이용하여 기존 데이터를 근거로 계산한 최선의 결과를 얻으려면 언제 어떻게 치료해야 할지 결정할 수 있을까? 순수한 화학적 상태도(그림 9.2)의 온도와 압력 대신 두 가지 생물학적 표지자를 사용한 2차원 도표의 예를 들어보았다. 실제 질병과 적용 가능한 치료에 관한 상태도를 그린다면 수많은 차원으로 확장되고, 기존 치료 및 실험적 치료 또한 매우 다양하므로 이보다 훨씬 복잡해질 것이다. 그러나 생물학적 표지자의 조합은 항상 환자 방정식에서 최선의 치료에 해당하는 영역을 가리킨다.

어떻게 치료해야 할지 과거보다 훨씬 구체적이고 정확한 결정을 내리려면 이 그래프를 구축해야 한다. 생명과학 산업이 해야 할 일은 이 그래프를 계속 향상시키고, 모든 건강 상태에 대해 중요한 층과 그래프로 그려야 할 특징과 의사의 직관을 데이터로 뒷받침하고 정량화하여 체계화할 방법을 알아내는 것이다.

하나의 훌륭한 치료를 말하는 것이 아니다. 모든 상황에 가장 알맞은 치료를 결정하는 시스템을 만들고, 실생활에 도입하고, 예측을 검증하고 향상시키기 위해 더 많은 데이터를 수집하고,

궁극적으로 과거에 상상할 수 없었던 수준으로 일관성 있는 환자 치료 결과를 얻기 위한 것이다. 물이 언제 어는지, 언제 증기가 되는지 알아내는 것은 간단한 과학적 실험이다. 그러나 그 대상이 사람이라면 문제가 훨씬 복잡해진다. 변수는 셀 수 없을 정도로 많다. 일부는 특정한 경우에 매우 중요하며, 또 다른 일부는 아직 존재한다는 사실조차 모를 것이다.

나는 알츠하이머병에 걸릴까?

얼마 전 컬럼비아 대학 강의실에 모인 학부생과 대학원생들 앞에서 왜 환자 방정식이라는 아이디어가 보건의료의 미래에 큰 영향을 미칠지 설명했다. 그때 갑자기 노바티스의 파울 헤를링에게 들었던 생생한 예가 떠올랐다. 모든 학생이 쉽게 이해하는 '좋은 소식, 나쁜 소식' 타입의 시나리오였기에 특히 젊은층에게 상당히 효과적이었다.

나쁜 소식부터 시작해보자. 베타아밀로이드판(beta-amyloid plaque, 단백질이 엉킨 덩어리로 뇌의 인지회로를 차단한다고 생각된다.)의 존재가 알츠하이머병의 원인인지, 그저 동반 증상인지에 관해서는 논란이 치열하다.[1] 치매로 진행되는 과정에서 흔히 나타나는 현상에 불과하다고 해도, 베타아밀로이드판은 질병 진행에 대한 생물학적 표지자로 유용하다. 누구든 그런 소견이 발견된다면 걱정할 만한 이유는 충분하다. 학생들에게도 나쁜 뉴스다. 젊은이의 뇌에도 이미 치매를 향한 행진이 시작된다는 증거가 있기 때문이다.[2] 그들의 뇌를 생화학적으로 들여다본다면 틀림없이 베타아밀로이드판이 축적되기 시작했음을 알 수 있다. 검사를 여러 번 반복한다면 이미 그 방에 있는 모든 학생이 언젠가는 알츠하이머병 진단을 받게 될 길에 접어들었음을 입증할 수 있을 것이다. 적어도 이 글을 쓰는 현재까지는 치료 방법이 없으며, 예방할 수도 없다. 실로 안타까운 소식이다.

좋은 소식은 무엇일까? 그 자리에 있던 사람 대부분이 치매가 생기기 전에 심혈관 질환이나 암으로 죽는다는 것이다. 석연치 않은 웃음과 함께 학생들은 베타아밀로이드판이 치매의 원인이든 우연한 소견이든 환자 방정식이 왜 그토록 삶에 중요한 것인지 집중하기 시작했다.

알츠하이머병은 수많은 예 중 하나일 뿐이다. 나는 메디데이터를 설립하기 전에 컬럼비아 대학에서 전립선암을 연구했다. 전립선암에도 똑같은 이야기를 할 수 있다. 40세를 넘은 남성 중 다수가(일부 연구에 따르면 30대 남성조차[3]) 전립선을 생검하여 현미경으로 관찰해보면 암 세포가 보인다. 이미 진행암과 전이를 거쳐 죽음에 이르는 길에 접어든 것이다. 하지만 이 연구는 다른 원인으로 이미 사망한 남성을 대상으로 한 것이었다. 알츠하이머병과 마찬가지로 그들의 암은 결코 건강이나 삶의 질에 영향을 미칠 정도까지 진행하지 않았다. 어쩌면 수십 년간 몸속에서 도사리고 있었을지 모르지만 암에 의한 비극은 벌어지지 않았다.

학생들의 관심을 끌기 위해 다소 암울한 예를 들었다는 사실은 논외로 두고 생각해보면, 이런 이야기는 생명을 위협하는 병이든 아니든 어떻게 환자를 치료해야 할지 생각할 때 중요한 점을 알려준다. 전립선암을 예로 들면 삶의 질을 상당히 저하시킨다는 부작용이 있지만, 수많은 치료 옵션이 존재한다. 이 연구들은 대체로 과잉진단과 과잉치료에 대한 우려와 연결된다.

40세 이상의 남성이라면 대다수가 PSA 검사를 받은 경험이 있을 것이다. 그러나 PSA 수치가 올라가 있는 것만으로는 치료 결정을 내리는 데 충분치 않다. 전립선암을 진단하려면 다른 데이터, 즉 환자 방정식의 다른 입력값들이 필요하다. 전립선암을 치료할 것을 결정하는 일에도 데이터가 필요하다. 따라서 가장 기본적인 질문은 누군가 이 병에 걸릴 것인지 예측할 수 있느냐, 없느냐가 아니다. 시간을 아주 길게 잡으면 누구나 병에 걸린다. 질병의 상대적인 진행 경과가 어떻게 되는지가 중요하다. 우리는 치료가 (또는 심지어 예방이) 가치 있는지, 그렇다면 언제 시행해야 가치가 있을지 최대한 주도면밀히 판단해야 한다. 누군가가 1년 이내에 증상을 보일 것으로 예견된다면 틀림없이 치료를 시작할 것이다. 10년 안에 증상이 나타난다고 해도 치료하는 것이 더 좋을지도 모른다. 하지만 환자가 이미 102세라면 치료하지 않는 편이 나을 것이다.

어떤 사람은 젊은 나이에 알츠하이머병에 걸릴 유전적 소인을 타고난다. 공격적인 예방적 혹은 치료적 개입을 권고할 만한 집단을 정의하는 또 하나의 데이터, 또 하나의 환자 방정식 입력값이다. 하지만 그런 유전적 소인이 없다면, 언젠가 알츠하이머병의 증상을 나타낸다고 해도 72세에 나타나느냐 147세에 나타나느냐가 중요해진다.

많은 수학적 방정식이 그렇듯 시각화해서 살펴보면 더 이해하기 쉽다. 그림 9.4에 질병의 이론적 진행을 나타냈다. 알츠하이머병을 예로 들었지만 개념은 어떤 질병에도 적용할 수 있다. 세로축은 치매를 향해 질병이 진행하는 과정을 나타냈다. 가로축은 시간 경과다. 세로축과 가로축 모두 중요한 한계점이 있다. 점선은 임상적으로 유의한 치매를 나타내고 실선은 사망을 나타낸다. 실선을 넘기 전에 점선에 도달한다면 치료를 하는 것이 의미가 있을 것이다. 하지만 점선에 도달하기 전에 뭔가 다른 원인으로 죽는다면 치료는 의미가 없다.

왼쪽에서 오른쪽으로 가면서 처음 두 개의 경로는 사망하기 전에 치매 상태에 도달한 환자다. 가장 오른쪽에 있는 마지막 경로(경로 B)는 그렇지 않다. 이 환자의 경우 알츠하이머가 삶에 아무런 영향을 미치지 못한다. 하지만 처음부터 어떤 환자가 어떤 경로를 취할지 알 수는 없다. 환자가 그래프의 어디에 있는지, 또는 어떻게 해야 경로를 바꿀 수 있는지 알아낸다면 대단한 진전이 될 것이다.

모든 알츠하이머 연구자는 삶을 진정으로 개선시킬 수 있는 효과적인 치료가 너무 늦게 시작된다는 것에 입을 모았다. 가능한 한 일찍 치료를 시작해야 한다. 이상적이라면 증상이 나타나기 전에 시작해야 한다. 하지만 현재는 그렇게 할 방법이 없다. 아무런 증상이 없는 환자를 알츠하이머병으로 진단하는 것은 오

그림 9.4 신경변성 질환의 이론적 경로

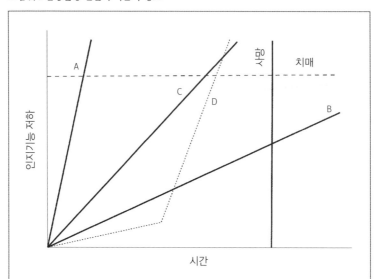

시간에 따른 인지기능 저하 그래프에서는 환자가 맞게 될 두 가지 중요한 문턱값을 고려해야 한다. 첫째, 그 단계를 넘으면 치매 상태가 되는 인지기능 저하 문턱값이다. 환자가 이 선을 넘으면 알츠하이머병으로 진단받는다.(최소한 그렇게 진단할 수 있다.) 둘째, 시간축에 그려진 문턱값은 사망이다. 신경변성 질환으로 사망하든 다른 원인으로 사망하든 마찬가지다. 이 단순화된 예에서 경로 A의 환자는 가장 절실하게 치료가 필요하다. 알츠하이머라면 이 경로는 가족성 조기 발현형이다. 경로 B의 환자는 알츠하이머를 향해 꾸준히 접근하지만 살아 있는 동안 병에 걸리지는 않는다. 치료가 필요 없으며, 심지어 해로울 수도 있다. 경로 C와 D의 환자 역시 치료가 필요하다. 둘 사이의 차이는 삶에서 일어나는 사건이 경로의 기울기를 변화시킬 수 있음을 보여준다. 환자 D는 생애의 절반 정도 치료가 필요 없었다. 하지만 어떤 요인에 의해 경과가 크게 변했다(유전자 돌연변이, 일련의 표현형 변화, 환경 등). 이 사실은 환자 방정식을 최대한으로 이용하려면 왜 지속적인 모니터링이 필요한지 잘 보여준다.

늘날의 보건의료에서는 말도 안 되는 일이다. 바로 이것이 환자 방정식이 필요한 이유다.

사건이 벌어지기 훨씬 전부터 누가 문턱값을 넘어설지 예측할 수 있어야 한다. 바로 이 지점에서 유전적 데이터와 분자생물학적 데이터가 처음에 얘기했던 표현형 정보와 한데 합쳐진다. 인지능력과 행동 데이터를 결합하면 누가 알츠하이머병 치료가 필요할지 훨씬 정확하게 예측할 수 있을 것이다.

그림 9.4의 그래프는 두말할 것도 없이 지나치게 단순화된 것이다. 우선 환자들의 경로를 직선으로 표시했다. 실제로 경로가 어떤 모습일지는 알 수 없다. 곡선일 수도 있고, 다른 모양일 수도 있다. 경로가 어느 정도 고정되어 있을지, 크게 변할지도 알 수 없다. 환자 D가 좋지 않은 방향으로 경로가 바뀌었듯 운동이나, 십자말풀이, 약물, 또는 지금까지 논의한 어떤 층에 의해 경로의 방향이나 기울기가 바뀔 수 있을 것이다. 지금으로서는 확실히 알 수 없다. 그럼에도 이 경로들을 하나의 출발점으로 삼아볼 수는 있다. 그림 9.5는 내 자신을 그려본 것이다. 나는 일정한 속도로 두 가지 문턱값(치매와 사망)을 향해 다가간다. 어떤 방향인지는 모른다. 어떤 문턱값을 먼저 넘을지 예측해야 한다.

센서와 전통적인 측정 방법과 지금까지 논의한 모든 방법에 의해 수집한 데이터가 아주 많다면 예측 범위를 좁혀 보다 정확한 그래프를 그리는 데 도움이 될 것이다. 그리고 점선으로 된 치매 문턱값을 향해 나아가는 환자를 위해 뭔가 도움이 될 조치를 취할 수 있을 것이다. 세계보건기구는 2015년 한 해에만 전 세계적으로 치매를 치료하는 데 8,180억 달러의 비용이 지출되었다고 추정했다.[4] 우리가 이 병을 조금 더 빠르고 정확히 치료할 수 있다면, 전 세계 의료 시스템의 사회적 영향과 절감 효과는 예측조차 어려울 정도다. 수학적 모델은 강력한 힘을 발휘할 수 있다. 물론 미래를 알 수는 없지만 수학적 모델에 점점 고품질의 데이터를 입력한다면 올바른 치료를 선택하고 환자를 돌보는 데 더

그림 9.5 내 자신과 인지기능 저하

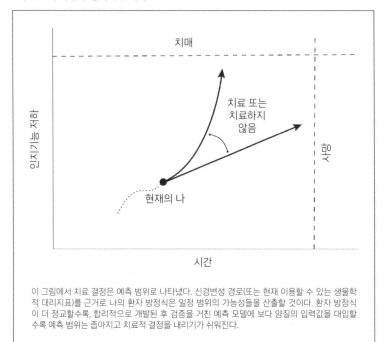

이 그림에서 치료 결정은 예측 범위로 나타냈다. 신경변성 경로(또는 현재 이용할 수 있는 생물학적 대리지표)를 근거로 나의 환자 방정식은 일정 범위의 가능성들을 산출할 것이다. 환자 방정식이 더 정교할수록, 합리적으로 개발된 후 검증을 거친 예측 모델에 보다 양질의 입력값을 대입할수록 예측 범위는 좁아지고 치료적 결정을 내리기가 쉬워진다.

똑똑한 결정을 하게 될 가능성이 높아질 것은 분명하다.

이 그림에서 치료 결정은 예측 범위로 나타냈다. 신경변성 경로(또는 현재 이용할 수 있는 생물학적 대리지표)를 근거로 나의 환자 방정식은 일정 범위의 가능성들을 산출할 것이다. 환자 방정식이 더 정교할수록, 합리적으로 개발된 후 검증을 거친 예측 모델에 보다 양질의 입력값을 대입할수록 예측 범위는 좁아지고 치료적 결정을 내리기가 쉬워진다.

이런 유형의 환자 방정식이 생명과학과 보건의료의 비즈니스 모델을 어떻게 바꿀 수 있는지에 대해서는 14장에서 보다 자세히 논의하겠지만, 일단 이것만 기억해두자. 내가 그림 9.5의 그래프 ME 지점에 있다면, 현재 치매 증상을 전혀 나타내지 않는다면, 어떤 인센티브를 써서 나를 진료하는 의사들이 저 상태를 유지하기 위해 최선을 다하도록 유도할 수 있을까? 보험급여 기준을 환자의 질병이 진행하지 않을 때 의사들에게 보상을 제공하고, 질병이 진행할 때 불이익을 주는 방향으로 설계된다면 어떨까? 데이터를 근거로 예상했던 것보다 더 빨리 진행하는 경우에는 벌금을 내야 한다면 어떨까? 이 그래프를 더 잘 이해하게 되고, 질병의 진행을 지금보다 더 잘 통제하게 되었을 때 이런 식의 인센티브를 제공한다면 행동과 치료를 원하는 방향으로 변화시키고, 예방의료와 생활습관 변화에 보상을 촉진하고, 증상이 나타났을 때 질병을 치료하는 것보다 환자를 건강한 상태로 유지하는 쪽으로 의료의 초점을 이동시킬 수 있을 것이다. 양질의 정보를 얻을수록 보험급여 체계를 설계하고 보건의료 시스템이 원하는 결과를 얻기 위해 훨씬 창의적으로 생각할 수 있다.

현재 의사들은 단기 성과를 기준으로 인센티브를 받는다. 단기 성과밖에 특정할 수 없기 때문이다. 미래에는 훨씬 많은 것을 측정할 수 있을 것이다. 바로 그것이 환자 방정식의 위력이 실질적으로 나타나는 지점이다.

측정과 치료가 일치할 때

알츠하이머병을 예로 든 것은 우리 모두가 그래프상에서 그 방향으로 나아가고 있기 때문만은 아니다. 그래프의 선이 특히 흥미로운 점은, 현재 가능한 것보다 훨씬 빨리 주의를 기울인다면 변화의 가능성이 매우 크다는 것이다. 이미 몇몇 기업들은 이러한 목표를 향해 나아가고 있다. 예컨대 케임브리지 코그니션 (Cambridge Cognition)이라는 회사는 스마트폰 앱을 이용해 알츠하이머 같은 치매와 우울증, 기타 기분장애에 의해 나타나는 기억력 저하를 구별하려고 한다.[5] 어쩌면 그래프상에서 특정한 속도로 어떤 방향을 향해 움직이는 사람들을 발견하여 우리가 이전부터 가정했던 것을 바로잡아 줄지도 모른다. 그러면 교정 가능한 원인에 의해 생긴 기억력 저하 문제에 도움이 되는 치료를 시행할 수 있을 것이다.

종종 비난의 대상이 되는 뇌 훈련 '과학'도 있다. 루모시티 (Lumosity)는 자사의 '뇌 훈련' 기억 게임이 인지능력 저하를 막아준다는 허위 광고를 한 데 대해 수백만 달러의 벌금을 물었다.[6] 하지만 앞으로 연구가 더 진행되면 어떤 뇌 훈련법은 실제로 치매를 향해 진행하는 인지기능 저하를 늦춰준다고 입증될지도 모른다. 동시에 우리가 어떤 곡선에 해당하는지 판정하는 데 도움이 될 수도 있다. 의사들이 인지기능 저하 상태를 측정하고, 지속적인 저하를 막기 위해 일련의 뇌 훈련을 처방하는 날이 올 수도 있다는 뜻이다. 앞에서 인지기능 상태를 추적하기 위해 수동적인 스마트폰 데이터(일정표를 얼마나 자주 체크하는지 등)를 이용하는 방법에 대해 설명했다. 인지능력에 대한 생물학적 표지자를 얻기 위해 능동적인 스마트폰 데이터(실행하고, 클릭하고, 플레이하는 등)를 이용하는 것도 얼마든지 가능한 일이다.

　루모시티는 그들의 주장을 뒷받침하지 못했지만, 한 가지 뇌 훈련 앱은 적어도 한 건의 연구에서 10년간 치매 발생 확률을 29% 낮춘다는 결과를 나타냈다.[7] 사우스 플로리다 대학(University of South Florida) 연구자들은 브레인HQ(BrainHQ)라는 앱을 연구한 결과 이런 효과를 입증했다. 앞으로 이런 앱들이 점점 많이 나와 수많은 질병의 경과를 실제로 변화시킬지도 모른다.

▄ 암의 온도압력표

　환자 방정식과 질병 그래프에 관해 증기온도압력표라는 개념을 떠올린 것은 화공학자이자 서던 캘리포니아 대학 부교수인 제리 리 박사 덕분이다. 모든 것이 그의 공로라 할 수 있다. 나는 그가 캔서 문샷 프로젝트에서 일할 때 처음 만났다. 캔서 문샷은 암을 예방하고, 조기 발견하고, 더 많은 환자에게 좋은 치료를 제공하기 위해 미 국립암연구소(National Cancer Institute, NCI)에서 주도했던 프로그램이다.[8] 그는 전 세계에서 수집된 종양 검체에서 유전체학, 단백질체학, 임상표현형 정보를 얻어 모든 종류의 암을 더 깊이 이해하고, 가능하면 효과적인 치료를 발견하고자 했다.

2006년 NCI에 합류했을 때 그는 암을 분자생물학적으로 이해하려면 더 많은 데이터가 필요하다는 사실을 알고 있었다.[9] 그 데이터는 화공학자들이 사용하는 증기온도압력표와 상태도처럼 체계적이고, 재현 가능해야 했다. 그에게 증기온도압력표라는 개념은 너무 당연한 것이었다. 그것을 궁극적 목표로 삼아 일종의 참조표를 만들 수 있다면 무엇이 암을 일으키는지, 암이 왜 그런 식으로 행동하는지 알 수 있지 않을까? 암의 온도압력표를 만들 수 있다면 상태도를 유도하고, 어쩌면 증기를 물로 바꾸듯 공격적인 암을 비활성화 상태로 전환시키기 위해 어떤 조건을 바꾸어야 할지 알 수 있으리라 생각한 것이다.

리 박사와 나는 내적 변수들과 외적 변수에 대해 이야기를 나누었다. 암의 변하지 않는 특징들(내적 변수)과 주변 시스템에 따라 변하는 특징들(외적 변수)을 검토한 것이다. 매우 중요한 개념이다. 상태도를 제대로 이해하려면 내적 특징들을 비교해야 한다. 예를 들어 실온에서 1리터의 물을 두 개의 컵에 똑같이 나누어 따른다면 질량과 부피는 반이 되지만(외적 특징), 물의 온도는 변하지 않는다(내적 특징). 조직 검체를 연구한다면 그때 우리는 암이 누구의 몸에 생겼든 변하지 않는 무언가를 측정하는가, 암과 환자라는 특정 생태계의 독특한 뭔가를 측정하는가?

이렇게 생각해보면 생명과학의 관점에서 어느 정도 바꿀 수 있는 것과 절대 바꿀 수 없는 것을 더 잘 이해할 수 있다. 암에서 진정으로 내적인 측정치란 거의 존재하지 않지만 비슷한 것은 몇 가지 있다. 만성 골수성 백혈병에서 BCR-ABL 융합이나,

DNA에서 암을 일으키는 데 관여하는 TP53 유전자가 전체적으로 변형되는 것을 예로 들 수 있다. 이런 변화는 단 한 개의 세포에서 발견될 수도 있고, 종양 전체나 집단 검체 전체에서 발견될 수도 있다. 1만 개, 10만 개, 또는 100만 개의 조직 검체를 들여다보면 우리가 의미 있다고 생각하는 분자적 특징들은 치료법을 발견하는 데 유용한 것으로 판명될까? 아니면 그저 같은 종류의 검체에서 흔히 나타나는 기능에 불과한 것일까.

이렇게 다른 특징들을 들여다보고 암의 특성을 철저하게 생각해 봄으로써 복잡하게 구성된 암의 온도압력표에서 각각의 축이 어떤 모습을 띨지 알아낼 단서를 발견할 수 있다. 누군가의 암을 치료하기 위한 변수는 온도와 압력이 아니라 우리가 고려해야 할 n개의 차원 중 두 가지, 예컨대 활동 수준과 연령일지도 모른다. 물론 이런 변수는 치료 결과를 예측하는 데 매우 유용한 예후 인자이지만, 치료법을 찾아내려고 노력할 때 알아야 할 유의한 인자들은 아니다.

리 박사는 치료하지 않은 말기 일차암을 겨우 이해하기 시작한 단계라고 설명하면서, 국방부 및 재향군인회와 함께 오래도록 이 암들을 치료 저항성 암과 비교하는 연구를 하고 있다고 했다.[10] 말기 암이지만 처음 발견된 질병과 치료를 받았지만 저항성을 갖는 말기 암 사이에 뭔가 다른 점이 발견될까? 아니면 두 가지 질병은 근본적으로 같은 것일까? 향후 연구에 의해 흥미로운 통찰이 발견되고 이에 따라 암의 온도압력표가 어떤 모습일지 더 잘 이해하게 될 수도 있을 것이다. 하지만 리 박사는 가까운 미래에 그 정도 수준에 이를 수 있을지 확신하지 못한다. 우리는 이제 막 암이라는 다차원적 질병의 주변을 빙빙 돌며 더 깊이 접근해 볼 단서가 될 단순한 차원들을 배워 거대한 블랙박스로 남아 있는 공간을 조금씩 줄이고 있는 데 불과하다.

데이터 문제

다음 장에서 더 자세히 다루겠지만 블랙박스의 윤곽을 알아내는 데는 큰 문제가 하나 있다. 임상시험 데이터의 상당 부분이 쓸모가 없다는 점이다. 완벽하게 '깨끗하지' 않기 때문이다. 우리가 지닌 다른 데이터 출처들과 완벽하게 통합되지 않는다는 뜻이다. 우리는 임상시험 데이터를 지금보다 훨씬 잘 이용할 수 있어야 한다. 현재로서는 질병의 진행을 이해하고 새로운 돌파부를 마련하는 데 가장 큰 희망이 임상시험이기 때문이다. 리 박사는 데이터에 일관성이 없을 때, 또는 일부 데이터는 실생활에서 유래하고 다른 데이터는 임상시험에서 얻었을 때 비슷한 결과를 나타낼 가능성이 있는 환자들을 찾기가 얼마나 어려운지 지적한다.

또한 환자가 임상시험이 항상 더 좋은 해결책이라고 믿을 위험성을 우려한다. 실제로 임상시험에 사용된 치료법이 표준치료보다 항상 더 좋은 결과를 나타내는 것은 아니다. 우리는 상당수의 환자가 표준치료에서 기대되는 경과에 따른다는 사실을 잊곤 한다. 중요한 질문은 그런 경과에 따르지 않는 환자, 질병이 우리의 희망과 기대대로 움직이지 않아 표준치료에서 예상했던 결과가 나오지 않는 환자를 더 잘 가려낼 수 있느냐는 것이다. 치료를 마친 후에야 예상에서 많이 벗어나는 환자를 찾아내는 것이 아니라, 데이터를 이용해 치료 시작 전에 미리 이런 환자들을 찾아낼 수는 없을까?

리 박사는 향후 우리의 온도압력표를 어떻게 만들 것인가라는 질문에 대한 답이 더 좋은 데이터, 더 많은 데이터, 레이어 케이크에서 훨씬 더 많은 층들을 훨씬 더 자주 분석하는 데 있다고 강조한다.

▔ 건강에서 질병으로, 다시 건강으로

온도압력표와 상태도를 생각할 때 종종 망각하는 또 다른 사실은 건강에서 질병으로의 변화(최초로 치료할 것인지 하지 않을 것인지 결정하는 것)만 중요한 것이 아니란 점이다. 치료를 마쳤을 때 다시 건강한 상태로 변화하는 것 또한 중요하다. 앞으로 많은 발전이 필요한 분야가 바로 여기다. 언제 환자가 '완치'되어 다시 건강해졌다고 생각해야 할까? 특히 암 같은 질병에서 어떻게 그 사실을 알 수 있을까? 오랜 세월이 지나 똑같은 문제가 다시 생긴다면 그것이 새로 생긴 암인지, 어떤 식으로든 과거의 암과 관련이 있는지 알아내기가 매우 힘든 일이 될 가능성이 높다. 현재는 정확히 판단을 내리고 관련된 온도압력표를 만드는 데 필요한 데이터를 제대로 분류할 방법이 없다. 생각은 쉽지만 막상 실행에 옮기려고 하면 결코 쉽지 않다.

마찬가지로 암과 다른 질병의 상호작용을 이해하려면 훨씬 많은 환자 데이터를 분석해야 한다. 환자가 암과 함께 심장병이나 당뇨병, 또는 신경변성 질환을 앓고 있다면 암 치료도 달라질 수 있다. 그런 치료가 동반된 질환에 장기적으로 어떤 영향을 미치는지도 확실히 알 수 없다. 암 같은 질병의 의미는 동반질환에 따라 완전히 달라질 수 있으며, 현재로서는 일정한 표준치료 방법과 환자의 경과가 어떨 것이라는 표준적 기대라는 측면에서 모두 수수께끼에 둘러싸여 있다.

리 박사는 뉴욕시 메모리얼 슬론 케터링 암센터(Memorial Sloan Kettering Cancer Center)의 래리 노턴(Larry Norton) 박사와 주고받은 대화를 소개하면서 현재 우리가 처한 상태가 행성들의 궤도를 궁리하던 16세기 과학자들과 비슷하다고 말했다. 노턴 박사의 말처럼 당시 과학자들은 문서화된 온갖 데이터를 갖고 있었지만, 어떤 것도 실제 행성의 움직임과 완벽하게 일치하지 않았다. 요하네스 케플러(Johannes Kepler)가 모든 데이터를 종합하여 행성의 궤도는 원형이 아니라 타원형이라고 주장했을 때 비로소 모든 데이터의 의미가 명확해졌다. 사실 케플러는 데이터를 그저 다른 각도에서 바라봤을 뿐이다. 지금 우리가 처한 상황이 정확히 그렇다. 계속해서 데이터를 축적하고 있지만 우리에게 필요한 관점의 변화에는 이르지 못했다. 그런 변화는 인공지능 시스템에서 오지 않을 것이다. 모든 데이터를 다각도에서 바라보고, 아무도 보지 못했던 것을 찾아내고, 설명하기 어려운 것들을 설명해낼 수 있는 결정적인 단서를 떠올리는 사람만이 변화를 이끌 것이다. 온도압력표는 분명 존재한다. 아직 알아내지 못했을 뿐이다.

그렇다면 우리만의 환자 방정식은 어떻게 찾아낼 수 있을까? 어떻게 해야 현재 사로잡혀 있는 마법, 질병과 진행, 적절한 시기에 적절한 환자를 위한 최선의 치료를 제공한다는 커다란 수수께끼의 블랙박스에서 풀려나 모든 것을 쉽게 이해할 수 있을까?

리 박사가 말했듯 답은 데이터에 있다. 하지만 환자 경험을 지식으로 바꾸고, 일회성 사건과 생각을 현실로 바꾸고, 현재 물음표에 불과한 온도압력표의 빈칸을 채우기 위한 출발점이 되려면 좋은 데이터, 일관성 있는 데이터, 유용한 데이터가 필요하다. 현재 리 박사가 하는 일 중 하나는 국방부 및 재향군인회와 함께 분자생물학적 데이터, 표현형 데이터, 실제 세계의 데이터를 종적으로 아울러 학습형 보건의료 체계를 만드는 것이다.[11] 시스템들은 서로 소통해야 한다. 데이터는 실질적인 효과를 나타내야 한다. 많은 면에서 그것은 내가 메디데이터에서 엮어 온 이야기이기도 하다. 다음 장에서 그 이야기를 살펴볼 것이다.

Notes

1 Simon Makin, "The Amyloid Hypothesis on Trial," Nature 559, no. 7715 (July 2018): S4–S7, https://doi.org/10.1038/d41586-018-05719-4.

2 Alaina Baker-Nigh et al., "Neuronal Amyloid-β Accumulation within Cholinergic Basal Forebrain in Ageing and Alzheimer's Disease," Brain 138, no. 6 (March 1, 2015): 1722–37, https://doi.org/10.1093/brain/awv024.

3 Sahil Gupta et al., "Prostate Cancer: How Young Is Too Young?," Current Urology 9, no. 4 (2015): 212–215, https://doi.org/10.1159/000447143.

4 "Dementia," World Health Organization, December 12, 2017, https://www.who.int/news-room/fact-sheets/detail/dementia.

5 "Alzheimer's Disease," Cambridge Cognition, 2014, https://www.cambridgecognition.com/cantab/test-batteries/alzheimers-disease/.

6 Joanna Walters, "Lumosity Fined Millions for Making False Claims about Brain Health Benefits," The Guardian, January 6, 2016, https://www.theguardian.com/technology/2016/jan/06/lumosityfined-false-claims-brain-training-online-games-mental-health.

7 Eric Wicklund, "Mobile Health App Helps Seniors Reduce Their Risk For Dementia," mHealthIntelligence, November 27, 2017, https://mhealthintelligence.com/news/mobile-health-app-helpsseniors-reduce-their-risk-for-dementia.

8 "CCR Cancer Moonshot Projects," Center for Cancer Research, February 14, 2018, https://ccr.cancer.gov/research/cancermoonshot.

9 Jerry Lee, interview for The Patient Equation, interview by Glen de Vries and Jeremy Blachman, May 6, 2019.

10 Jerry S. H. Lee et al., "From Discovery to Practice and Survivorship: Building a National Real-World Data Learning Healthcare Framework for Military and Veteran Cancer Patients," Clinical Pharmacology & Therapeutics 106, no. 1 (April 29, 2019): 52–57, https://doi.org/10.1002/cpt.1425.

11 Ibid.

좋은
데이터

실제로 효과가 있는 모델을 만들 때, 우수한 데이터 관리와 시스템 인프라스트럭처는 진입 비용으로 생각해야 한다. 이 비용을 치르지 않고는 일을 시작할 수 없다. 머신러닝과 인공지능은 멋지게 들리는 유행어다. 그러나 시스템을 구축하고, 규칙을 정하고, 애초에 어떤 유형의 데이터를 수집할 것인지 생각하고, 분석적인 관점에서 모든 것이 '목적에 맞게' 돌아가도록 하려면 인간의 힘이 필요하다. 시스템은 서로 소통해야 한다. 쓸모 있는 것을 생산해내는 방식으로 말이다. 나쁜 데이터가 무엇인지 보여주는 사례는 너무나 많다. 배워야 할 교훈도 동시에 늘어난다. 대중에게 잘 알려진 두 가지 참사로 화성 착륙선과 종양학 분야에서 IBM 왓슨의 실패담을 꼽을 수 있을 것이다.

하지만 이런 이야기들은 무엇이 잘못될 수 있는지 알려줄 뿐, 올바른 방향까지 일러주지는 않는다. 나는 성인이 된 후의 대부분의 시간을 이 분야에서 일했기 때문에 데이터란 무엇인지 잘 알고 있다. 데이터가 유용한 통찰을 얻을 수 있는 방식으로 통합되고, 표준화되고, 분석되지 않았을 때 어떤 일이 생기는지 안다. 모든 조각이 딱 맞는 위치를 잡았을 때 어떤 힘을 발휘하는지도 안다.

왓슨의 실패

IBM에서 개발한 왓슨 슈퍼컴퓨터는 암 치료의 혁명을 일으킬 것으로 기대를 모았다. 2013년 《와이어드》지의 기사는 "IBM의 왓슨이 암을 진단하는 데 인간 의사보다 더 뛰어나다"고 선언하면서, "어떤 인간 의사도 따라갈 수 없을 정도로 폭넓은 지식"을 갖고 "폐암 진단 성공률이 인간 의사는 50%인데 비해 90%에 이른다"고 보도했다.[1]

5년 뒤, 헤드라인은 사뭇 달라졌다. STAT의 보도에 따르면 왓슨은 "안전하지 않고 부정확한" 암 치료법을 권고했다.[2] STAT의 조사에 응한 《베커 병원평가(Becker's Hospital Review)》의 보고에 따르면 IBM은 내부 문서를 통해 왓슨이 "실제 환자 데이터가 아니라 몇 안 되는 가상의 암 증례만으로" 훈련되었으며, "국가 치료 가이드라인과 상충하며, 의사들도 유용하다고 생각하지 않는"

치료 권고안을 내놓아 효용성이 "매우 제한적"이라고 인정했다.[3]

보고서가 나온 지 1년 후 IBM은 "발전"이 있었다고 주장했지만,[4] 이 시스템은 임상의사보다 "도서관 사서"[5]에 가까웠으며, 애초에 약속했던 새로운 결론들을 이끌어내는 능력을 전혀 보여주지 못했다. 한마디로 말해 애초에 시스템에 입력된 데이터의 품질을 전혀 넘어서지 못했다. 현재까지 선보인 모든 인공지능이 마찬가지다.

▬ 화성 기후 궤도선

1998년 12월 11일 NASA는 화성 기후 궤도선을 발사했다. 화성의 대기를 연구하기 위해 1억 2,500만 달러를 들여 제작한 우주 탐사 로봇이었다. 하지만 궤도선은 1년도 채 지나지 않은 1999년 9월 23일 화성의 대기권에 진입하자마자 통신이 두절되었다. 예정보다 행성 표면에 더 가깝게 날다가 파괴된 것이다. 전적으로 데이터 오류에 의한 사고였다.[6] 소프트웨어 중 하나가 야드파운드 단위로 계산을 수행한 반면, 다른 소프트웨어들은 계산 수치를 미터 단위로 간주하여 분석했던 것이다.[7] 결과는? 궤도선은 경로를 크게 벗어나 날다가 대기와의 마찰을 견디지 못하고 산산조각 나고 말았다. 일주일 후 《로스앤젤레스 타임스(Los Angeles Times)》의 헤드라인은 "계산 실수"라고 보도했다. 그러나 정확히 따지자면 두 개의 데이터 세트가 소통하지 못할 때 어떤

일이 벌어지는지 보여준 1억 2,500만 달러짜리 본보기라 할 것이다.[8]

메디데이터에서는 항상 이런 일을 경험한다. 임상시험 데이터를 보면 때때로 추세를 크게 벗어난 것들이 있다. 우리는 즉시 뭔가 잘못되었음을 알아차린다. 예를 들어 키-체중 도표를 그리는 데 어떤 환자의 데이터를 인치 단위가 아닌 센티미터로 입력하고, 파운드가 아닌 그램으로 입력했다면 갑자기 세계에서 가장 거대한 환자가 탄생하게 된다. 키와 몸무게는 가장 기본적인 데이터로, 그 중요성은 절대적이다. 신체의 크기에 따라 약물의 용량을 결정하기 때문에 그런 오류를 발견하지 못하면 환자는 큰 위험에 처하게 된다.

오류는 비단 숫자에서만 발생하는 것이 아니다. 우리는 의료용 영상처럼 복잡한 데이터 구조를 저장한다. 한 장의 MRI 영상이 얼마나 복잡한지 떠올려보자. 한 번의 스캔 속에는 수십 개의 '절편(신체의 단면)'이 포함되는데, 각 절편은 알고 보면 수많은 영상들을 조합한 것이다. DSLR 카메라로 ISO(영상 감도)가 높은 사진을 찍어본 사람이라면 노이즈 문제에 익숙할 것이다. 어지간해서는 선명하고 산뜻한 사진을 얻기 어렵다. MRI를 촬영할 때는 이런 노이즈를 줄이기 위해 노출을 길게 하여 사진을 찍을 때처럼 많은 영상을 촬영한 후 하나로 합쳐 각각의 절편을 구성한다.

현재 DSLR 카메라는 빠른 속도로 스마트폰 카메라로 대체되고 있다. 영상 품질이 날로 향상되고, 노이즈를 줄이는 기술 또한 끊임없이 좋아지기 때문이다. 스마트폰 역시 카메라 수를 늘리고 컴퓨터로 영상을 계산하는 기법을 통해 여러 개의 영상을 하나로 합치는 방법을 쓴다. 많은 점에서 MRI와 비슷하다. 어쨌든 한 장의 영상을 얻기 위해 엄청나게 복잡한 과정을 거친다. 이렇게 얻은 영상을 조합하여 3차원 영상을 얻거나, 종양의 크기를 측정할 수도 있다. MRI 데이터는 이 모든 영상 처리 과정을 거친 후에야 비로소 진단에 쓰일 수 있다.

심지어 그런 과정을 거쳐도 그 자체로는 완벽한 진단을 내리는 데 충분치 않다. MRI는 한 시점에 시행한 한 번의 검사일 뿐이며, 결과를 다른 모든 데이터와 함께 고려해야 환자를 제대로 진단할 수 있다. 우리는 모든 데이터, 검사 수치, 영상, 속도 벡터, DNA 염기서열, 단백질체학 정보를 종합 분석하는 시스템이 필요하다. 그 과정은 스마트폰으로 일정을 체크하는 것과 비슷하다. 앞서 얘기했던 모든 환자 방정식 입력값을 한데 모아 분석하고 온갖 정보를 이용해 우리가 건강이라는 상태도에서 어디에 위치하고 있는지 알 수 있어야 한다. 점점 복잡한 치료를 고려할수록, 점점 복잡한 형태의 데이터를 다룰수록 모든 미가공 정보를 비트 단위까지 끌어 모아 유용한 정보로 전환해야 한다. 데이터는 스스로를 분석할 수 없다. 정보는 애매한 구석 없이 정제하고, 표준화하고, 연결하고, 올바른 알고리듬을 적용해야 한다. 데이터 관리 작업을 성공적으로 수행할수록 완전하고, 선명하며, 목적에 맞는 데이터를 얻을 수 있다.

가치를 향해

현재 또는 미래에 건강을 모델화하고 의료를 이끌어갈 시스템이 아무리 정교하다고 해도 결국 그 중심에는 통계학과 컴퓨터 과학이 자리잡을 것이다. 이 두 분야는 '쓰레기를 넣으면 쓰레기가 나온다.'는 원칙이 분명히 적용된다.

구체적인 문제에 데이터를 적용하는 쪽으로 발전해 가는 과정을 단계별로 나누어 생각해볼 수 있다. 메디데이터의 최고 데이터 관리자인 데이비드 리는 나에게 데이터를 표준화하고, 단계별로 접근하는 전략의 중요성을 처음 가르쳐준 사람이다. 데이터를 분석하여 진정한 가치를 창출하려면 반드시 거쳐야 할 일련의 중요한 단계들이 있다. 첫 단계는 두말할 것도 없이 데이터 수집이다. 이때 수집된 정보를 실질적으로 잘 사용하려면 데이터를 체계적으로 관리하는 것이 필수다. 이 점을 소홀히 해서는 안 된다. 그림 10.1에 데이비드의 설명을 그래프로 나타냈다.

수집된 데이터는 반드시 정제되어야 한다. 단위에 일관성이 있는지, 사용하는 데이터 수집 및 통합 시스템이 신뢰할 만한 데이터 세트를 만들어내는지 필수적으로 확인해야 한다. 이때 인간이 처리하는 과정, 시스템 간의 연결 문제, 사람이 프로그래밍하는 과정에서 실수나 오류가 생길 수 있음을 염두에 두어야 한다. 화성 기후 궤도선의 교훈을 잊지 말자!

메디데이터는 1990년대에 이렇게 의학적 및 과학적으로 연구

그림 10.1 데이터에서 가치를 창출하기

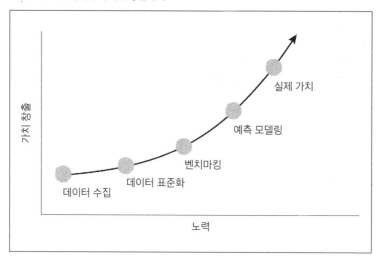

데이터를 통합하고 정제하는 데 따르는 문제들을 해결하려고 노력하는 과정에서 우연히 탄생했다. 나는 컬럼비아에서 일하면서 데이터의 수집과 통합이 얼마나 어려운지 익히 보았다. 최선을 다했지만 분명 나 역시 시스템 속에서 실수를 저지르기 쉬운 사람 중 하나였다. 지금도 그 일이 떠오른다. 특정한 병원 시스템에서 수많은 검사 데이터와 병리 데이터를 얻기로 했는데, 당시 일했던 연구동에는 데이터를 볼 수 있는 단말기가 없었다. 소위 '데이터 수집'을 위해 엘리베이터를 타고 내려가 거리를 가로지른 후 다시 엘리베이터를 타고 올라가는 과정을 반복해야 했다. 물론 검사치는 노트 한 권에 일일이 수기로 기록해야 했다.

사반세기 전에 일어났던 일화를 과장하는 것처럼 들리겠지만 지금 이 순간에도 시스템 일부가 끊어져 있거나, 모든 부문에서 통용되는 공통의 언어로 작성되지 않은 데이터 세트의 문제는 빈번히 발생한다. 아직도 제리 리를 비롯한 수많은 사람들이 이 문제를 해결하기 위해 노력 중에 있다.

물론 당시에는 이런 문제가 훨씬 심각했었다. 1994년 비뇨의학과 레지던트인 에드 이케구치(Ed Ikeguchi)와 실험실 벤치를 함께 사용했다. 우리는 금방 친구가 되어 컴퓨터 과학, 발명의 그리고 당시 막 등장한 인터넷 등 공통 관심사로 이야기꽃을 피웠다. 실험실에서 일해본 사람이라면, 단순히 화학이나 생물학 과정 중 실험실 수업만 들어본 사람이라도 벤치를 함께 쓰는 동료와 얼마나 많은 시간을 함께 보내게 되는지 이해할 것이다.

우리는 각자 다른 연구를 하면서도 정말 많은 이야기들을 주고받았다. 연구 시스템에 대한 불만, 데이터를 옮겨 적고 전송하는 데 허비되는 막대한 시간에 대한 한탄이 수시로 터져 나왔다. 당시는 전 세계에서 모든 임상시험에 종이를 사용했다. 길 건너 건물로 가 데이터를 베낀 후 노트를 들고 실험실로 돌아왔던 것처럼 말이다. 그 규모는 어마어마했다. 환자 차트를 보고 데이터를 종이에 옮겨 적은 후, 그 서식을 직접 운반하거나 우편으로 보냈다. 1990년대에 가장 '현대적인' 임상시험이라고 해봐야 팩스를 사용하는 것이 고작이었다. 이런 식으로 수집된 데이터는 일일이 사람 손으로 타이핑해 데이터베이스로 만들었다. 그것도 타이핑 과정의 실수를 피하기 위해 한 번이 아니라 두 번씩 타이핑했다.

이것이 우리 눈에 비친 당시의 학문 연구 세계였다. 산업계라고 크게 다르지 않았다. 어느 날 인터넷으로 이 모든 일을 처리할 수 있게 되었고, 데이터 정제와 통합 과정을 자동화할 수 있지 않을까 하는 대화가 이어지던 중 우리는 눈을 반짝이기 시작했다. 메디데이터가 탄생하는 순간이었다. 그때 내가 던진 질문은 단순했다. "책도 온라인으로 살 수 있는데, 임상시험이라고 온라인으로 하지 못할 이유가 있을까?"

몇 년 뒤 우리는 태릭 쉐리프(Tarek Sherif)를 만나 메디데이터 솔루션스 주식회사(Medidata Solutions, Inc.)를 출범했다. 그 몇 년 사이에 기초적인 소프트웨어 몇 가지를 직접 개발했다. 메디데이터의 전신이 된 회사를 설립하고, 방 한 개짜리 내 아파트에서 침대를 거실로 뺀 후 '사무실'까지 오픈했던 것이다.

그때까지도 실험실 벤치에서 평생을 보낸다는 것이(그게 원래 계획이었다.) 정말 내게 맞는 일인지 확신할 수 없었지만, 항상 온라인 연구를 생각한 덕에 우리 부서에서 시작된 전자식 의무기록 프로젝트에 참여하는 놀라운 행운을 잡았다. 정확히 컴퓨터에 대한 관심과 연구에 대한 관심이 교차하는 지점에 있었던 것이다. 데이터 표준화와 벤치마킹, 좀더 솔직히 표현하자면 데이터가 표준화되지 않고 벤치마킹이 불가능한 상태에서는 어떤 가치도 창출되지 않는다는 귀중한 교훈을 몸소 배운 것이 바로 그때다.

위대한 멘토이자 우리 부서장인 칼 올슨(Carl Olsson)은 존경스러울 정도로 진취적인 의사와 과학자들이 포진한 그의 팀의 강력한 지지 속에 전자식 의무기록 시스템을 설치하고자 했다. 연구 프로젝트를 훨씬 빠르고 효과적으로 수행할 수 있을 터였다.

부서에서 일하는 모든 의사들 사이에 연구 데이터를 연결시켜 공유하는 이 담대한 계획이었다. 유감스럽게도 계획은 실패했다. 종종 그렇듯 기술이 받쳐주지 않았다. 나는 비교적 경력이 짧았지만 문제를 해결하는 데 몫을 다하려고 했다. 가장 큰 문제는 부서의 구성원들이 다양한 만큼 각자 원하는 데이터 기록 방법 또한 다르다는 것이었다. 종이 차트와 구술한 내용을 받아 적은 기록에는 체계라고 할 만한 것이 없었다. 그러나 이것들을 대체하기란 믿기 어려울 정도로 어려웠다. 예컨대 체계화되지 않은 데이터(환자 차트는 책에 없는 데이터를 완벽하게 보여주는 예로 유명하다.)의 체계를 찾기 위해 개발된 자연언어처리(Natural Language Processing, NLP) 같은 오늘날의 기술로도 당시 겪었던 문제를 모두 해결할 수 있는 것은 아니다.

의사들(같은 건물, 심지어 같은 진료실에서 같은 질병을 보는 사람들도 많았다.)은 환자의 질병 진행 상황을 측정하는 데 저마다의 다른 모델을 갖고 있다. 공통 데이터 모델을 구축하는 일은 이론상으로만 가능할 뿐 실제로는 꿈도 꿀 수 없었다. 의사들이 공통 모델을 사용하기 위해 스스로의 사고 과정 자체를 바꾸려고 하지 않았기 때문이다. 문제를 더욱 복잡하게 만든 것은 대부분의 전자식 건강 기록 소프트웨어 시스템이 연구 목적으로 설계된 것이 아니라 진료 관리 및 진료비 청구를 위해 개발되었다는 점이었다.(현재도 마찬가지다.) 돌이켜 보건대, 우리가 연구의 핵심 가치를 창출하지 못한 것은 당연했다. 공통된 데이터 모델과 프로세스 없이 각자의 방식 대로 데이터를 기록해두었으니 환자 데이터들 간의 비교가 불가능한 것이 당연했다. 데이터 표준화에 실패한 것이다. 따라서 환자를 비교하고, 서로의 진료 유형을 비교하는 단계로 나아갈 수 없었다. 벤치마크를 사용할 수 없었던 것이다. 결국 연구를 정량화할 수 없었다.

다시 그림 10.1의 가치 창출 단계를 생각해보면 일단 표준화 및 벤치마크를 거친 고품질의 데이터를 확보해야 더 높은 수준의 가치를 창출할 수 있음을 새삼 주목하게 된다. 그 후에야 그 성과를 바탕으로(컬럼비아에서 달성하고자 했던 "핵심가치") 그저 전통적인 통계 분석을 대규모로 수행하는 데 그치지 않고, 머신러닝과 예측 모델링을 활용하여 실질적인 이익을 거둘 수 있다. 이제 우리는 전자식 의무기록과 관련된 내 경험을 되짚어 봄으로써 어떤 환자가 어떤 치료에 의해 최선의 결과를 얻을 것인지 예측할 수 있다. 더욱이 알고리듬을 이용하여 예측을 수행할 수 있다. 그 알고리듬은 생물학적, 생리학적 조건과 행동 패턴이 비슷하면서 그들보다 먼저 치료받은 환자들의 데이터를 전 세계적으로 취합한 후 예측하고자 하는 환자들과 비교할 수 있다는 사실을 바탕으로 구축된 것이다.

데이터 과학에서 이런 발전이 얼마나 근본적인지 이해한다면(물리학에서의 중력과 비슷하다고 할 수 있다.), 데이터 과학을 대규모로 적용하는 데 놀랄 만큼 중요한 측면이 눈에 들어온다. 각 단계를 진행하는 동안 노력과 가치의 관계가 직선적으로 비례하지 않는다는 점이다. 데이터를 정제하고 표준화하는 작업은 힘들다. 데이비드 패겐바움 박사가 몇 년에 걸쳐 수집한 데이터를 메디데이터에서 그의 팀과 협력하여 정제하고 표준화하는 데 수개월이 걸린다. 한편, 캐슬맨병 환자들의 하위 유형을 분류하는 알고리 듬을 실행하는 데는 몇 분이면 충분하다. 인공지능 알고리듬은 엄청난 가치를 창출한다. 그것이야말로 우리의 미래에 엄청난 힘 을 부여하며, 과학자의 입장에서 말한다면 모든 과정 중 진정으 로 매혹적인 부분이다. 하지만 아무리 훌륭한 알고리듬도 올바른 기초 위에서 돌아가도록 하려면 엄청난 노력이 필요하다. 아직도 화성 탐사선의 실패가 생생하다. 왓슨이 암 치료안을 권고하는 데 실패한 과정의 교훈도 고스란히 떠올릴 수 있다.

데이터가 정확하고, 신뢰할 수 있으며, 강건하다면 비로소 그 데이터를 보다 창의적으로 사용하는 방법, 특히 임상시험에 응 용하는 방법에 생각을 집중할 수 있다. 고객이 무엇을 성취하고 싶어하는지 더 잘 이해할수록, 수 세대에 걸쳐 표준으로 여겨왔 던 임상시험의 바탕 위에서 더욱 많은 것을 해낼 수 있음을 깨닫 는다. 하나의 임상시험에서 얻은 데이터를 다른 임상시험에 사용 하거나(합성 제어[synthetic control]), 그때그때 결과에 따라 임상시험 을 변형하면(적응형 임상시험[adaptive trial]) 새로운 지식을 얻기가 매 우 쉬워질 뿐 아니라 비용도 저렴해진다.

임상 시험에 대한 새로운 지식을 행동 및 인지적 표현형뿐만 아니라 지금까지 논의한 모든 데이터 층과 통합하면, 생명과학 산업 전반에 도움을 줄 특이적인 약물과 치료를 개발하는 데 충 분한 정보를 제공할 수 있다. 사반세기 전에는 상상도 못했던 것 으로, 궁극적으로 환자들에게 실질적인 도움을 가져다줄 것이다.

Notes

1 Ian Steadman, "IBM's Watson Is Better at Diagnosing Cancer than Human Doctors," Wired UK, February 11, 2013, https://www.wired.co.uk/article/ibm-watson-medical-doctor.

2 Casey Ross and Ike Swetlitz, "IBM's Watson Supercomputer Recommended 'Unsafe and Incorrect' Cancer Treatments, Internal Documents Show," STAT, 2018, https://www.statnews.com/wpcontent/uploads/2018/09/IBMs-Watson-recommended-unsafe-andincorrect-cancer-treatments-STAT.pdf .

3 Julie Spitzer, "IBM's Watson Recommended 'Unsafe and Incorrect' Cancer Treatments, STAT Report Finds," Becker's Hospital Review, July 25, 2018, https://www.beckershospitalreview.com/artificialintelligence/ibm-s-watson-recommended-unsafe-and-incorrectcancer-treatments-stat-report-finds.html.

4 Heather Landi, "IBM Watson Health Touts Recent Studies Showing AI Improves How Physicians Treat Cancer," FierceHealthcare, June 4, 2019, https://www.fiercehealthcare.com/tech/ibm-watson-healthsays-ai-making-progress-clinical-decision-support-for-cancer-care.

5 Eliza Strickland, "How IBM Watson Overpromised and Underdelivered on AI Health Care," IEEE Spectrum: Technology, Engineering, and Science News, April 2, 2019, https://spectrum.ieee.org/biomedical/diagnostics/how-ibm-watson-overpromised-andunderdelivered-on-ai-health-care.

6 Robert Lee Hotz, "Mars Probe Lost Due to Simple Math Error," Los Angeles Times, October 1999, https://www.latimes.com/archives/laxpm-1999-oct-01-mn-17288-story.html.

7 Lisa Grossman, "Nov. 10, 1999: Metric Math Mistake Muffed Mars Meteorology Mission," Wired, November 10, 2010), https://www.wired.com/2010/11/1110mars-climate-observer-report/.

8 Robert Lee Hotz, "Mars Probe Lost Due to Simple Math Error."

임상시험의
변화

임상시험 수행방식은 수십 년간 큰 변화가 없었다. 물론 종이 대신 온라인으로 일을 처리하고, 대부분의 시험기관에서 새로운 유형의 측정 방식에 개방적인 태도를 취하기 시작해 진료실 대신 집에서 웨어러블 기기와 다른 신세대 기기들을 사용하게 된 것은 사실이다. 새로운 접근 방법과 아이디어로 데이터를 강화할 수 있다는 생각도 점점 커지고 있다.

그래도 아직은 초기에 불과하다. 임상시험은 여전히 데이터 혁명의 주변부에 머물러 있다. 임상시험에 엄청난 비용이 들기 때문이기도 하고(잘 모르는 것에 많은 비용을 낭비할 위험을 피하고 싶은 것), 업계 자체가 임상시험의 설계와 데이터 수집과 접근성을 크게 변화시킬 이유나 동기가 없기 때문이기도 하다. 그러나 변화가 필요하다는 것에는 이의가 없을 것이다.

새로운 환자 방정식이 제공하는 잠재력을 완벽하게 누리려면 임상시험이 진화해야 한다. 방향은 세 가지다. 우선 환자가 임상시험을 발견하고 참여하는 방식을 바꿔야 하며(이를 '접근성'이라 한다), 새로운 방식으로 새로운 데이터를 수집하는 데 익숙해져야 하고(규모 면에서 DNA로부터 행동과 환경에 이르는 모든 것을 포괄한다), 새로운 수학적 디자인으로 옮겨가야 한다. 임상시험의 구조와 기법에 혁신을 일으켜 환자들에게 가장 큰 이익이 되는 방정식의 입력값과 출력값을 더 효과적으로 발견해야 하는 것이다.

임상시험 접근성 확장

《뉴욕타임스》에 따르면 미국에서 성인 암 환자 중 임상시험에 참여하는 사람은 5%도 채 되지 않는다. 그러나 임상시험 참여율이 높아진다면 생명을 구할 가능성 역시 증가하게 된다. 참여한 환자의 생명은 물론 연구 기회가 다양해질수록 향후 세대의 생명에도 이익이 될 가능성이 높다.[1] 일부 연구는 참여 자격 요건이 까다롭기도 하고, 환자들이 도움이 될 가능성이 있는 임상시험을 항상 반기는 것도 아니며(심지어 이런 경향이 자주 관찰된다), 임상시험에 참여하면 때로는 참여하지 않았을 때와 똑같은 표준 치료를 받으면서 한푼도 내지 않을 수 있음을 잘 모르기 때문이기도 하다.

《뉴욕타임스》는 임상시험 안내자가 환자들이 가장 필요로 하는 임상시험을 쉽게 찾을 수 있도록 도와야 한다고 주장한다. 그러나 의사들 또한 임상시험에 대한 정보와 인식이 환자들과 별반 다르지 않다. 결국 전반적인 보건의료 시스템 교육이 필요한 셈이다. 물론 임상시험이라고 해서 모든 사람들에게 도움되는 것은 아니다. 또 다른 《뉴욕타임스》 기사에 따르면 정밀의료 시험의 실패율은 90%가 넘는다고 한다. 이런 시험에 참여한 환자들이 대개 표준치료에 저항성이 높은 질병을 앓는 것도 사실이다. 하지만 이 숫자를 개선하는 유일한 방법 또한 임상시험이다.[2]

오래도록 임상시험 접근성을 향상시키기 위해 싸워온 권리옹호 활동가 T. J. 샤프(T. J. Sharpe)는 2012년에 제4기 흑색종을 진단받았다. 샤프는 암에 초점을 맞춘 소비자 잡지 《큐어(CURE)》에 이렇게 말했다. "처음 수술로 떼어냈을 때는 제1b기 흑색종이었습니다. 25살 때였죠. 그리고 12년 뒤에 4기로 진단받은 겁니다. 아들 녀석이 생후 4주였습니다."[3]

진단명을 들은 종양 전문의는 2년만 더 살아도 놀라운 일이라고 했다. 샤프는 면역요법 임상시험에 참여했다. 첫 번째는 실패했지만 한 번 더 시도했다. 그리고 몇 년간 키트루다라는 약물로 치료받은 끝에 2017년 8월부터 계속해서 무질병 상태를 유지하고 있다.[4] 샤프는 아직도 환자들이 임상시험에 의뢰받기조차 너무나 힘들다는 점을 강조했다.[5] 그는 진단을 받은 후 현재까지 그는 환자 권리옹호 활동가이자 임상시험 산업계의 자문역으로 일하며 의사와 환자 모두에게 지금보다 더 많은 정보와 다양한 도구들이 필요함을 역설하고 있다.

미 국립보건원(National Institutes of Health, NIH)에서 운영하는 ClinicalTrials.gov는 누구나 접속할 수 있는 정보 제공 사이트로 "전 세계에서 민간 및 공공 자금으로 수행되는 임상시험 데이터베이스"를 자처한다.[6] 나는 불행한 진단을 거의 정기적으로 받는 사람(또는 그런 사람을 아는 사람)에게서 이메일과 전화를 받는다. 그들에게 나는 임상시험 산업계와 그들을 연결시켜주는 통로이다. 임상시험을 통해 첨단 치료에 접근할 수 있다는 말을 듣고 어떤 시험에 참여할 수 있을지, 어떤 시험이 가장 도움이 될지 조언을 듣고 싶어 한다. 나는 이런 질문에 답해줄 때마다 ClinicalTrials.gov를 참고하지만 이 사이트가 완벽한 것은 아니다.

샤프는 이렇게 설명한다. "ClinicalTrials.gov는 사용자 친화적인 도구가 아닙니다. 애초에 그렇게 의도되지도 않았지요. 임상시험 결과를 저장해놓기 위해 설계된 사이트입니다. 어쩌다 보니 임상시험을 검색하는 데 사용되고 있을 뿐이죠. 그게 유일한 방법이니까요… 환자 입장에서 적합한 임상시험을 찾고, 자신의 상태를 데이터베이스에 올라 있는 참여 기준과 맞춰보고, 시험이 자기에게 효과가 있을지 평가할 수 있는 분명한 방법은 없는 경우가 많습니다."

샤프는 현재 시스템에 세 가지 중요한 문제가 있다고 본다. 임상시험에 관한 일반적인 지식에 대한 접근성, 적절한 임상시험을 적절한 시점에 적절한 사람과 연결시켜 줄 수 있는 데이터베이스 접근성, 이해하기 쉬운 결과에 대한 접근성이 바로 그것이다. "사과와 오렌지를 비교할 수 있을까요? 서로 다른 세 개 회사에서 자기들의 임상시험 결과가 모두 유효성을 입증했다고 발표했는데, 서로 종료점도 다르고 환자 집단도 다르고 이외에도 차이점이 많다면 어떻게 세 가지 시험 결과를 비교할 수 있을까요?"

샤프는 적절한 환자에게 적절한 시점에 적절한 치료를 한다는 상태도 개념을 상기하면서, 사람들이 참여할 수 있는 임상시험을 쉽게 알아볼 수 있는 길이 없다는 문제를 강조한다. 모든 임상시험을 한눈에 보면서 자신의 치료에 도움이 될 시험을 효과적으로 선택할 방법은 전혀 없다. 그러나 특정한 실험적 치료가 특정한 환자에게 효과가 있을지는 아무도 모르는 일이다. 모르니까 연구를 하는 것이다. 이때 참여가 가능할지도 모르는 시험들을 한눈에 볼 수 있다면, 그 자체만으로도 잠재적인 임상시험 지원자들의 질병 완치 혹은 진행 지연을 가능하게 하는 무언가를 발견하는 데 큰 도움이 될 것이다.

임상시험을 비교하는 데 필요한 정보가 부족하다는 것은 비단 환자들만의 문제가 아니다. 의사들도 똑같은 어려움을 겪는다. 실험 결과를 어떻게 해석해야 하는지 안내해주는 사람도 없고, 하위 시험군이 어떻게 구성되어 있는지 알 수도 없다. 그렇기 때문에 특정한 임상시험이 환자와 유전적 요소나 전반적 건강, 동반질환 등이 비슷한 집단에서 얼마나 효과가 있었는지 알 길이 없다. 한마디로 데이터에서 충분히 의미 있는 통찰을 얻을 수도 없고, 그런 통찰을 얻었다고 한들 의사나 환자들에게 전달되지도 않는다.

샤프는 현 시점에 환자 방정식이 매우 큰 도움이 될 것으로 전망했다. 현재는 데이터가 수많은 저장소에 분산되어 있으나, 산업계는 그가 원하는 만큼 변화할 동기를 느끼지 못한다. 환자 중심적이라는 말이 유행처럼 사용되지만 임상시험설계가 실제로 환자들이 약물을 서로 비교하거나, 어떤 임상시험이 자신에게 최선일지 알아볼 수 있는 방식으로 전환되지는 않는다. 그의 희망은 생명과학 회사들이 이런 점을 이해하고, 효과적이며 실행 가능한 정보를 환자와 의사들에게 전달하는 것이 더 나은 사업 기회를 제공하며, 환자들 스스로 자신의 권리를 주장하는 모습을 보는 것이다.

이런 생각은 실제적인 관점에서 어떤 모습으로 나타날 수 있을까? 샤프는 ClinicalTrials.gov 사이트보다 훨씬 사용자 친화적이고 신뢰할 수 있는 임상시험 정보 사이트를 꿈꾼다. 생명과학 회사들과 다른 보건의료 제공자들이 힘을 합친다면 환자와 의사와 연구자에게 모든 것을 종합적으로 제공하는 포털과 같은 것을 만들 수 있을 것이다. 누군가 새로운 진단을 받았다면 환자 자신이나 주치의가 그 사이트에 접속하여 필요한 지식을 얻고, 최신 치료들을 알아보고, 어떤 임상시험에 참여할 수 있는지 찾아보고, 자신과 비슷한 환자들에게 다양한 치료 방법의 결과가 어떤지 한눈에 볼 수 있는 사이트가 필요한 것이다.

제약회사와 임상진료 사이의 연결 부족

앨리시아 스테일리(Alicia Staley)는 메디데이터의 환자 참여 부문 수석 관리자이자 세 번의 암을 극복하고 30년째 살고 있는 암 생존자다. 그녀는 젊은 성인기에 호지킨 림프종 진단을 받았으며, 2004년과 2008년에 두 번 유방암 진단을 받았다. 그녀는 업계에 대한 T. J. 샤프의 의견에 동의하며 제약회사들이 임상진료에 연결점이 없다는 것이 가장 중요한 원인이라고 지적한다.[7] "너무 오랫동안 제약회사는 제약회사대로, 임상진료는 임상진료대로 각자 할 일을 했을 뿐 상호 교류가 없었습니다." 그녀는 이런 상황이 환자들에게 매우 혼란스러우며, 연구자들이 환자에게 임상시험을 설명하고 권유하는 능력을 퇴보시켜 결국 환자들의 임상시험 시스템 접근을 가로막는다고 주장했다. 모두 교류의 문제다. 환자와 권리옹호 활동가들 그리고 보건의료 산업 전체 사이에 장기적으로 다져진 관계가 없는 것이다.

사실 의사도 임상시험이 어떻게 진행되는지 잘 모르는 경우가 허다하다. 의사들의 직업적인 삶과 일상적으로 하는 일은 임상시험과 크게 관련이 없다. 진정한 산업 차원의 협력을 원한다면 이런 상황이 바뀌어야 한다. 그런 협력이 없다는 사실은 교육에서 치료에 이르기까지 모든 영역에 영향을 미친다. 스테일리는 생명과학 산업계가 환자 교육 및 권리옹호 단체와의 장기적 관계 형성이 큰 도움이 된다는 사실을 깨달아야 한다고 지적했다. 반드시 그들에게 블록버스터 약물을 팔기 위해서가 아니라 임상시험 참여와 데이터 수집을 위해서 그리고 우리 모두 훨씬 풍요로운 질병 모델을 향해 나아가기 위해서도 그런 노력이 필수적이라는 것이다. 샤프와 마찬가지로 스테일리도 데이터가 너무 분산되어 있으며, 상호협력이 절실히 필요하다고 강조한다. "데이터가 차단되거나 쌓여 있기만 해서는 아무런 가치가 없습니다. 분석되고, 공유되고, 생산적으로 활용되지 않는 데이터는 아무 의미도 없지요. 실행을 끌어내지 못하는 데이터가 무슨 가치가 있을까요?"

스테일리는 임상시험이라는 세계에서 환자에게 아무 도움이 되지 않는 온갖 일이 버젓이 일어나는 모습을 보아왔다. 특히 다른 보건 시스템에 속해 있다는 이유로 환자들에게 임상시험 기회를 공유하지 않는 의사들을 지목했다. 임상시험은 '연구자'로 선택된 의사들을 중심으로 진행된다. 임상시험이 환자에게 도움이 될지 모른다고 생각하지만 자신이 연구자가 아니라면, 시험에 참여한 연구자에게 환자를 의뢰해주면 된다. 하지만 그렇게 되면 환자의 치료가 다른 의료 기관, 어쩌면 다른 보건의료 시스템에 소속된 의사에게로 넘어간다. 환자에게는 도움이 될 수 있지만 의사와 병원은 의료비를 지불하는 고객을 잃게 되는 셈이다. 이런 상황은 자신이 속한 시스템 밖으로 환자를 의뢰할 동기를 꺾어버린다. 스테일리는 한탄했다. "얼핏 생각할 때는 잠재적 현금 흐름을 잃는 것 같지만, 사실은 한 생명을 잃게 될 수도 있습니다."

환자를 교육시키는 데 기술적인 해결책(완벽한 임상시험 데이터베이스)이 가장 유망하다고 믿는 샤프와 달리, 스테일리는 기술에 과도하게 의존하면 적어도 지금 당장은 스마트 기기들을 손쉽게 다루지 못하는 수많은 환자를 배제하게 될 가능성을 염려했다. "업계는 마땅히 환자들이 있는 곳으로 가서 그들을 만나야 합니다." 동시에 그녀는 누군가 신호에 귀를 기울이기만 한다면 훨씬 풍부한 환자 데이터 세트를 수집하는 데 기술이 엄청난 역할을 할 수 있다고 생각한다. 환자에게 기기들을 장착하여 "그냥 살아가기만 해도 귀중한 데이터를 수집할 수 있다면, 모든 것이 더 편해지겠죠. 끊임없이 의사를 방문하고 시간을 낭비하지 않아도 되니까요."

스테일리는 업계 전체의 인식이 크게 바뀌어야 한다고 강조한다. 일이 벌어진 후에야 반응하는 시스템에서 환자 방정식에 의해 미리 예측하고 움직이는 시스템으로 나아갈 수 있다는 것이다. 일어난 일을 해결하는 것이 아니라 진단받기도 전에 환자를 교육시키는 시스템을 구축할 수 있을까? 사람들에게 특정한 기기를 장착하여 질병 초기에 여러 가지 징후를 알아차리거나, 너무 늦기 전에 현재 치료가 듣지 않는다는 사실을 알 수 있을까?

"제약산업은 굳이 많은 것을 바꾸지 않아도 큰 돈을 벌 수 있는 성숙 단계의 사업입니다." 스테일리는 우려했다. "하지만 환자들, 권리옹호 활동가들, 보건의료 산업계 그리고 다른 제약회사들과 협력함으로써 사람들의 삶을 훨씬 크게 바꿀 수 있음을 깨달아야 합니다."

환자 중심적 임상시험

샤프와 스테일리가 토로한 절망, 즉 임상시험을 찾기가 어렵고, 찾았다 하더라도 접근하기가 어렵다는 문제는 사실 한 가지 원인으로부터 시작되었다. 임상시험은 연구자 중심으로 설계되지 환자 중심으로 설계되지 않는다. 임상시험을 설계하고, 의뢰하고, 수행을 돕는 사람들을 비난하려는 것이 아니다. 이것은 매우 중요한 과학적 및 규제적 요건에 따른 현실적인 한계다. 임상시험이란 정의상 과학적 실험이다. 여러 가지 요소를 통제해야한다. 일부 환자는 신약을 투여받고, 다른 환자는 표준치료나 위약을 투여받아야 한다는 일반적 통제뿐 아니라, 일관성이란 면에 있어서도 통제가 필요하다.

임상시험에서 치료의 어떤 측면이 환자들에게 일관성 있게 수행되지 않으면, 특정 치료의 도움 유무를 판별할 때 교락효과가 생길 수 있다. 어떤 과학적 연구든 수많은 변수를 최대한 일관성 있게 유지하면 더 쉬워지고, 더 신뢰할 수 있다. 최악의 경우는 최종 분석에 포함되지 않는 변수에 일관성이 없는 것이다. 이렇게 되면 부정확한 결과가 나올 가능성이 높아진다. 임상시험을 시험 계획서대로 일관성 있게 수행할(시험치료의 안전성, 유효성, 환자가 얻는 가치를 어떻게 평가할 것인가에 대해 사전 정의된 치료와 검사를 신뢰성 있게 수행하고 기록한다는 뜻) 소수 연구자의 손에만 맡기는 것은 의미 있는 결과를 얻어내야 한다는 윤리적 의무를 충족하는 길이다.

FDA 같은 규제기관에서 시험 계획서가 일관성 있게 지켜지도록 분별 있고 책임감 있게 정해 놓은 규제 요건들도 있다. 실험적 약물은 종종 예기치 못한 부작용을 일으킨다. 임상시험에서 생성된 데이터 세트는 피험자들의 결과를 요약할 뿐 아니라, 규제기관에서 승인 여부를 심사할 때 필요한 정보 역할을 한다.

신약을 현재 표준치료와 비교하여 FDA 승인을 목표로 하는 전형적인 제Ⅲ상 임상시험을 생각해보자. 이런 시험에는 피험자 수백 명의 생명뿐 아니라 향후 약을 사용하거나 사용하지 않을 수천, 수만, 어쩌면 수백만 명의 생명이 달려 있다. 따라서 신뢰성 있는 결과를 얻기 위해 철저한 관리가 필요하다. 현재의 연구자 중심 패러다임은 그런 관리가 가능하도록 만들어진 것이다.

그렇다고 이것만 유일한 방법이라는 의미는 아니다. 수많은 치료적 혁신과 새로운 측정을 가능케 한 첨단기술과 연결성을 이용해 임상시험설계 방식을 바꿔볼 수도 있을 것이다. 어쩌면 현재의 방식을 완전히 뒤집어 진정 환자 중심적인 임상시험을 설계해볼 수 있을지도 모른다. 사실 지금 이 순간에도 그런 노력이 진행 중이다.

앤서니 코스텔로(Anthony Costello)는 메디데이터 모바일 헬스 부문 수석 부사장으로 ADAPTABLE(Aspirin Dosing: A Patient-Centric Trial Assessing Benefits and Long-Term Effectiveness[아스피린 투여 - 이익과 장기 효과를 평가하는 환자 중심적 임상시험]) 시험에 참여한 우리 팀을 이끌고 있다. 환자중심결과연구소(Patient-Centered Outcomes Research Institute, PCORI)가 의뢰한 이 연구는 환자들이 찾아오는 대신 연구자가 환자를 찾아가는 실생활 임상시험이다. 한 인터뷰에서 코스텔로는 이 연구의 혁신적인 환자 모집 방법을 설명했다. PCORnet 사이트(전국 환자 중심 임상연구 네트워크[The National Patient-Centered Clinical Research Network]의 약자로 미국 전역에서 6,800만 명 이상의 환자가 등록되어 있다.[8])에서 진료받는 환자들을 전자식 의무기록을 통해 파악한 후, 직접 연구 웹사이트에 로그인해 참여 등록을 할 수 있는 초대 코드("골든 티켓")를 보내는 것이다.[9]

이것은 환자 모집 방법을 완전히 뒤집은 최초의 임상시험이다. 먼저 연구자를 정하고 그들이 시험 참여자를 모집하는 것이 아니라, 시험 참여자가 스스로 시험에 등록하는 방식이다. 수많은 의사들을 망라하는 거대한 네트워크 덕분에 환자들은 자신이 시험 참여 기준을 충족하는지 사전에 알 수 있고, 시험에 등록하고 참여하는 데 필요한 모든 것을 즉시 제공받을 수 있다. 환자를 중심으로 가상의 시험기관이 만들어진 것이다.

ADAPTABLE을 비롯한 가상 공간의 임상시험들은 반드시 임상시험기관이 환자 모집과 치료의 중심이 될 필요는 없다는 사실을 입증한다. 미래에는 이런 종류의 임상시험이 계속 늘어나 대세가 될 것이다. 그리고 하루가 다르게 발전하는 기술 덕분에 모든 사람이 더 편해질 것이다.

환자의 부담은 분명 줄어든다. 진료실에 자주 오갈 필요도 없고, 임상시험을 위해 일상생활을 크게 희생할 일도 없다. 개인적 경험이지만, ADAPTABLE의 참여율(engagement rate)은 놀랄 만큼 높았다. 환자들은 임상시험의 요구 조건에 잘 따랐으며, 중간에 그만두는 사람도 훨씬 적었다. 임상시험에서 가장 큰 문제들이 해결된 것이다. 코스텔로는 그 이유를 부분적으로 가상 모델하에서 시험에 참여하기가 훨씬 쉬웠기 때문이라고 생각한다.

임상시험을 수행하는 회사도 도움이 된다.(PCORI와 ADAPTABLE의 경우에는 비영리기관에서 수행했다.) 환자 모집 비용이 줄고, 모집에 걸리는 시간 또한 짧아진다. ADAPTABLE에 참여한 환자는 1만 5천 명이었는데, 전통적인 임상시험이라면 결코 달성하기 쉬운 규모가 아니다. 임상시험 결과 역시 더 나아졌다. 지속적인 모니터링을 수행하기가 훨씬 쉽기 때문이다.

이것이 임상시험을 수행하는 데 '모 아니면 도' 식의 옵션은 아니다. 환자들은 데이터 수집 시점에 의사의 진료실 대신 미니 진료실을 갖춘 약국을 찾거나, 채혈을 할 경우에는 집 근처 검사실로 갈 수 있다. 시험약은 집으로 배송할 수 있다. 시험을 시작할 때 최초 환자 선별을 위해, 시험 중 가장 중요한 점검 시점에 그리고 치료를 종료할 때는 진료실을 찾아야 할 것이다. 하지만 일부라도 가상 환경으로 옮겨 참여자의 부담을 덜 수 있다면 분명 그렇게 할 가치가 있다.

향후 5년 이내에 거의 모든 임상시험이 이런 가상 시험설계를 이용할 것이라고 예상한다. ADAPTABLE처럼 완전히 가상 환경에서 수행되는 시험도 일부 있겠지만, 그보다는 대부분의 시험이 20% 또는 80% 가상 환경에서 진행되는 쌍봉 분포를 보일 가능성이 높다. 첫 번째 범주는 환자들이 위중하거나 치료가 복잡한 시험들이 될 것이다. 이때는 진료실에 자주 와야 할 필요가 있고, 심지어 환자 자신이 더 자주 오기를 바랄 수도 있다. 하지만 여전히 가상 환경을 이용함으로써 어떤 측면을 더 쉽게 만들어 궁극적으로 삶의 질을 개선할 여지는 있을 것이다.

80%에 해당하는 시험은 만성질환이나 약물을 투여하고 진행 상황을 평가하기 쉬운 경우다. 이런 시험에는 집이나 약국이나 임상간호사가 환자를 집으로 방문하여 수행할 수 있는 요소들이 있다. 환자를 선별하고 등록하고 교육시킬 때 그리고 일정한 치료를 마쳐 임상시험 참여를 종료할 때 한두 번 정도 진료실을 방문하면 충분하다.

이런 식의 가상 임상시험은 생명과학 산업이 어느 때보다도 새로운 돌파구를 필요로 할 때 우리에게 다가올 것이다. 점점 정밀한 약물이 개발됨에 따라 수학적으로 각각의 약물을 사용했을 때 얼마나 많은 사람에게 도움이 될지 계산할 수 있다. 혁신적인 정밀의약품이 도움이 될 환자를 발견하는 일은 보다 폭넓은 환자를 대상으로 하는 약물의 경우보다 훨씬 어렵다. 따라서 장차 임상시험에 맞는 참여 후보자(지침에 따를 능력과 의향이 있고, 시험 참여가 적절한)를 찾는 일은 훨씬 어려운 문제가 될 것이다.

▬ 새로운 유형의 데이터

임상시험을 둘러싼 논의에서 두 번째로 중요한 것은 생명과학 회사들이 웨어러블과 모바일 기기에서 유전 염기서열 분석 및 생물학적 표본 보존에 이르기까지 더 폭넓은 데이터를 수집하는 쪽으로 계속 움직여야 한다는 점이다. 임상시험에서 더 풍부하고 다양한 데이터를 얻는다는 것은 분석이 향상된다는 뜻이다. 변수가 많을수록 의미 있는 변수를 발견할 가능성도 높아진다.

태릭 쉐리프는 메디데이터 공동 창업자 겸 다쏘시스템 라이프사이언스 및 헬스케어 의장인데, 그는 2016년 《파마타임스(Pharma Times)》와의 인터뷰 중에 이 문제를 지적했다. "역사적으로 임상시험에서는 일지나 종이 등을 통해 다소 주관적인 데이터를 수집했죠… 아니면 환자를 진료실로 불러 검사를 시행했고요. 치료의 유효성을 측정한다고 믿었지만, 사실 그건 특정 시점의 스냅샷에 불과한 겁니다." [10]

실제로 특정 시점의 스냅샷은 보다 발전된 방법으로 환자에게 기기를 장착하여 수집하는 객관적 데이터와는 비교조차 불가능하다. 현재는 그 어느 때보다도 실생활의 경험을 분석하기 쉽다. 환자가 어떤 방식으로 움직이는지, 임상시험 중 하루에 몇 보나 걸었는지, 수면에는 어떤 변화가 있는지 등 수많은 데이터를 모을 수 있다. 2016년에도 여러 회사에서 전자식 임상시험을 시작했지만 웨어러블을 이용한 임상시험이라는 개념을 제대로 도입한 회사는 거의 없었다.

그 뒤로 사정은 계속 나아졌지만 아직 충분치 않다. 핏비트에서 애플워치에 이르기까지 점점 많은 웨어러블 기기가 생활에 스며들고 있지만 임상시험 전반에 걸쳐 센서를 이용하는 추세는 아니다. 유전적 데이터 역시 종양학을 비롯한 치료 영역에서 일상적으로 활용되지만 모든 시험에서 완전한 유전자 염기서열 분석 데이터를 수집하거나, 데이비드 패겐바움과 캐슬맨병 협력네트워크에서 사용한 것처럼 강력한 단백질체학 데이터를 이용하지는 않는다.

메디데이터에서 모바일 헬스 부문 상무이사를 지낸 캐러 데니스(Kara Dennis)는 임상시험에서 새로운 기술의 사용에 대해 영리한 생각을 많이 하는 사람이다. 그녀는 이 책을 구상했던 초기부터 자신이 이 분야의 발전에서 맡았던 역할을 말해주었다. "제약회사들이 오랫동안 수많은 환자에게 사용해왔던 입증된 측정 방법, 밸리데이션이 끝난 방법들을 버리려면 상당한 시간이 걸릴 겁니다. 하지만 우리가 그런 변화의 초기 단계, 즉 임상시험에서 웨어러블 데이터의 품질과 유용성을 검증하는 과정에 있다는 건 확실합니다." [11]

그녀는 디지털 데이터의 가장 큰 문제가 센서 자체의 품질과 피험자가 센서를 제대로 사용하는 것이라고 설명한다. "온도계처럼 단순한 기기조차 피험자가 제대로 사용하지 못할 수 있습니다. 의사가 잰 수치와 피험자 스스로 잰 수치가 다를 수 있지요." 또 다른 문제는 순응도다. "우리는 어떤 인프라스트럭처가 필요할까요? 환자가 기기 사용법을 기억할까요? 기기를 그대로 두어야 할 때 그대로 두고, 필요할 때 충전하고, 밤에는 착용한 채로 잘 수 있을까요? 샤워할 때는 어떨까요?"

웨어러블 기기가 점점 정확해지고, 사용자의 오류 가능성이 점점 줄어드는 방식으로 바뀌면서(예컨대 체내 이식형) 이런 문제는 조금씩 해결되는 추세다. 제약회사들이 보다 편안하게 사용할 수 있는 환경이 갖추어지는 것이다. 가트너(Gartner, 미국의 정보기술 분석 및 자문회사-역주) 사의 제약업계 애널리스트는 이렇게 말했다. "제약산업계의 로비스트들이 웨어러블 기기를 지원하는 시스템에 확신을 가질 때까지는 시장이 근본적으로 변하지 않을 겁니다. 웨어러블 기기를 임상적으로 검증하는 전문 기술이 향상되어야 한다는 뜻입니다." [12]

다행히 디지털 임상시험은 현실화되고 있다. 시간이 흐르면서 지식이 축적되고, 임상시험이 점점 정확하고 효율적이며 환자 친화적으로 변하면서 모든 사람이 더 편안하게 느끼기 때문이다. 우리는 기술을 이용해 임상시험의 시작과 수행을 어렵게 하고, 비용을 상승시키는 물리적, 지리적, 시간적 장벽을 극복할 수 있다. 환자와 의사와 연구자를 연결하는 화상 통화와 웨어러블 환경 덕분에 환자는 집에서도 임상시험에 참여할 수 있고, 연구자들 역시 완벽하고 정확한 정보와 영상과 데이터를 얻을 수 있다.

새로운 기술과 데이터 수집 도구를 받아들여 21세기에 걸맞은 임상시험을 수행하는 것은 첫 단계일 뿐이다.(물론 중요한 단계이긴 하다.) 시험설계 자체를 완전히 뜯어고치고, 전통적인 수학적 설계의 한계에서 벗어나고, 새로운 통계 기법과 치료제의 안전성, 유효성, 가치를 비교하는 새로운 방법을 도입하고, 실험실에서 시장에 이르는 과정을 가속화하여 환자들에게 도움을 주는 새로운 패러다임으로 옮겨가는 것은 그보다 훨씬 큰 진전이 될 것이다.

임상시험을 해방시키기

린드가 선원들과 괴혈병의 관계를 실험했던 이후로, 생명과학 산업은 증거를 얻기 위해 환자를 두 그룹으로 나누는 일에 익숙해져 있다. 한 환자는 한 가지 약으로, 다른 한 환자는 다른 약으로(그래서 두 명이다.) 치료한 후 비교하는 것이다. 한 선원은 라임 주스를 마시게 하고 다른 선원은 바닷물을 마시게 한다. 마찬가지로 한 환자는 전통적 항암화학요법으로 치료하고, 다른 환자는 면역요법으로 치료한다.

이런 관행은 바뀌어야 한다. 데이터가 주도하는 질병 모델에서는 무엇을 치료하고 무엇을 치료하지 말아야 하는지, 누구를 기존 약물로 치료하고 누구를 실험적으로 치료할지 가르는 기준을 정의하는 방정식을 찾는다. 이 과정에서 2대 1 패러다임을 깨고 온도압력표에 가까운 시각을 지니게 될 수 있다.

더 나은 기기를 이용해 더 풍부한 환자 데이터를 수집한다면 안전성, 유효성, 가치 측정치들을 완전히 새로운 시각으로 바라볼 수 있다. 정밀의료의 미래를 앞당기려면 그렇게 해야 한다. 임상시험에 참여한 모든 환자를 분모로, 치료 효과가 나타난 환자를 분자로 본다면 치료가 점점 더 정밀한 표적을 목표로 할수록 통계적으로 신뢰할 수 있는 결론에 이르는 데 충분한 환자를 찾기는 점점 어려워질 것이다. 정밀한 세상에서 연구하려면 연구에 참여한 각 환자의 데이터에서 더 많은 증거를 얻어내야 한다.

연구와 신약 개발에 사용하는 인프라스트럭처와 과정들이 현대화되어야 한다고 느끼는 제약회사 임원들은 이제 어디서나 '디지털 혁신'이라는 말을 쓴다. 물론 좋은 의도이고, 시각 자체도 옳다. 하지만 임상시험설계를 다시 생각하고, 2대 1 환자 비율을 깨는 것은 거기서 한걸음 더 나아가는 일이다. 예측과 의사결정을 향상시킬 수 있는 질병 그래프를 구축하는 것이 궁극적 목표임을 생각할 때 그 한걸음이 결정적으로 중요하다. 치료/치료하지 않음 사이를 가르는 경계를 최대한 명확하고 정밀하게 하려면 임상시험에 참여한 환자에게서 훨씬 많은 증거, 훨씬 많은 데이터를 얻어내야 한다.

과거보다 훨씬 깊은 수준으로 연구하기는 너무나 쉽다. 센서를 통해 해상도 높은 측정치를 얻고, 환자의 과거 병력을 훨씬 자세히 분석하고, 인공지능을 이용해 미처 파악하지 못했던 연관성을 발견할 수 있다. 간헐적으로 나타나는 질병에서도 그 순간을 놓치지 않을 수 있다. 하루 24시간, 실시간으로 데이터를 수집할 수 있기 때문이다. 예컨대 라임주스가 괴혈병에 적절한 치료인지 딱 잘라 이분법적인 결론을 내려야 할 필요도 없다. 더 깊게 파고들어 얼마나 많은 라임주스가 적절한지, 남성과 여성 또는 어린이와 성인의 적정량이 어떻게 다른지, 동반질환이 있다면 어떻게 달라지는지 탐구할 수 있다. 훨씬 많은 데이터를 통해 PSA 수치가 높은 사람을 치료해야 할지, 특정 환자에서 전통적인 항암화학요법보다 키트루다가 더 좋을지, 생존 중에 알츠하이머병의 임상증상이 나타날지 등을 확신을 갖고 말할 수 있어야 한다. 디지털 인프라스트럭처 덕에 이런 일이 가능한 환경이 만들어지고 있다.

▀ 토머스 베이즈를 주목하라

토머스 베이즈(Thomas Bayes)는 1700년대에 살았던 통계학자다. 그는 통계학적 방법론에 있어 사람들을 크게 둘로 갈라놓았다. 빈도학파와 베이즈학파다. 동전을 던질 때 앞면과 뒷면이 나올 확률을 계산한다면 빈도학파는 먼저 동전을 몇 번 던질지 결정하고, 결과를 기록한 뒤 마지막으로 계산을 통해 결론을 내린다. 반면 베이즈학파는 그때그때 상황에 맞춰 변경을 허용한다. 예측을 위해 모든 데이터를 얻을 때까지 기다릴 필요가 없다. 더 많은 증거들이 쌓이면 기대치와 가설을 바꿀 수 있다.

한 번 동전을 던질 때 드는 노력은 무시할 만하다. 앞면이 나올 확률을 알기 위해 동전을 100번 던져보는 것 또한 큰 힘이 들지 않는 합리적 선택이다. 하지만 실험 대상이 환자라면 문제가 다르다. 생명을 연장하거나 삶의 질을 조금이라도 향상시키고 싶은 사람이 눈앞에 있을 때는 모든 일이 중요해진다. 어떤 치료가 누구에게 도움이 될지에 관해 가장 기초적인 사실을 이해하기 위해 100명의 환자를 임상시험에 참여시킨다고 해보자. 효과가 있을지 없을지 모르는, 심지어 위험할 수도 있는 어떤 물질에 노출시키기에 100명은 결코 적은 숫자가 아니다.

하지만 토머스 베이즈의 통계학적 기법을 사용하면 사정이 훨씬 나아진다. 효과가 없는 치료에 최대한 적은 환자를 노출시키고, 반대로 효과가 있는 치료에는 최대한 많은 환자를 참여시킬 수 있다. 연구를 진행하는 중에도 치료를 서둘러 진행하여 더 많은 사람들에게 제공할 수 있다. 동전을 던질 때마다 새로운 사실을 배운다. 그렇기 때문에, 결국 동전을 최소로 던져 결론을 얻을 수 있다. 2대 1의 환자 비율을 깰 수 있는 것이다.

텍사스 대학 엠디앤더슨 암센터(M.D. Anderson Cancer Center) 교수이자 생물통계학과를 설립해 과장을 맡고 있는 돈 베리(Don Berry)는 I-SPY 2 실험의 설계자다. 이 유방암 시험은 현재까지 베이즈 통계학을 이용한 임상시험 중 규모가 가장 크고, 가장 성공적인 실험으로 생각된다. 의학에 베이즈 통계학을 접목한 선구적인 작업으로 앞에서 논의한 아이디어들과 직접 연결된다. 베리와 이야기해보면 베이즈학파적 사고방식이 정밀의료를 연구 분야에 도입하는 데 얼마나 도움이 되는지 알 수 있다.[13]

빈도학파적 접근법을 쓰는 경우 초기에 치료의 가치를 추정하려고 해도 모든 연구 데이터가 필요하다. 하지만 베이즈학파의 방법을 사용하면 과거 지식을 근거로 확률분포를 통해 치료의 가치를 추정할 수 있으며, 시험이 진행되면서 새로운 데이터가 보고될 때마다 확률분포를 업데이트할 수 있다. 간단히 말해서 확률분포가 기대되는 결과를 나타내는 함수(방정식) 역할을 하여 치료가 환자에게 효과적인지 알 수 있다.

따라서 맞는지 틀린지 알 수 없는 가정에서 출발한 시험이 진행되고 있더라도, 그 가정을 어떻게 조정해야 할지 모르는 상태에서 벗어날 수 있다. 시험이 진행될수록 더 많은 사실을 학습할 수 있게 되는 것이다. 예측은 완벽할 수 없지만 우리는 세계와 환자와 그들의 반응에 관해 아는 것을 근거로 한 보다 정확한 예측이 가능해진다. 오늘의 데이터를 사용하여 예측을 업데이트하고, 내일 일어날 일을 점차 높은 확률로 예측해나가는 것이다. 궁극적으로 임상시험을 진행하면서 객관성과 통계적 가치를 희생하지 않고도 환자는 가장 좋은 결과를, 우리는 가장 많은 정보를 얻을 수 있게끔 여러 가지 조건을 변화시킬 수 있다.

베리는 실행하면서 배우는 것이라고 설명한다. 다른 임상시험에서 보고된 데이터가 현재 수행 중인 시험에 관해 보다 정확한 추론을 하는 데 도움이 된다면 통계적 가치가 손상되지 않는 한 얼마든지 그 데이터를 갖다 쓸 수 있고, 갖다 써야 한다. I-SPY 2 임상시험은 아직 전이되지는 않았지만 고위험군에 속하는 초기 유방암 환자에서 최선의 치료법을 발견하는 것이 목표다. 이 병을 효과적으로 치료하는 데 가장 좋은 방법은 무엇일까? 그림 11.1은 I-SPY 2 같은 연구가 개척 중인 임상시험 디자인을 개념적으로 나타낸 것이다.

어떤 치료가 특정한 환자 집단에 좋은 결과를 나타내지 않으면 그런 유형에 속하는 환자는 해당 치료에 배정될 확률이 줄어든다. 그러다가 환자에게 어떠한 가치도 없다고 판정되면 배정 확률은 0이 된다. 이런 방식은 치료군이 두 개인 표준적인 임상시험에서는 상상할 수 없다. 치료가 효과를 거두지 못하면 임상

그림 11.1 협력적 베이지안 적응형 임상시험

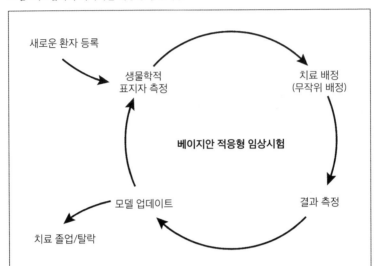

새로운 환자 등록

생물학적
표지자 측정

치료 배정
(무작위 배정)

베이지안 적응형 임상시험

모델 업데이트

결과 측정

치료 졸업/탈락

각기 다른 치료군에 다양한 약물을 투여하는 임상시험으로 베이지안 적응형 모델을 이용해 환자를 가장 도움이 될 가능성이 높은 약물에 배정하는 시험이라면 모두 비슷한 설계를 갖는다. 환자가 시험에 등록하면 치료 배정 전에 데이터를 수집한다. 생물학적 표지자를 이용해 이전에 등록한 환자들(그리고 이후에 등록할 환자들) 중 누가 그들과 '비슷한지' 결정한다. 물론 치료에는 무작위 배정되지만, 과거에 비슷한 환자에게 도움이 되었던 약물 쪽으로 배정되도록 가중치를 부여한다. 결과를 측정하고, 생물학적 표지자의 조합과 성공 가능성이 높은 치료를 연결하는 수학적 모델을 업데이트한 후에 이 데이터를 이용하여 새로 등록하는 환자를 배정한다. 전체적인 얼개가 계속 순환하는 구조라는 데 주목하자. 환자는 계속 등록하며, 이들이 치료받는 동안 수학적 모델 역시 계속 업데이트된다. 마지막으로 처음 측정한 생물학적 표지자들에 의해 정의된 특정 환자 집단에 특정한 약물이 효과적이라는 증거가 충분히 축적되면 그 약물은 임상시험에서 '졸업'하여 승인 신청 단계로 진입한다. 마찬가지로 환자들의 특성이 어떻든 충분히 많은 환자에게 효과가 없다고 생각되는 약물은 시험에서 제외한다. 이에 따라 더 많은 약물을 임상시험에 포함시킬 여유가 생긴다.

시험은 끝나고 실패한 것으로 기록될 뿐이다. 하지만 I-SPY 2처럼 치료군이 여러 개인 적응형 임상시험에서는 실험적 치료를 시행받는 환자군이 여러 개 있으며(물론 표준치료를 받는 대조군도 있다), 일련의 유전검사를 통해 특정한 유전적 프로파일을 지닌 환자에게 어떤 치료가 최선의 결과를 나타낼지 예측하는 과정이 마련된다.

환자들이 시험에 등록하고 새로운 데이터가 보고되면 어떤 생물학적 표지자가 긍정적 또는 부정적 결과와 연관되는지에 관한 지식이 쌓이면서 이후 등록하는 환자들의 치료군 배정에 피드백을 제공한다. 환자가 치료군 A 또는 B에 배정되어 특정한 약물을 투여받을지 결정하는 과정에서 동전을 던지듯 무작위로 배정하는 대신, 베이지안 임상시험에서는 등록 시의 생물학적 표지자를 이용해 비슷한 환자들에게 성공을 거둔 치료에 우선적으로 배정한다.

친숙하게 들리는 독자도 있을 것이다. 베리의 접근 방법은 온도압력표를 작성하고 특정 환자에게 어떤 치료가 성공을 거둘 가능성이 가장 높은지 알아보는 상태도를 그리는 과정과 비슷하다. 변수는 온도와 압력이 아닌 생물학적 표지자이다. 실제로든 윤리적으로든 모든 생물학적 표지자의 조합에 모든 치료를 시험삼아 투여해볼 수는 없지만(바로 이것이 온도압력표를 작성하는 실험적 접근법이다), 베이즈 통계학을 이용해 상태도가 어떤 모습일지 가정하고(초기 확률분포) 환자 한 사람을 치료할 때마다 함수를 정교하게 다듬을 수 있다. 다시 말해 시험을 진행하면서 환자 방정식을 만들어갈 수 있는 것이다.

그림으로 나타낸 I-SPY 2의 상태도는 베리가 아니라 내가 그린 것이지만, 이 책의 기본적인 아이디어는 이런 유형의 임상시험설계에 대한 베리의 적극적인 옹호활동과 멘토링에 의해 시작되었다. 수학적 이익을 충분히 깨닫지 못해도 좋다. 그저 적응형 설계가 보다 많은 환자를 더 효과적인 치료에 배정한다는 점만 생각해도 얼마나 도움이 될지 충분히 짐작할 수 있을 것이다. 베리는 말한다. "우리는 배우고 확인합니다. 그리고 예측이 재현되는지 지켜보지요."

장벽을 넘어

I-SPY 2 임상시험은 치료를 몇 가지로 고정하지 않는다. 현재까지 포함된 치료만 19개에 이른다. 현재 여섯 개의 치료가 '졸업'했으며, 더 많은 치료가 그렇게 될 것으로 예상한다. 특정한 약물이 특정 생물학적 표지자 프로파일을 지닌 환자에게 잘 듣는다는 사실을 확인하는 데 충분한 데이터가 축적되면 그 약물은 시험을 졸업한다. 제약회사는 치료를 정밀하게 적용하는 데 있어 전통적인 제 I 상-제 II 상-제 III 상 임상개발 프로그램을 통해 얻는 것보다 훨씬 탄탄한 근거를 확보한 상태로 축적된 데이터를 규제기관에 제출할 수 있다. 임상시험에 참여한 환자가 효과를 거둘 가능성이 높은 치료를 받게 될 뿐 아니라, 치료들이 훨씬 빨리 시장에 진입하여 새로운 치료를 간절히 기다리는 환자들에게 도움을 줄 수도 있다.

미국에서 FDA는 지금까지 베이지안 임상시험설계를 지지하는 입장이었다.[14,15] 하지만 애초에 보수적인(많은 점에서 책임감 있는 태도이기도 한) 제약산업계의 문화와 전통적인 임상시험을 지원하게 되어 있는 업계의 인센티브 구조상 몇 가지 걸림돌이 있다. 또한 이런 유형의 시험설계가 갖는 현실적인 한계도 있다. 이런 식으로 임상시험을 수행하려면 상당한 수준의 조정과 협력이 필요하다. 치료제 투여의 모든 측면을 자세히 규정한 임상시험계획서를 떠올려 보면 시험설계와 수행의 모든 면을 규정한 '마스터 시험계획서'가 필요하다는 것을 쉽게 이해할 수 있을 것이다. 참여하는 모든 회사, 적응형 설계로 약물을 평가하는 모든 시험기관은 마스터 시험계획서의 체계 내에서 움직여야 한다. 규제적 측면과 과학적 측면에서 철저해야 한다는 점은 전통적인 시험설계와 다를 바 없지만, 치료와 환자 수가 훨씬 많으며 임상시험 자체도 훨씬 오랜 기간 동안 수행된다. 당연히 훨씬 복잡하다. I-SPY 2 같은 적응형 베이지안 시험설계의 윤리적 및 재정적 이익을 부정하기는 어렵지만, 각 시험에 들어가는 비용과 이들 전체를 묶어 조화롭게 조정하는 일의 복잡함은 큰 걸림돌이다.

하지만 이런 문제는 극복할 수 있으며, 극복해야 하고, 극복될 것이다. 이익이 워낙 막대하기 때문이다. 이런 유형의 임상시험은 수세기 동안 유지해온 체계, 두 명의 환자를 묶어 증거를 확보하는 방식의 제약을 넘어설 수 있다. 가장 간단하게는 단일 대조군을 다양한 신약을 투여하는 수많은 시험군과 공유하는 것만으로도 대조군 환자를 재활용하는 효과를 거둘 수 있다. 시험군이 일곱 개라면 한 가지 증거를 확보하는 데 1,125명의 환자만 있어도 충분한 것이다. 물론 극히 단순화한 설명이다. 논란의 여지는 있지만 시험 자체가 학습하는 성격을 가지며, 설계가 선순환하게 되어 있으므로 환자당 훨씬 많은 증거를 확보할 수 있다.

결국 증거를 확보하는 능력이 향상되면서 이런 방식의 임상시험이 점점 많아질 것이다. GBM AGILE(Glioblastoma Adaptive Global Innovative Learning Environment, 교모세포종 적응형 글로벌 혁신 학습환경)는 교모세포종의 치료에 대한 지식을 확장하기 위해 2015년에 야심차게 출범한 적응형 임상시험이다. 교모세포종은 매우 공격적인 뇌종양으로 미국 상원의원 테드 케네디와 존 맥케인도 이 병으로 사망한 바 있다.[16]

I-SPY 2처럼 GBM AGILE 시험 또한 단 하나의 대조군만 설정하여 한꺼번에 많은 치료를 평가하도록 설계되었다. 결국 환자들은 실험적 치료를 받게 될 가능성이 높다. 더 중요한 사실은 그 실험적 치료가 자기에게 맞을 가능성이 높다는 점이다. 이 시험에서 처음 환자를 등록한 기관 중 하나인 컬럼비아 대학은 보도자료에서 이렇게 설명했다. "시험 기간 내내 참여자의 종양 조직을 분석하여 치료 반응과 관련될 가능성이 있는 생물학적 표지자를 가려낼 것이다. 시험 데이터가 축적되면서 알고리듬을 통해 무작위 배정 과정을 정교하게 발전시켜 환자들이 효과를 볼 가능성이 높은 치료를 받게 할 것이다." [17]

컬럼비아 대학 신경종양학 과장인 앤드류 라스먼(Andrew Lassman) 박사는 이렇게 말한다. "이런 시험설계는 새로 진단받았거나 재발한 교모세포종에 새로운 치료를 시험하는 데 필요한 비용과 시간과 환자 수를 낮출 수 있습니다." [18] 교모세포종 환자의 예후가 매우 불량하고 효과적인 치료법이 없다는 점을 감안할 때 GBM AGILE 같은 프로그램의 필요성은 명백하다.

I-SPY 2와 GBM AGILE 등 협력적, 적응형 설계의 가치가 입증되었기 때문에 이제 우리는 제거해야 할 다른 걸림돌이 있는지, 생명과학 회사들이 서로 협력하여 증거를 확보하고, 보다 빠른 속도로 안전하고 효과적인 정밀치료를 시장에 선보이며 환자들에게 혁신적인 가치를 제공할 수 있는 다른 방법이 있는지 질문해야 한다. 나는 그런 방법이 있다고 믿는다. 합성 대조군이라는 아이디어에 대해 알아보자.

합성 대조군

합성 대조군이라는 아이디어는 1976년 스튜어트 포코크(Stuart J. Pocock)가 《만성질환저널(Journal of Chronic Diseases)》에 발표한 논문에서 처음 제안했다. 초록에 이런 구절이 있다. "많은 임상시험의 목표는 동수의 환자를 두 가지 치료에 무작위 배정하여 새로운 치료를 표준 대조치료와 비교하는 것이다. 하지만 대조치료에 관해서라면 만족스러운 역사적 데이터가 이미 존재하는 경우가 많다."[19]

요점은 역사적 환자 데이터로 무작위 배정 대조군과 똑같은 기능을 하는 가설적 대조군을 만들 수 있다는 것이다. 두 가지 가설적 환자군이 임상시험의 정의상 동일하다면, 즉 동일한 특징을 갖고 적합한 선정/제외 기준을 만족한다면 똑같은 기능을 수행할 것이다. 사실상 이 아이디어는 I-SPY 2 임상시험처럼 치료군이 여럿인 베이지안 설계에서 같은 환자를 여러 치료군이 공유하는 것과 다르지 않다. 연구자들이 철저히 따르는 임상시험계획서가 있고, 엄격한 시험 기준을 충족하는 환자들이 있다. 그 데이터를 재사용하면 안 될 이유가 있을까?

예를 들어 특정한 시험약을 투여할 심장병 환자들을 찾는다면 과거의 수많은 임상시험에서 대조군으로서 표준진료원칙에 따라 치료받은 심장병 환자의 데이터를 얼마든지 얻을 수 있다. 그 결과를 재사용하면 왜 안 되는가? 최소한 시험에서 얻은 새로운 데이터를 보완하기 위해 이전에 시행된 수많은 임상시험에서 생성된 데이터를 재사용할 수 있지 않을까?

여기서 '합성'이라는 단어는 혼란의 여지가 있다. 이 말은 어떤 방식으로든 대조군 환자들을 합성해낸다는 뜻이 아니다. 그들은 살아 숨쉬는 실제 환자들로 현재 수행 중인 임상시험에 참여하지 않았을 뿐, 과거에 이미 다른 임상시험에 참여한 사람들이다. 합성이란 대조군 피험자로서 그들의 경험을 새로운 대조군으로 구성하는 것에 불과하다. 철저하고도 과학적인 방식으로 수행된 다른 여러 임상시험에서 얻어진 데이터를 이용해 새로운 시험군을 합성한다는 뜻이다.

포코크는 논문에서 이런 식으로 대조군 문제에 접근할 수 있음을 수학적으로 입증했다.(비용과 시간과 윤리적인 관점에서 마땅히 그렇게 해야 한다.) 두 명의 환자를 생각해보자. 한 사람은 시험군이고, 한 사람은 대조군이다. 이들의 데이터는 최종적으로 실험적 치료를 받은 환자들과 그렇지 않은 환자들의 결과 차이를 보여주는 데이터 세트에 통합될 것이다. 여기서 과거 임상시험의 대조군 환자들을 재활용할 수 있다면(수십, 수백, 아니 수천 번이라도 재활용할 수 있다), 비용을 절반으로 줄일 수 있다. 대조군 환자는 이미 확보되어 있기 때문에 실험적 치료를 받을 환자들만 등록하면 된다.

시간도 중요하다. 특정한 치료가 효과가 있는지 평가하는 데 필요한 시간을 크게 줄일 수 있는 방법이 없다고 가정할 때, 합성 대조군으로 시간을 절약한다는 아이디어는 임상시험 분야에서 일하지 않는 사람에게는 직관적으로 다가오지 않을지 모른다. 예를 들어 12개월간 치료한 후에 종양이 성장을 그쳤는지 보기로 했다면 다른 임상시험 데이터를 재활용한다고 그 시간이 줄어들지는 않을 것이다. 하지만 우리가 찾아내야만 하는 환자들의 숫자는 분명 줄어든다. 그 예시를 가장 극단적으로 들자면 정확히 절반으로 줄어들 것이다.

임상시험 참여자 모집은 전 과정에서 가장 많은 시간이 할애되는 부분이다. 어떤 시험에 120명의 환자를 등록해야 하지만, 한 달에 열 명의 참여자만 찾아낼 수 있다고 가정해보자. 이 정도는 대부분의 임상시험에서 합리적인 수치이다. 경우에 따라서는 환자를 모집하는 일이 매우 힘들어질 수도 있다. 이런 추세는 향후 의료의 방향이 정밀치료 분야로 확대될수록 더욱 심해질 것이다.

이 예에서 첫 번째 환자와 마지막 환자를 시험에 등록하는 데 걸린 시간은 만 1년이다. 여기에 마지막 환자가 치료 전 과정을 마치는 데 필요한 1년이 더해지고, 유효성과 안전성을 평가하는 데 필요한 시간이 다시 더해진다. 등록해야 할 환자 수를 절반으로 줄일 수 있다면, 등록 기간이 6개월 줄어드는 효과가 있다. 6개월 먼저 규제기관에 승인 신청을 할 수 있다는 뜻이다. 약물이 효과가 있다면 환자들은 6개월 일찍 새로운 치료를 접하게 된다.

치료가 표준치료에 비해 효과가 떨어진다면 60명의 환자가 도움이 안 되는 치료를 받을 위험을 피할 수 있다. 이들은 어쩌면 다른 임상시험에서 효과를 볼 수도 있으며, 특히 현재 효과적인 치료가 없는 분야에서 성공 확률이 높아질 가능성이 있다. 해가 되는 치료에 노출될 환자를 최소화하고, 보다 효과적인 치료에 노출되는 환자 수를 최대화할 수 있는 것이다.

이렇게 큰 이익이 있는데 왜 합성 대조군을 더욱 활발하게 사용하지 않는 것일까? 많은 사람들이 주목하고 있는 것은 확실하다. 글락소스미스클라인의 중역으로 플루모지에 관한 일을 했던 줄리언 젠킨스는 제약회사들이 전적으로 그 가능성에 주목한다고 말한다. "과거에 사용했던 약물이 특정 표적에 듣지 않음을 안다면, 새로운 약물이 효과가 있는지 알아볼 때는 많은 회사들이 이차 분석을 사용하려고 합니다. 가설을 시험하고 표적을 검증하는 데 과거 자료를 이용하는 거죠. 그렇게 하면 모든 것이 빨리 진행될 뿐 아니라 제약 산업계 입장에서는 엄청난 조력자를 얻는 것이나 마찬가지입니다."[20]

하지만 임상적 증거를 확보하는 표준적인 원칙은 아직도 무작위 배정, 전향적, 대조군 시험이다. 이것이 황금률이다. 왜 그럴까? 부분적으로는 생명과학 산업계의 보수주의 때문이고(이런 태도는 한편으로 모두를 보호한다는 점을 명심하자), 부분적으로는 과거 임상시험 데이터를 이용해 합성 대조군을 만든다는 것도 결코 쉬운 일이 아니기 때문이다. GBM AGILE이나 I-SPY 2처럼 마스터 시험계획서의 일부가 아니라면 사실상 모든 임상시험은 진료실 방문, 임상검사, 영상검사 등 많은 요소가 독특한 방식으로 조합되어 저마다 고유한 특징을 갖는다. 한 번에 하나씩, 특정한 한 가지 약에 대해 임상시험을 설계하고 수행한다는 것은 모든 시험 데이터 세트가 각자 독특한 설계와 특징을 갖는다는 뜻이다. 그저 여러 개의 시험에서 무턱대고 데이터를 가져와 통합한 후에 재사용한다고 되는 일이 아니다. 우선 데이터의 품질이 좋은지, 적절히 표준화되었는지, 일관성이 있는지 확인해야 한다. 여러 임상시험이 필요한 부분에서 서로 일치하는지 확인하는 것 또한 매번 바로 가능하지는 않다.

데이터가 표준화되었다고 힘든 일이 끝난 것은 아니다. 임상시험은 편향을 피하려고 노력하지만 애초에 내재된 문제들이 있을 수 있다. 간단한 예로 연령을 생각해보자. 어떤 임상시험에서 선정 기준으로 피험자가 반드시 18세 초과, 65세 미만이어야 한다고 정의했다. 표준화된 데이터 세트에서 이 기준을 충족하는 환자를 추려내기는 간단하다. 하지만 합성 대조군 내에서 연령의 분포는 어떻게 처리해야 할까? 42세를 중심으로 정규분포를 이용하면 될까? 합성 대조군은 더 젊은 연령 쪽으로 치우쳐 있을 수도 있고, 전향적으로 등록한 환자들의 연령 분포가 나이든 쪽에 치우쳐 있을 수도 있다. 이 문제가 중요할까? 혹시 이로 인해 합성 대조군 연구에 교락인자가 생겨 분석이 오히려 어려워질 수도 있을까?

이런 경우 정답은 알 수 없다. 따라서 환자들의 모든 특징이(적어도 우리가 아는 특징은 전부) 전향적으로 등록한 환자들과 최대한 일치하도록 모든 노력을 기울여야 한다. 합성 대조군의 모든 입력값이 시험에 전향적으로 등록한 환자들의 입력값과 최대한 일치해야 하는 것이다.

이걸로 모든 문제가 해결되는 것도 아니다. 과거 시험들의 결과가 현재 수행 중인 시험과 잘 맞는 방식으로 무리 없이 통합되어야 한다. 과거 시험에서 수집된 원 데이터를 다시 정제하고 결과를 계산해야 한다. 심지어 표준화와 정제 단계 전에 과거 시험의 모든 데이터를 원 상태 그대로 찾아야 한다. 어쩌면 데이터는 수십 개의 제약회사 서버 깊숙한 곳에 감추어져 있을지도 모른다. 분류나 정리가 제대로 되어 있지 않아 아예 찾아낼 수 없을지도 모른다.

우리의 합성 대조군 모델

임상시험 데이터를 성공적으로 재활용하려면 이렇게 많은 노력이 필요하기 때문에 합성 대조군이라는 아이디어는 1976년 포코크가 논문으로 발표한 지 40년이 넘도록 대규모로 적용되지 못했다. 여기서 메디데이터가 등장한다. 2장에서 다리가 부러졌던 바바라 일래쇼프는 남편인 마이클 일래쇼프(Michael Elashoff), 이전 직장이었던 FDA의 동료 루스애나 데비(Ruthanna Davi)와 메디데이터에서 다시 만나 아무도 생각지 못했던 장점을 지닌 합성 대조군 아이디어를 추진했다. 10년 넘게 데이터가 일관성 있게 정의된 임상시험을 수행했던 플랫폼과 모든 데이터가 한자리에 모여 있는 클라우드(시험 자체도 여기서 수행했다.)를 확보하고, 모든 것의 중심에 있는 회사를 설립하였다. 이후 수많은 생명과학 회사들에게 대의를 위해 대조군 데이터를 통합할 의향이 있는지 물어본 것이다. 두말할 것도 없이 우리는 지속 가능한 비즈니스 모델도 있었다. 대규모로 운영한다면 데이터를 표준화하고 합성 대조군의 복잡성을 관리하는 데 필요한 비용이 오히려 큰 이익으로 돌아올 터였다.

자원자 통합자료에 있는 모든 환자는(당사자와 관련 회사들의 동의 및 승낙을 얻은 후) 동등하게 취급된다. 하나의 거대한 임상시험 데이터 세트의 요소가 되는 것이다. 주어진 적응증에 따라 해당 환자를 선별하고 실험적 치료에 노출된 환자는 제외한다. 각 개인을 데이터의 매트릭스로 처리하는 알고리듬을 이용해 각기 다른 변수에 존재하는 편향이 분석에 영향을 주지 않도록 하고, 궁극적으로 생명과학 산업계 전체를 포괄하도록 생성된 데이터 세트에서 합성 대조군을 얻어낸다.

만만한 과정은 아니었다. 분석은 빠른 속도로 진행할 수 있었지만 반드시 필요한 사전 작업과 기법을 검증하는 데만 수개월, 때로는 수년간 고통스러운 작업이 이어질 것이었다. 그러나 프로젝트에 동참한 일부 생명과학 회사와 함께 우리는 이 데이터 세트를 이용해 임상시험을 계획하고 시험 결과의 기준이 될 보조적 데이터 출처로 삼는 길을 닦았다. 머지않아(어쩌면 독자들이 이 책을 읽을 때쯤) 합성 대조군은 신약 승인 과정에서 규제기관에 제출하는 통계 패키지의 일부로 사용될 것이다.

환자 데이터를 재사용하여 더 많은 증거를 생성할 수 있는 능력에 내재된 놀라운 가치는 판도를 완전히 바꿀 만큼 위력적일 것이다. 이뿐 아니라, 환자에게 치료적 가치를 제공하려는 사람들과 그런 가치를 기다리는 환자들 양쪽에 더욱 큰 이익을 제공할 것이다. 제약회사나 생명공학 회사 경영진이라면 규제기관에 제출하는 데이터 속에 합성 대조군이 포함되지 않거나, 합성 대조군을 이용해 의료비 지불자나 의료 제공자에게 새로운 치료제의 가치를 입증하지 않더라도 자신의 대조군 데이터가 다른 연구의 대조군 데이터와 '비슷해 보인다'는 정도만 알아도 큰 도움이 될 것이다.

임상시험에서 편향을 없애는 것은 매우 중요하다. 안전하고 효과적으로 보였던 약물이라도 연구에 편향이 개입되어 있었다면 출시될 때 훨씬 높은 기대를 받게 된다. 환자 선택 기준 때문이든, 연구자들이 선택한 지역 때문이든, 연구자나 연구기관에 관한 다른 요인 때문이든 시험의 입력값이 아니라 결과값(생존이나 삶의 질과 관련된 종료점)을 왜곡시키는 요소가 있다면 엄청난 결과가 빚어질 수 있다. 무작위 배정, 대조군 시험의 표준 치료군이나 위약군이 합성 대조군과 비슷하다는 것을 확인한다면 그런 위험을 충분히 잘 막아냈다고 확신할 수 있을 것이다.

이것은 시작일 뿐이다. 고품질의 증거를 보다 빠르고, 효율적으로 생성하는 것이 얼마나 가치 있는 일인지는 지금까지 충분히 논의했다. 전향적으로 등록한 피험자들 대신 합성 대조군을 이용해(최소한 보완적으로라도) 몇몇 치료를 승인받고 나면 생명과학 산업계 전체가 이 아이디어를 받아들일 것이다. 학회에서나 간혹 제기될 뿐 예외적이라고 생각되는 아이디어가 실험실에서 이론적인 가치가 입증된 치료제를 시장에 진입시켜 대중에게 선보이는 과정의 새로운 표준이 되는 것이다.

선례도 있다. 이미 다양한 유형의 합성 대조군이 존재한다. 현재 진행 중인 시험이 아니라도 임상시험이라는 철저히 과학적인 규제 환경에서 얻어진 데이터를 재사용하는 것은 마땅히 우리가 앞으로 나아가는 데 최적의 표준이 되어야 한다. 임상개발 분야 외 보건의료 분야에서 얻어진 데이터도 많다. 임상시험에서 얻은 데이터를 다른 데이터와 비교해 가며 연구하고, 표준화하고, 벤치마킹할 수 있다면 역시 가치가 향상될 것이다. 이런 정보를 이용해 연구를 계획하고, 치료제의 가치를 추정하고, 전향적 대조군에 끼어들 수 있는 편향을 최소화하고, 궁극적으로 임상시험에 필요한 대조군을 보완하거나 대체하는 것이야말로 장차 차근차근 실현해야 할 일이다. 플랫아이언 헬스(Flatiron Health)처럼 실생활 데이터를 이용하여 암 연구를 가속화하는 회사들은 이런 아이디어가 과학적으로는 물론, 사업 모델로도 가치가 있음을 입증하고 있다.[21]

모든 임상시험을 적응형 시험으로

합성 대조군이라는 아이디어를 뛰어넘는 놀라운 발전도 진행 중이다. 합성 대조군 생성 과정을 다시 한번 찬찬히 생각해보면 가장 핵심적인 단계는 과거에 실험적 치료에 노출된 피험자를 배제하는 것이다. 새로운 약물을 현재 시장에 나와 있는 표준치료와 비교하는 것이 목표이기 때문에 이 과정은 합리적이라 할 수 있다. 하지만 임상시험에서 신약이 표준치료보다 더 우수했다고 가정해보자. 그 약은 향후 표준치료가 되는 길을 걷게 될 것이다.(최소한 유망한 후보 약물이 될 것이다.) 그렇다면 임상시험 데이터와 합성 대조군의 선순환이 생길 수 있다. 시험 대상이었던 치료가 새로운 표준이 된다면 과거 실험적 치료군이 그대로 새로운 대조군이 된다. 결국 환자와 생명과학 산업 양쪽에 큰 이익을 가져다줄 영원히 지속될 데이터 자산을 확보하는 셈이다.

이제 베이지안 적응형 설계와 앞에서 논의했던 대로 특정 약물이 폭넓게 정의된 환자들에게 적합한지만 알아보는 것이 아니라 생물학적 표지자들을 이용해가며 환자가 등록할 때마다 최선의 치료와 짝짓는 방식으로 학습환경을 창출하는 임상시험의 장점에 대해 생각해보자. 그런 과정을 실행하고, 모든 치료제에 그런 식으로 임상시험을 시행하는 절차를 규정한 마스터 시험계획서를 만드는 것이 얼마나 복잡할지도 생각해보자.

이런 식의 베이지안 적응형 환경은 합성 대조군을 이용하여 창출해낸 환경과 어떻게 다를까? 나는 전혀 차이가 없다고 생각

그림 11.2 합성 대조군, 표준치료, 신약의 선순환

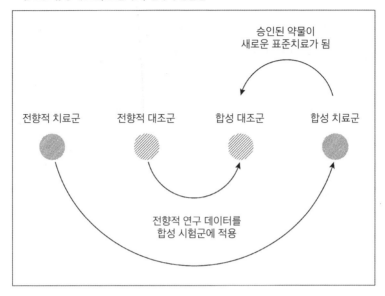

한다. 이런 개념을 조합하여 생명과학 산업계는 대조군을 재사용하는 데 그치지 않고 연속적 학습을 통해 시판 중이든 실험적이든 모든 약물을 모든 환자와 정확하게 짝짓는 데 필요한 협력적 연구 환경을 만들 수 있다. 온도압력표와 상태도라는 미래의 비전에 최대한 근접하여, 비현실적이고 비윤리적인 방법을 제외하고 실험실에서 온도와 압력을 조절하듯 완벽한 방식으로 환자와 치료를 시험할 수 있다. 이런 미래는 모든 동료와 협력자들이 실현되기를 바라 마지않는 거대한 선순환을 만들어낼 것이다. 그 개념을 그림 11.2에 나타냈다.

현재 표준치료를 정의한 과거 임상시험에 참여한 환자들은 대조군으로 끊임없이 재생된다. 현재 합성 대조군을 위해 사용되는 데이터 정제, 표준화, 벤치마킹 기법을 이용하여 몇 개 수준에 그치는 것이 아니라 수십, 수백 개의 잠재적 신약(및 병합요법)을 포함하는 표준화된 데이터를 비교할 수 있다.

연구자나 환자 자신이 서로 전혀 다른 임상시험에 동원되는 경쟁적인 환경이 바람직할까? 산업계는 베이지안 적응형 접근 방법을 이용해 서로 협력할 수 있다. 업계 전체의 지식을 기반으로 실험적 치료가 도움이 될 환자들을 그때그때 가장 가능성 높은 치료에 등록시키는 방식으로 긍정적인 의미에서 편향된 설계를 만들 수 있다.

▬ 뇌졸중을 통한 통찰

얼마 전 누군가로부터 미국 심장협회(American Heart Association)에서 주최한 뇌졸중 학회에서 연구의 미래에 관한 생각을 소개해달라는 부탁을 받았다. 유감스럽게도 심장학에 대한 지식은 반나절 동안 벼락치기로 배웠던 심전도 판독법뿐이었다. 이 때문에 나는 심장학 연구가 미래에 어떻게 변할 수 있고 변해야 하는지에 대해 의견을 제시할 입장이 아니라고 인정하는 것이 최선이라고 생각했다.

하지만 나는 그때 종양 전문의들에게라면 다음과 같은 말을 했을 것이다. "종양학 분야에서 어떤 생물학적 표지자를 측정하면 암을 조기 발견할 수 있을지 자문해가며 조기 진단을 위한 수학적 모델을 구축하려고 할 때, 오직 종양학 연구만 참고한다면 해결이 가능할지는 몰라도 문제를 필요 이상으로 어렵게 만드는 꼴이 되고 말 것입니다."

종양학 데이터 세트에 포함된 모든 환자는 이미 암 진단을 받은 상태다. 반면 학문적이든 산업계에서 의뢰하든 환자를 전향적으로 등록하는 거의 모든 연구 프로젝트는 병력, 활력징후, 표준 혈액검사 결과, 현재 투여 중인 모든 처방약 및 비처방약, 심장발작처럼 생명을 위협하는 심각한 것에서 두통처럼 덜 심각한(하지만 반드시 덜 중요하지는 않은) 것에 이르기까지 다양한 '이상반응'을 모두 포함시킨다.

종양학 영역이 아니라 수천 또는 수만 명이 참여하는 심장학 연구를 들여다보면 이상반응, 병용약물, 중도탈락, 심지어 사망 등을 근거로 동반질환(암 등)을 지닌 환자들이 있을 것이다. 그 진단이나 사망에 이르기까지 축적된 의학적 데이터는 어떤 통합 건강 헬스 시스템의 의무기록, 개인적 건강기록, 또는 전 세계 정부와 학술기관과 기업들이 손에 넣으려고 노력하는 데이터 세트보다 훨씬 광범위하고 훨씬 정교하게 구성되어 있다.(연구 외적으로 생성된 데이터 세트는 가치가 없다는 뜻이 아니다. 그 역시 충분한 가치가 있다.)

어떤 연구 프로젝트에서 수집된 데이터에서 어떻게 예상치 못한 증거를 얻을 수 있을지 생각하는 것이 여기서 설명하는 전략들의 궁극적인 목표다. 심장학 연구 데이터를 종양학 연구에 가치 있는 합성 자산으로 만드는 것, 또는 반대로 종양학, 당뇨병, 기타 다른 연구에서 얻은 데이터로 심부전이나 뇌졸중 모델을 개발하는 것은 정밀의료 연구의 선순환을 시작하고 추진하는 힘이 될 것이다. 면밀한 관찰을 통해 우연히 새로운 병을 진단받은 환자들의 기록에서 환자 방정식에 엄청난 통찰을 더해줄 단서들을 찾을 수 있다.

적응형 시험설계는 장차 풍부한 데이터가 넘쳐나는 세상, 가설을 보다 빠르고 정확하게 검증할 방법이 필요한 세상에 엄청난 잠재력을 제공한다. 하지만 임상시험 파이프라인의 프런트 엔드에서 접근 방법을 다시 생각하는 데서 그쳐서는 안 된다. 동시에 대중에게 올바른 치료 방법을 제공하여 진정으로 세상을 변화시키기 위해 백 엔드 쪽에서 우리와 환자 사이의 관계를 재정립해야 한다.

다음 장에서는 데이터 혁명에 있어 환자들의 입장에 주의를 돌려볼 것이다. 스마트폰과 웨어러블이 없던 시절에는 생각할 수도 없었던 방식으로 행동을 변화시키고, 동기를 부여하며, 결과를 측정하고, 환자와 적절한 치료를 짝짓는 질병-관리 플랫폼과 약물을 둘러싼(around-the-pill) 앱들을 알아본다. 모든 환자가 임상시험에 참여하는 것은 아니다. 그러나 모든 사람이 임상시험 결과를 반영하고, 건강에 대해 관심을 불러일으키며, 미래를 위해 올바른 행동을 알려주는 앱과 상호반응형 프로그램의 혜택을 볼 가능성은 있다.

Notes

1   Susan Gubar, "The Need for Clinical Trial Navigators," New York Times, June 20, 2019, https://www.nytimes.com/2019/06/20/well/live/the-need-for-clinical-trial-navigators.html.

2   Liz Szabo, "Opinion | Are We Being Misled About Precision Medicine?," New York Times, September 11, 2018, https://www.nytimes.com/2018/09/11/opinion/cancer-genetic-testingprecision-medicine.html.

3   Meeri Kim, "The Jury Is Out," CURE, June 19, 2018, https://www.curetoday.com/publications/cure/2018/immunotherapy-specialissue/the-jury-is-out.

4   Ibid.

5   T. J. Sharpe, interview for The Patient Equation, interview by Glen de Vries and Jeremy Blachman, July 1, 2019.

6   U.S. National Library of Medicine, home page of ClinicalTrials.Gov, 2019, https://clinicaltrials.gov.

7   Alicia Staley, interview for The Patient Equation, interview by Glen de Vries and Jeremy Blachman, July 1, 2019.

8   "PCORnet®, The National Patient-Centered Clinical Research Network," Patient-Centered Outcomes Research Institute, July 30, 2014, https://www.pcori.org/research-results/pcornet%C2%AEnational-patient-centered-clinical-research-network.

9   Anthony Costello, interview for The Patient Equation, interview by Glen de Vries and Jeremy Blachman, December 2, 2019.

10 George Underwood, "The Clinical Trial of the Future," PharmaTimes, September 23, 2016, http://www.pharmatimes.com/magazine/2016/october/the_clinical_trial_of_the_future.

11 Kara Dennis, interview for The Patient Equation, interview by Glen de Vries and Jeremy Blachman, February 24, 2017.

12 Eric Wicklund, "Gartner Analyst: Healthcare Isn't Ready for Wearables Just Yet," mHealthIntelligence, November 19, 2015, http://mhealthintelligence.com/news/gartner-analyst-healthcare-isntready-for-wearables-just-yet.

13 Don Berry, interview for The Patient Equation, interview by Glen de Vries and Jeremy Blachman, May 2, 2019.

14 Center for Biologics Evaluation and Research, "Interacting with the FDA on Complex Innovative Trial Designs for Drugs and Biological Products," U.S. Food and Drug Administration, 2019, https://www.fda.gov/regulatory-information/search-fda-guidance-documents/interacting-fda-complex-innovative-trial-designs-drugs-

andbiological-products.

15 Janet Woodcock and Lisa M. LaVange, "Master Protocols to Study Multiple Therapies, Multiple Diseases, or Both," ed. Jeffrey M. Drazen et al., New England Journal of Medicine 377, no. 1 (July 6, 2017): 62–70, https://doi.org/10.1056/nejmra1510062.

16 "Introduction to GBM AGILE: A Unique Approach to Clinical Trials," Trial Site News, May 3, 2019, https://www.trialsitenews.com/introduction-to-gbm-agile-a-unique-approach-to-clinicaltrials/.

17 Andrew Lassman, "Smarter Brain Cancer Trial Comes to Columbia," Columbia University Irving Medical Center, April 24, 2019, https://www.cuimc.columbia.edu/news/smarter-braincancer-trial-comes-columbia.

18 Ibid.

19 Stuart J. Pocock, "The Combination of Randomized and Historical Controls in Clinical Trials," Journal of Chronic Diseases 29, no. 3 (March 1976): 175–188, https://doi.org/10.1016/0021-9681(76)90044-8.

20 Julian Jenkins, interview for The Patient Equation, interview by Glen de Vries and Jeremy Blachman, March 24, 2017.

21 "About Us," Flatiron Health, 2019, https://flatiron.com/about-us/.

질병관리
플랫폼

오늘날에는 모든 종류의 앱이 있다고 해도 과언이 아니다. 회사의 사명을 사려 깊게 규정하고 임상적 유효성을 입증한 원드롭 같은 앱이 있는가 하면, 실효성이 의심스러운 칼로리 계산기, 피트니스 추적기, 기분 감지기 같은 앱은 수십 개씩 존재한다. 최근 "최고의 건강 앱"으로 이름을 올린 워터로그드 (Waterlogged)는 하루 종일 사용자에게 물을 더 마시라고 상기시켜 주는 앱이다.[1] 물을 더 마시는 것이 현명한 판단이 아니라거나, 그 앱이 사용자에게 동기를 불어넣을 수 없다는 뜻이 아니다. 하지만 스마트폰을 사용하는 수십억 명에게 마케팅을 하고, 다만 얼마라도 구독료를 받는 모습을 보면 자연스럽게 새로운 디지털 만병통치약 경제가 다가온다는 생각이 든다.

아툴 가완디는 웨어러블 기기를 이렇게 비판했다. "의료 행위를 진정 중요한 방식으로 통합하여… 사람들의 건강을 크게 향상시킨다고 입증되지(않았다)" 대부분의 앱에도 똑같은 비판을 할 수 있다.[2] 어떤 문제를 진단하거나 치료에 도움이 된다고 주장하는 제품들이 있지만 모두 임상적으로 검증된 것도 아니고, 보다 큰 플랫폼의 일부도 아니다. 그렇다고 해서 환자의 삶에 완벽하게 스며들어 실행 가능한 정보를 생성하고 궁극적인 변화를 일으키지도 않는다. 앱부터 온갖 센서에 이르기까지 몸에 부착하거나, 심지어 신체 내부에 존재하는 이 모든 디지털 인프라스트럭처는 어떠한 효과도 없는 것일까? 찰나의 유행에 불과한 것일까? 나는 그렇게 생각하지 않는다. 그러나 이런 비판이 충분히 타당하며 중요하다고 인정하는 것은 주목할 만하다고 생각한다. 그러한 태도야말로 디지털 생태계가 보건의료에서 실질적으로 일익을 담당하고, 건강을 관리하는 데 우리 스스로가 소중한 수단이 되는 방향으로 나아가는 주요 계기가 될 것이다.

과거 메디데이터 모바일 헬스 부문 상무이사였던 캐러 데니스는 앱의 가장 큰 어려움은 '지속성'이라고 지적한 바 있다. 즉 꾸준히 로그인하여 데이터를 입력하게 만드는 것이 중요하다는 의미이다. 나는 워터로그드 앱을 써보지는 않았지만, 애플 헬스키트(HealthKit)로 커피 섭취량을 재보기로 마음먹은 후 충실하게 사용하지 못했음을 고백한다. 내 자신의 뭔가를 정량화하는 데 강력한 호기심을 느꼈지만, 그것만으로는 에스프레소를 마실 때마다 핸드폰 바탕화면에서 버튼을 누르는 일을 꾸준히 이어나갈 수 없었다. 이번 장에서는 이런 문제를 어떻게 극복할 수 있는지 알아보려 한다.

어떻게 하면 중요한 의미를 지닌 앱을 만들고, 사용자가 일일이 손으로 기기와 데이터를 관리하는 수고를 덜 수 있을까? 보이지 않는 곳에서 데이터를 임상적으로 중요한 정보, 실제로 우리의 생물학적 측면과 연결되어 영향을 미치는 정보로 바꿔주는 적절한 알고리듬이 없으면 데이터 자체는 그리 유용하지 않다. 하지만 실제로 중요한 변화를 이끌어내는 앱과 웨어러블과 그것들을 둘러싼 보다 큰 플랫폼을 설계하려면 어떻게 해야 할까?

▔모바일 앱의 약속

일이 잘 될 때는 모든 것이 쉽게 느껴진다. 최근 열린 미국 임상종양학회(American Society of Clinical Oncology)에서 발표된 한 연구는 폐암 환자들에게 사용하여 전체 생존 기간을 평균 7개월 향상시킨 앱에 대한 것이었다. 피어스파마에 따르면 무브케어(MoovCare)라는 이 앱은 일련의 데이터를 수집하다가 배후에서 작동하는 AI 알고리듬이 이상을 감지하면 즉시 의사에게 알린다. 의사들은 환자를 다시 진찰하여 문제를 보다 빨리 발견하고 교정하므로 궁극적으로 생존 기간이 늘어난다.

또 다른 연구에서는 모바일 앱이 복약 순응도를 향상시킬 수 있는지 알아보았다. 강화된 버전의 복약 알림 앱을 사용한 결과

항레트로바이러스 치료를 받는 환자들의 복약 오류가 줄어들고, 순응도가 향상되어 실제로 바이러스 부하(viral load)가 감소했다.[4] 그루브 헬스(Groove Health)는 모바일 앱에서 얻은 데이터를 기존 보건의료 데이터와 결합하여 환자를 이해하고 순응도를 높이려고 노력하는 회사다.[5] 그루브의 설립자이자 CEO인 앤드류 호라니(Andrew Hourani)는 《모비헬스뉴스》와의 인터뷰에서 이렇게 말했다. "복약 순응도는 본질적으로 복잡한 문제로 단순히 복약 시간을 알려주는 것보다 훨씬 혁신적인 해결책이 필요합니다." 이 앱은 환자가 제때 약을 복용하지 않는 이유를 파악한 후 약에 대한 정보, 정신적 격려, 투약 조언, 근처 약국 위치 정보 등 적절한 개입을 제공한다.[6] 존슨앤존슨의 의약품 계열사 얀센(Janssen) 역시 스마트 블리스터 팩(blister pack)과 전자식 약품 라벨 등 순응도를 개선시키는 데 도움이 될 도구들을 출시했다.[7]

지금까지 예로 든 것은 디지털 건강관리 플랫폼이 할 수 있는 일의 극히 일부에 지나지 않는다. 데이터에 의심스러운 점이 생겼을 때 의사에게 알리거나 환자에게 약을 복용하라고 상기시키는 수준을 넘어 진정 통합적인 디지털 솔루션, 즉 디지털 치료로 생각을 확장시켜 볼 수 있다. 블루스타(BlueStar)는 즉석에서 환자에게 언제 혈당을 측정할지 알려주고, 식사와 신체 활동과 약 용량과 증상과 검사 결과 등의 정보를 수집하여 의사에게 전송하는 앱이다.[8] 블루스타는 헤모글로빈 A1c 수치를 1.7~2.0% 낮춘다는 사실이 임상적으로 입증되었다.[9] 이것은 수많은 접근법 중 하나일 뿐이다. 페어 테라퓨틱스(Pear Therapeutics)는 노바티스와 제휴하여 물질남용 환자의 인지행동치료를 돕는 리셋(reSET) 앱을 개발했다.[10] 프로티어스 디지털헬스(Proteus Digital Health) 사는 경구용 약 속에 집어넣어 환자가 약과 함께 삼키면 약을 복용했는지, 언제 복용했는지 기록하는 섭취형 센서를 개발했다.[11]

노바티스는 디지털 치료의 강력한 미래를 인식했다는 면에서 칭찬받을 만하며, 프로티어스는 센서와 디지털 기술을 이용해 순응도를 객관적, 정량적으로 모니터하고 향상시키는 실질적인 플랫폼이다. 하지만 제약회사와 디지털 치료 개발사가 서로 소통하지 않고 따로 일하며 자신들이 창출하는 가치를 파트너로서가 아니라 개별적인 회사 입장에서만 생각하는 것이 현실이다. 제약회사들은 대부분의 환자 플랫폼에서 소외되어 있다. 이렇게 되면 곤란하다.

디지털 개입의 가치를 알아보는 궁극적인 리트머스 테스트는 사용자의 생물학적 변화(행동, 인지, 생리학적 변화)란 점을 인정한다면 약물과 기기와 디지털 사이의 구분은 무의미하다. 디지털은 분명 보건의료 제공자를 위한 새로운 도구다. 디지털 치료를 써야 할지, 쓴다면 언제 써야 할지에 관해 분자로 이루어진 약물과 다르게 생각할 필요는 없다. 똑같은 규칙과, 결과를 통해 성공 여부를 측정한다는 똑같은 원칙을 적용해야 한다.

이 모든 대안을 단지 보건의료를 위한 도구로 생각하면 중대한 의문으로 이어진다. 생명과학 회사의 성공 유무를 '현재 보건의료 제공자들이 갖고 있는 도구들보다 더 좋은 것들을 제공하는가?'라는 단순한 기준으로만 규정할 수 있을까? 사실 이게 전부다. 제약회사가 현재 시장에 나와 있는 것보다 더 효과적이거 나 더 안전한(양쪽 모두라면 더욱 좋다.) 약물을 만든다면 성공적이라 할 수 있다. 그 약은 현재 표준치료보다 더 큰 가치를 환자들에게 제공하고, 의료 제공자는 그 약을 처방하려고 할 것이다. 의료비 지불자는 해당 약에 급여해줄 가치가 있다고 여길 것이다. 그로 인해 제약회사의 매출은 증대하고 또다른 새로운 치료에 투자할 수 있으며, 주주들에게 이윤도 돌려줄 수 있을 것이다.

이처럼 보다 나은 도구가 개발되면 모두에게 이익이다. 하지 만 새로 개발된 약이 환자를 치료하는 데 더 나은 도구가 아니라 면 어느 누구도 도구 상자에서 꺼내려고 하지 않는다. 그리고 현 재 사용할 수 있는 도구를 향상시킬 기회는 다른 생명과학 회사 에 돌아간다.

새로운 분자든, 의료기든, 웨어러블이든, 앱이든 결국 도구라 는 개념을 이해하면 경쟁의 지형도가 분명해진다. 제약회사들은 디지털 치료가 잠재적으로 시장 점유율을 빼앗아간다고 볼 수 있다. 하지만 프로티어스 같은 회사가 오츠카(Otsuka)와 제휴하여 디지털 및 의료기 플랫폼으로 약물을 전달하거나 약물 방출 스 텐트(동맥을 넓혀주는 동시에 주변 조직으로 약물을 방출하는 의료기구로 약 20 년 전부터 사용되었다.)를 개발하는 모습을 보면 가장 독창적이고 가 치 있는 아이디어는 한 가지 분야에서 나오는 것이 아니라, 여러 가지 분야를 조합한 곳에서 나온다는 점을 알 수 있다.

제약산업과 생명공학 산업은 환자가 실제로 약물을 복용하는 지, 최적의 용법에 따라 복용하는지 확인하고, 환자의 참여와 행동 변화를 이끌어내어 가능한 한 최대의 생물학적 효과를 얻어낼 방법을 연구하는 데 공통의 이익이 걸려 있다. 제약회사의 중역이라면 누구나 환자들이 처방받은 약을 실제로 복용하고 있는지 알고 싶어 할 것이다. 정확한 용량을 복용하기를 원할 것이며, 자기 회사의 치료제가 최선의 효과와 안전성을 발휘할 수 있는 방식으로 먹고 운동하고 행동하기를 고대할 것이다. 이때 환자들이 기대한 바와 같이 행동하지 않는다고 해서 약의 가치가 사라지는 것은 아니다. 그러나 경쟁사가 디지털 기술과 결합하여 약만 쓰는 것보다 훨씬 좋은 도구를 개발할 위험이 있음을 명심해야 한다.

또한 제약회사 관계자라면 이런 기술을 이용해 반응이 없는 환자가 최대한 빨리 약을 끊기를 바랄 것이다. 보험급여 모델과 관련해서든(14장에서 자세히 다룬다), 그저 자기 회사 약이 잘 들으며 최선의 치료를 제공한다는 점을 입증하기 위해서든, 치료가 효과가 있는지와 효과가 있다면 환자들이 그 치료를 사용하도록 적절히 동기를 부여하고 인센티브를 제시하고 있는지 측정하고 싶을 것이다. 약물이 효과가 없을 경우 엄청난 비용이 발생한다. 가치기반 보건 시나리오에서는 물론, 마케팅과 입소문 효과라는 점에서도 그렇다. 약물이 환자에게 도움되지 않는다면 모두에게 불행한 일이다. 한 가지 예로 제약회사들이 마주치는 큰 문제 중 하나는 환자들이 약물을 끝까지 복용하지 않아 치료 결과가 나빠지는 것이다. 앱을 써서 이 문제를 해결할 수 있다면 이익은 엄청날 것이다. 여기서 유용한 정보를 발견할 수 있다. 환자들이 부작용 때문에 약물을 중단하는 것일까? 복용 일정이 불편해서일까? 그저 증상이 없어졌다고 약을 끊어버린 것일까? 이런 질문에 대한 답변은 분명 향후 개발 목표로 연결될 수 있다.

처음부터 디지털로

디지털 기술을 이용해 제품의 측정 가능한 생물학적 결과를 보완하고 싶은 생명과학 회사에게 그 다음으로 큰 실수는 무엇일까? 그것은 전통적 약물 개발이 끝날 때까지 기다린 뒤에야 디지털을 떠올리는 일일 것이다.

복약 순응도라는 비교적 간단한 문제를 생각해보자.(물론 해결책은 간단하지 않다.) 프로티어스 스타일의 삼킬 수 있는 센서로 약물을 환자가 삼켰는지 측정하는 것도 해결책의 일부가 될 수 있지만 유일한 방법은 아니다. 환자 참여를 촉진하는 앱이나 효과를 측정하는 웨어러블, 환자에게 복약 시간을 알리는 방법, 의료 제공자에게 환자가 약을 먹지 않는다고 알리는 방법 등이 가능할 것이다. 그림 12.1처럼 제약회사에서 약물이 FDA 승인을 받을 때쯤 디지털 기술과 순응도 측정 플랫폼에 대해 떠올린 경우를 가정해보자.(사실 이 정도만 돼도 오늘날 시장에서 진취적인 기업이라 할 수 있다.)

약물 자체에는 고유한 가치가 있다. 그 가치를 수평선 A로 표시했다. 물론 개발 과정에서 정밀 표적화 등을 통해 가치가 크게 향상될 수도 있지만 여기서는 가치가 일정하다고 가정한다. 또한

그림 12.1 규제기관 승인 전후에 환자 참여 전략을 시행한 경우

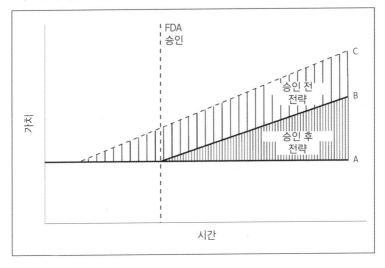

회사가 환자들을 참여시키고, 순응도를 향상시키고, 질병 치료에 의미 있는 방식으로 행동을 변화시키는 데 성공했다고 가정하자.

회사가 약물과 함께 사용할 디지털 기술을 개발하고 환자에게 전달하는 과정에서 치료적 가치는 더욱 커진다(라인 B). 환자 참여 전략이 뛰어날수록 더욱 큰 환자 가치가 창출된다. 그리고 원드롭의 예에서 보았듯 데이터가 많을수록 환자 참여를 개선시킬 수 있다.

하지만 회사가 환자 참여 전략을 약물 출시 때까지 기다리지 않고 약물 개발 과정 중에 함께 개발하기 시작했다면(라인 C) 시간이 갈수록 훨씬 많은 가치가 창출된다(A와 C 사이의 총 면적). 환자 개인으로서 더 많은 이익을 얻을 뿐 아니라, 이익을 얻는 환자 수

도 증가한다.

나아가 약물 승인 시점의 총 환자 가치(약물의 긍정적인 생물학적 효과와 환자 참여 플랫폼을 모두 더한 가치) 역시 환자 참여 전략을 미리 시행하지 않은 경우에 비해 훨씬 커진다. 이 사실은 규제당국 입장에서 중요할 수도 있고, 그렇지 않을 수도 있다. 어쩌면 해당 적응증에 경쟁 제품이 없을 수도 있다. 하지만 경쟁 제품이 있다면, 안전성이나 유효성, 환자 가치를 향상시킨다고 입증된 것은 무엇이든 중요하다. 이렇게 추가적인 가치가 큰 차이로 이어질 수도 있다. 또한 약물의 가격은 규제기관 승인 시점에 정해진다.(최소한 유럽 일부 지역에서 최대 1년 후까지 추적된다.) 보다 큰 이익을 입증할수록 높은 가격을 정당화할 수 있는 것이다.

물론 이 가상의 회사가 가치 있는 디지털 전략을 개발하는 데 성공할 것이라는 기본 가정에 이의를 제기할 수 있다. 디지털 스네이크 오일에 관한 논의에서 약물과 마찬가지로 앱이나 환자 참여 전략이 항상 긍정적인 효과를 낳는 것은 아니라고 했다. 회사에서 환자 참여 전략이 성공적이었는지 철저하고 과학적인 방법을 통해 확인하고 싶다면, 이미 철저하고 과학적인 틀 속에서 진행되는 약물 개발 과정보다 더 좋은 검증 시점이 있을까?

환자들은 약물이 출시된 후보다 약물 개발 과정에서 기기를 장착하는 일이 훨씬 많으며, 여러 가지 변수들을 조절할 기회 또한 마찬가지다. 약물 분자의 정확한 용량을 찾아내기 위해 다이얼을 맞추는 것과 똑같은 방식으로 환자 참여의 다이얼을 맞출 수 있기 때문이다.

디지털 전략은 그저 추가적인 보완책으로 사용할 때보다 개발 과정에 완전히 통합되어 사용할 때 훨씬 큰 가치가 있다. 그저 시장에 진입하기 위한 전략으로 사용해서는 잠재력을 완전히 발휘하기 어렵다. 모든 제약회사가 약물 개발 중에 함께 사용할 디지털 전략을 생각해야 한다. 지금 생각하지 않으면 너무 늦을지 모른다.

약물과 함께 사용할 디지털 기술의 개발은 개인 맞춤형으로 제작되는 약물 라벨에까지 영향을 미칠 수 있다. 전혀 기대하지 않았던 생화학적 또는 유전적 생물학적 표지자가 유효성이나 안전성에 영향을 미칠 수 있듯, 약품 라벨의 어떤 부분이 예기치 않은 인지적 또는 행동적 반응을 일으킬 수도 있다. 그 반응은 따로 측정할 수도 있고, 디지털 전략 연구개발의 부산물로 측정될 수도 있다.

하지만 그렇게 쉽지는 않다

'처음부터 디지털로'라는 생각은 너무 당연하게 들린다. 그래서 모든 제약회사가 이미 그렇게 하고 있을 것처럼 느껴질 테지만, 현실은 그렇지 않다. 효과적인 디지털 제품을 만들기가 쉽지 않기 때문이다. 트위터나 페이스북 같은 플랫폼은 기술적으로 어려운 문제가 한두 가지가 아니다. 성공한 기업이 하나 있다면 참여를 이끌어내는 데 실패하여 사라진 소셜미디어 회사는 수천 개에 이른다. 이런 앱을 만드는 것이 쉬울 것으로 생각한다면 당신은 순진한 사람이다. 효과가 있는 한 가지 약을 찾기 위해 수백 수천 개의 화합물을 검사하는 것과 그리 다르지 않다.

컬럼비아 경영대학원(Columbia Business School) 교수이자 보건의료 혁신 및 기술 연구소(Healthcare Innovation and Technology Lab, HITLAB) 소장인 스탠 캐츠나우스키(Stan Kachnowski)는 데이터를 매일 체크하며 새로운 기술이 시장에 진입하는 데 무엇이 필요할지 궁리한다. 그는 내게 가장 어려운 문제는 확산이라고 강조했다. 특정한 플랫폼이 대중에게 파고들어 일상생활에서 신뢰받는 부분으로 자리잡고, 실제로 변화를 일으킬 만큼 사용될 수 있을까?[12]

캐츠나우스키는 많은 도구들이 보건의료 분야에 빠른 속도로 보급되면서 생명과학 회사, 의사, 환자들의 행동을 바꾸는 모습을 본다. 하지만 동시에 수많은 실수, 확산에 대한 가정이 터무니없이 잘못된 경우를 목격한다. 그러면서 그는 다시 한번 확산이야말로 매출, 수익성, 언론보도, 심지어 결과보다 훨씬 중요하다고 확신한다. 앱이 환자 집단 속으로 확산되는 것, 또는 디지털 시스템이 임상시험 의뢰자, 연구자, 피험자에 의해 사용되는 것은 10년 전쯤 예상했던 것보다 훨씬 느리고 훨씬 많은 문제를 동반한다.

"확산을 예측하기란 어렵습니다. HITLAB에서는 매우 초기 단계부터 검증을 통해 어떻게든 예측해보려고 노력하지만, 막상 뭔가 되려는 시점에 그것이 성공과 실패 사이에서 어느 쪽으로 기울지 알아내는 것은 결코 쉽지 않습니다." 그는 온라인 상담이나 의사들이 이메일을 써주고 대가를 받는 등의 사업이 시도되었다가 예상만큼 성공을 거두지 못하고 사라지는 모습을 몇 번이고 보았다. "그거야말로 널리 보급되리라고 생각했어요… 하지만 그렇지 않았죠. 얼마나 많이 예상이 빗나갔는지 셀 수도 없습니다."

캐츠나우스키는 하버드에서 의료비 지불자와 의료 제공자를 통합하려는 시도가 실패하는 모습도 보았다. 너무 많은 이해 당사자의 지원이 필요했던 것이다. 그는 건강에 관한 앱이 대상 집단에 10% 이상 확산되는 모습을 본 적이 없다. 어떤 보건의료 앱도 일 년 동안 3~4% 이상 사용자가 늘어난 사례는 없었다. 수백만 달러를 쏟아부어도 결과는 다르지 않았다.

제약회사는 참여를 유도하고, 추적한다. 하위집단을 구분하기 위해 사람들이 앱을 사용하도록 유인할 강력한 인센티브를 갖고 있으며, 어떤 앱이든 개발 및 보급할 수 있는 돈도 있다. 하지만 캐츠나우스키는 실제로 그런 일을 본 적이 없다. 항상 규제가 끼어들기 때문이다. 제약회사는 법적으로 데이터의 많은 부분을 볼 수 없으며, 신원을 파악할 수 있는 환자 데이터를 수집할 수 없고, 순응도 모델에 도움이 되는 어떤 정보도 수집할 수 없다. 나는 그보다 덜 회의적이다. 이런 난점을 피해갈 방법이 있다고, 규제 요건을 지키면서도 데이터에서 많은 것을 배울 수 있다고 생각한다. 하지만 가장 큰 제약회사들이 이런 일을 수행하기 위해 할 수 있는 노력이 제한적이라는 말은 분명 옳다.

캐츠나우스키가 생각하기에 디지털 혁명을 이끌어야 할 주체는 의료비 지불자다. 하지만 그들 역시 현재 나와 있는 앱들이 너무나 적게 사용되는 것에 당혹감을 감추지 못한다. 그는 카디오넷(CardioNet)의 개발 과정에 참여한 적이 있다. 이 회사는 부정맥을 감지하고 치료하는 휴대형 심전도 모니터링을 제공한다. 그는 이 기기가 상당히 많은 생명을 살렸다고 믿지만, 환자들은 그 비용을 본인이 지불해야 한다고 생각하지 않기 때문에 결국 의료비 지불자에게 받을 수밖에 없었다. 이 기기 때문에 보건의료 산업은 큰 충격을 받았다. 예전 같으면 병원은 환자들을 일주일 정도 입원시키면서 모니터링 했을 것이다. 그러나 이제는 환자의 집에서 카디오넷의 기기로 모니터링하게 됨에 따라 병원 매출이 상당히 줄어들게 되었다. 그럼에도 의료비 지불자들은 시장에서 기기가 성공을 거두려면 새로운 표준치료가 되어야 한다고 고집한다.

캐츠나우스키는 수면에 관해서도 똑같은 일이 벌어지는 것을 보았다. 가정용 수면 키트를 환자에게 직접 판매하는 것은 어렵지만, 상당수의 의료비 지불자들은 사전에 가정용 수면 검사를 받은 사람에 대해서만 수면센터 입원 검사비를 보장해 준다. 이에 따라 수면센터를 찾는 환자 수가 급감하여, 머지않아 수면센터는 사라져가는 사업이 될지도 모른다. 캐츠나우스키는 약 450제곱미터였던 컬럼비아의 수면 병동이 이제는 45제곱미터밖에 안 된다고 지적하면서 더 이상 새로운 투자를 할 여력이 없다고 했다.

제약회사가 잘못된 기술에 돈을 투자하는 경우도 있다. 독립형 앱을 사용하기 시작하거나 꾸준히 사용하는 사람은 그리 많지 않다. 가치가 분명해야 한다. 특히 특정 질병을 갖고 있다는 사실을 직면하고 싶어하지 않는 환자들, 어쩔 수 없이 하는 것 이상으로 건강 문제에 신경 쓰고 싶어하지 않는 수많은 환자를 다룰 때 이것은 엄청나게 어려운 문제다. 캐츠나우스키는 지난 10년간 약물을 넘어선 의료를 지향하며 앱을 개발하는 데 150~200억 달러가 허비되었다고 추산했다. 엄청난 노력을 들이고도 아무런 성과를 거두지 못한 이유는 간단하다. 환자들이 유용한 데이터를 얻을 수 있을 정도로 꾸준히 사용하지 않기 때문이다. 심지어 웨어러블 분야에서도 착용하고 싶어하지 않거나, 그저 생긴 게 마음에 안 든다거나, 뭐하는 기기인지 이해할 수 없다거나, 몸에 맞지 않는다거나, 사회적 낙인 효과가 있다는 이유로 착용하지 않는 소비자가 너무나 많다. "손목에 힘도 없고, 그런 기계가 어디에 쓰는 건지도 이해하지 못하는 85세 여성이 활동 추적장치를 착용하려고 할까요?"

하지만 캐츠나우스키는 두 가지 긍정적인 면을 지적했다. 하나는 데이터를 수동적으로 수집하는 기기가 점점 늘어난다는 것이다. 사용자가 로그인하거나, 데이터를 입력하거나, 기타 확산 과정을 가로막는 어떤 일도 할 필요 없다. 또 하나는 임상시험을 통해 앱이나 웨어러블을 제공하는 경우 순응도가 거의 100%에 이른다는 점이다. 실제로 이 기기들은 이미 게임 체인저가 되었다. "의사가 피험자에게 '이걸 착용하셔야 합니다. 임상시험을 위해 반드시 필요합니다'라고 하면 사람들은 그 말에 따릅니다. 담당 의사야말로 지구상에서 유일하게 신뢰하는 사람이기 때문에 하루 24시간 착용하지요."

캐츠나우스키는 결국 점점 많은 회사가 확산 문제를 해결할 방법을 찾아내 디지털 헬스를 한 단계 높은 차원으로 올려 놓을 것이라고 확신한다. 디지털 참여 전략과 이에 동반된 디지털 치료를 성공적으로 개발했을 때 따라올 경제적 보상이 엄청나기 때문이다. 생명과학 회사들은 이 엄청난 기회를 절대 놓칠 수 없다. 몇 번을 실패하든 계속 물고 늘어질 것이다.

나는 미래를 낙관적으로 전망한다. 제약회사들은 디지털 치료제 회사로 변신하려는 것이 아니라 디지털 기술을 자신들이 개발하는 분자 기반 약물에 통합하기 위해 치열한 경쟁을 펼칠 것이다. 승자와 패자가 나오겠지만 결국 진보는 멈추지 않을 것이다.

▬ 뭔가 사라진 자리에서 새로운 것이 시작된다

이번 장에서 얻어야 할 한 가지 교훈이 있다면 그것은 생명과학 산업계가 앞으로 나아갈 길이 반드시 약물과 의료기뿐이 아니며, 그렇게 될 수도 없다는 점이다. 디지털 진단 장비, 컴패니언 앱들 그리고 약물을 포함하여 질병을 관리하기 위해 사용하는 플랫폼들이 길이 될 수 있다.(여기서 약물이란 생물학적 기반의 측정 가능한 결과를 생성하지 않는 단순한 형태의 약물을 둘러싼 앱들을 거느린 약물만을 의미하는 것이 아니다.) 생명과학 분야의 모든 사람이 명심해야 할

점이다. 이런 디지털 솔루션을 개발하는 데 비용이 많이 들고, 아직까지는 성공한 예가 별로 눈에 띄지 않아도 마찬가지다. 《메드시티뉴스(MedCityNews)》는 이렇게 썼다. "진단 관련 제품을 팔기는 매우 힘들다. 이런 제품들이 정밀의료라는 약속을 실현하는 데 반드시 필요한 것은 사실이지만, 어느 누구도 그 비용을 내고 싶어하지는 않기 때문이다." [13]

하지만 진단 관련 제품이야말로 데이터 혁명의 문턱에서 활짝 꽃핀 환자 방정식의 세계로 우리를 들어올려줄 마법의 열쇠다. 이 제품들은 현재 개발 중인 엄청난 가치를 지닌 약물에 의해 가장 큰 이익을 볼 환자가 누구인지 알려줄 것이다. 궁극적으로 앱과 진단 제품들은 환자를 치료하는 표준 절차의 일부가 되어야 한다. 환자에게서 특정한 적응증을 찾아내어 약물을 처방하는 데서 벗어나 내장형 지능을 이용해 X라는 약물을 복용해야 할지 Y라는 약물을 복용해야 할지 알아내고, 반응을 추적하여 약이 듣지 않는다면 최대한 빨리 효과적인 약으로 바꿔야 한다. 처음부터 이 과정에 약물 중심 플랫폼을 통합시킬 수 있다면, 그렇게 하여 처음부터 환자들을 분류하고 효과를 볼 가능성이 가장 높은 환자들만 치료를 시작할 수 있다면, 엄청난 가치가 창출될 것이다.

항생제에 대해, 주입형 치료제에 대해, 아니 모든 것에 대해 투여를 관리할 적절한 플랫폼이 무엇인지 생각해야 한다. 시간에 따른 혈중 농도를 계산하여 특정 환자의 곡선을 예측하고, 원드롭 앱과 똑같은 방식으로 다음 투여 시간과 용량을 알려줄 수 있다.

　마지막으로 합리적인 규제가 시행되도록 해야 한다. 스탠 캐츠나우스키가 지적한 대로 제약회사가 이 분야를 진지하게 헤쳐나가려면 어느 정도 투자가 필요한지 합리적으로 예측하는 데 필요한 데이터 수집 허가를 받아야 한다는 점뿐만 아니라, 개발 의도대로 작동하지 않는 앱으로부터 환자를 보호해야 한다는 문제도 동시에 바라보아야 한다. 우리는 삼키거나 몸에 이식하는 것에 대한 규제 요건을 마련했지만 디지털 기기, 특히 스마트폰 앱에 대해서라면 동일한 방식으로 생각하지 않는 경향이 있다. 하지만 앱에 연결된 심장 모니터가 심장약에 대해 권고하거나, 어떤 약을 언제 얼마나 복용해야 할지 알려주는 시스템이 존재한다면 정확해야만 한다. 그렇지 않으면 위험하다. 입력값과 출력값을 연결시키는 엄격한 연구가 필요한 것이다. 어떤 식으로든 예측이 맞아떨어질 가능성이 높은지 낮은지 검증하지 않으면 예컨대 치즈버거를 한 개 더 먹으면 심장발작을 일으킬 것이라고 알려주는 앱을 가질 수 없다.

　적어도 한 세대는 지나야 실현될지 모르지만 결론은 명백하다. 언젠가는 앱과 웨어러블 센서와 삼킬 수 있는 디지털 기기와 이식형 디지털 기기가 하나의 시스템으로 통합되어 건강과 생활 스타일과 행동에 놀라운 시너지 효과를 창출할 것이다. 우리는 환자에게 어떤 약물이 필요한지, 언제 필요한지, 얼마나 필요한지 결정하기 위해 게임을 처방하게 될 것이다. 환자가 게임을 얼마나 잘 하는지에 따라 약물 처방을 바꾸고, 환자의 몸에 장착된 센서가 클라우드로 데이터를 보내 약의 효과와 안전성을 측정하기에 알맞은 방식으로 게임 구성을 바꿀 것이다. 누구나 집에서 대변 검체와 활동 수준을 통해, 신체 곳곳에서 수동적으로 측정된 온갖 수치에 의해 3D 프린터로 알약을 만들어 먹는 날이 올 것이다. 당연히 그 알약에는 그날 필요한 모든 것이 정확한 용량만큼 포함되어 있을 것이다. 어쩌면 약물을 찍어낼 필요도 없을지 모른다. 모든 성분이 정확히 들어 있는 쿠키를 그날 저녁에 먹을 수 있도록 아마존에서 문 앞까지 배송해줄 수도 있다. 포장을 뜯는 순간 포장에 장착된 센서가 악력을 측정하여 다음 날 배송될 쿠키를 위한 또 하나의 입력값을 전송할 것이다.

미래의 모습이 이와 같다면 수많은 분야의 협력이 중요하다는 점은 두말할 필요도 없다. 인센티브를 적절히 제공하고, 새로운 지불 모델을 운영하고, 데이터를 최대한 활용할 수 있는 방향으로 시스템의 모든 부분을 재구성해야 한다. 이것이 이 책의 마지막 부분에서 살펴볼 내용이다. 어떻게 하면 자신만의 환자 방정식을 생성하고 이용하는 단계에서 환자가 건강을 최적화하는 데 필요한 모든 것이 자동으로 제공되는 세계로 나아갈 수 있을까? 모든 것이 올바른 방향으로 계속 움직이기 위해 기업들이 우리에게 인센티브를 제공하고, 협력하고, 끊임없이 삶을 개선하기 위해서는 무엇을 해야 할까? 먼저 협력을 살펴보고, 지불 모델과 인센티브 제공의 문제를 논의하는 장들을 거쳐 마지막으로 잠깐 코로나19 팬데믹 문제를 들여다본 후 환자 방정식 이야기의 결론을 내릴 것이다.

Notes

1 Jignesh Padhiyar, "Best Health Apps for IPhone in 2019 You Shouldn't Miss Out," Igeeksblog.com, January 17, 2019, https://www.igeeksblog.com/best-iphone-health-apps/.

2 Mercatus Center, "Atul Gawande on Priorities, Big and Small (Ep. 26)," Medium (Conversations with Tyler, July 19, 2017), https://medium.com/conversations-with-tyler/atul-gawande-checklistbooks-tyler-cowen-d8268b8dfe53.

3 Beth Snyder Bulik, "Payers Say They'll Cover Pharma's beyond-the-Pill Offerings. They Just Want Proof First," FiercePharma, August 24, 2016, http://www.fiercepharma.com/marketing/payerswant-more-info-pharma-and-healthcare-digital-healthtechnologies-according-to.

4 Jing Zhao, Becky Freeman, and Mu Li, "Can Mobile Phone Apps Influence People's Health Behavior Change? An Evidence Review," Journal of Medical Internet Research 18, no. 11 (November 2, 2016): e287, https://doi.org/10.2196/jmir.5692.

5 Jeff Lagasse, "Groove Health Gets $1.6M for Analytics Platform Focused on Medication Adherence," MobiHealthNews, August 8, 2017, https://www.mobihealthnews.com/content/groove-healthgets-16m-analytics-platform-focused-medication-adherence.

6 "Maxwell: AI-Powered Patient Engagement," Groove Health, 2019, https://groovehealthrx.com/AI.

7 Stephanie Baum, "Janssen Develops Mobile Clinical Trials Platform to Reduce Drug Development Costs, Improve Adherence," MedCity News, October 14, 2017, https://medcitynews.com/2017/10/janssen-develops-mobile-clinical-trials-platform/.

8 "A New Sort of Health App Can Do the Job of Drugs," The Economist, February 2018, https://www.economist.com/business/2018/02/01/a-new-sort-of-health-app-can-do-the-job-of-drugs.

9 "Scaling Impactful Digital Heath," Welldoc, Inc., July 8, 2019, https://www.welldoc.com/outcomes/clinical-outcomes/.

10 Simon Makin, "The Emerging World of Digital Therapeutics," Nature 573, no. 7775 (September 25, 2019): S106–S109, https://doi.org/10.1038/d41586-019-02873-1.

11 Ibid.

12 Stan Kachnowski, interview for The Patient Equation, interview by Glen de Vries and Jeremy Blachman, February 10, 2017.

13 Josh Baxt, "To Elevate Diagnostics, the Unloved Stepchild of Precision Medicine, Educate, Educate and Educate," MedCity News, August 29, 2017, https://medcitynews.com/2017/08/teachingpayers-pharma-physicians-patients-investors-diagnostics/.

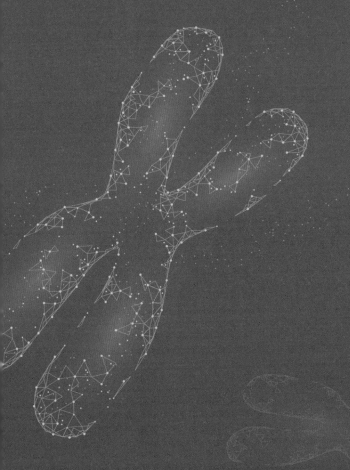

SECTION 4

진보를
전 세계로

Scaling Progress
to the World

협력의
중요성

큰 일은 혼자서 할 수 없다. 보건의료 기업들이 진보를 전 세계로 전파하려면 자신의 영역 안에 웅크리고 있어서는 안 된다. 데이터가 잠재력을 완전히 실현하려면 서로 결합해야 한다. 분야 전체에서 모든 사람이 협력해야 한다는 뜻이다. 환자에게 적절한 치료를 발견하고, 개발하고, 검증하고, 마케팅하려면 조화로운 노력이 필요하다. 기업은 서로 데이터를 공유하고, 상의하고, 보다 발전하기 위해 협력해야 한다.

한 안약 전문 제약회사를 예로 들어보자. 과거에는 안약에만 신경을 쓰면 충분했다. 하지만 이제 안과의사는 물론 내분비 전문의, 만성 당뇨병 전문 제약회사 등 관련 분야의 모든 사람들과 데이터를 공유해야 한다. 말은 쉽지만 실행하기는 결코 쉬운 일이 아니다. 앞에서 좋은 데이터와 나쁜 데이터에 관한 이야기를 했다. 좋은 데이터를 확보하는 한 가지 원칙은 처음부터 공유할 수 있는 형태로 데이터를 수집하는 것이다. 두말할 것도 없이 데이터를 표준화하는 것이 협력에 가장 중요한 조건이다. 정보를 서로 연결하지 않으면 힘을 합칠 수 없다. 하지만 표준화한다고 모든 일이 해결되는 것은 아니다. 기꺼이 공유하려는 마음을 가져야 하며, 생각에만 그칠 것이 아니라 실천에 옮겨야 한다. 그런 협력이야말로 환자를 돕고 조직을 계속 발전시킨다는 우리의 목표에 있어 모두를 한 단계 높은 곳으로 이끌 것이다.

질병을 모델링하는 집단 내부는 물론, 관리하고 치료하기 위해 분투하는 연구자들 역시 서로의 데이터를 공유해야 한다. 이는 우리의 모델을 더욱 풍부하게 만들며, 제품과 솔루션이 전 세계 환자들에게 어떤 영향을 미치는지 이해하도록 도와준다. 뿐만 아니라 환자를 한 개인으로 바라보는 시각의 부족한 점도 메울 수 있다.

암을 치료하는 일을 흔히 두더지 잡기 게임에 비유한다. 적의 머리를 때리자마자, 즉 세포가 통제를 벗어나 종양이 되는 데 핵심 역할을 하는 경로를 찾아내어 차단하자마자 어디선가 다른 경로가 새로 나타나거나 끊어진 경로를 잇는다. 각자 자기 자리에 웅크리지 않고 협력한다는 것은 여러 가지 약을 섞어 암을 공격하거나, 여러 사람이 모든 두더지의 머리를 동시에 내리치는 것과 비슷하다.

최근 오츠카 파마슈티컬(Otsuka Pharmaceutical)의 CEO와 이사장직에서 은퇴한 윌리엄 카슨(William Carson)은 협력에 관한 기막힌 비유를 들려주었다.[1] 제약회사들이 특정한 암을 정복하려고 하는 상황을 문이 하나뿐인 방 안에 많은 사람이 있는 것이라고 생각해보자. 모두 동시에 그 문으로 빠져나가려고 몰려든다면 시간도 오래 걸릴 뿐 아니라 대혼란이 벌어질 것이다. 하지만 문을 빠져나가기 위해 줄을 선다면 모두가 훨씬 빨리 밖으로 나갈 수 있다. 제약회사들 역시 어떤 치료를 먼저 시도해보고, 두 번째는 어떻게, 그 뒤로는 어떻게 할 것인지 생각하기 위해 협력해야 한다. 이렇게 하면 환자들 또한 최대한 빠르고 효과적으로 치료받을 수 있다. 제약회사만의 문제는 아니다. 우리는 모두 보건의료라는 연속선상에서 데이터를 수집하고 있으며, 서로 협력했을 때 최대한의 잠재력을 발휘할 수 있다.

▬ 작은 섬에 머물 것인가, 드넓은 생태계로 나아갈 것인가?

지오시티즈(Geocities)나 핫메일(Hotmail) 등 이메일만 제공하는 웹 서비스에 등록하던 때가 있었다. 이런 생태계에 뛰어든 지메일(Gmail)은 출범하자마자 정상의 자리를 차지했다. 모든 구글 서비스와 통합되어 어떤 앱에서든 데이터를 공유할 수 있었기 때문이다. 이와 비슷하게 조본 운동 추적장치(Jawbone fitness tracker)는 데이터를 애플이나 구글 등 거대 기업과 통합하지 않았다. 2012

년 기업 가치가 15억 달러에 이르는 것으로 평가받았던 이 회사는 2017년에 자산을 매각하고 청산 절차를 밟았다.[2] 누구나 광대한 본토와 연결을 끊고 작은 섬에 머물면서 한 가지 작물만 재배할 수 있다. 하지만 기술 산업의 영역에서 보다 큰 생태계의 일원으로 대형 플랫폼 기업들과 통합하지 않고 독자 생존하기란 불가능에 가깝다.

애플은 자사의 기기들, 특히 아이폰과 애플워치를 중심으로 거대한 생태계를 구축했다. 개발자들은 애플의 리서치키트(ResearchKit)를 통해 강력한 리서치 앱을 만들고, 앱스토어를 통해 잠재적 참여자들에게 선보일 수 있다. 심지어 대규모 보건의료 회사와 계약한 사람들도 있다.(의료보험 고객에게 장착할 기기들을 찾던 애트나[Aetna] 보험이 대표적이다.)[3] 어테인(Attain)이라는 이름의 애트나-애플 공동 앱은 예방접종, 처방약 구매, 저비용 검사 옵션에 관한 정보 등 애트나 사의 기록을 기반으로 건강 권고안을 제공한다. 디지털 의학 방향으로 작은 한 걸음을 내딛었을 뿐이지만 잠재력은 충분하다.

《이코노미스트(Economist)》에 따르면 애플, 아마존, 페이스북, 구글의 베릴리 등은 모든 것을 한데 연결하는 촉매가 되기를 꿈꾸며 보건의료 분야에 뛰어들었다.[4] 애플은 스트레스와 혈액 산소 포화도를 측정하는 센서를 연구하며 애플워치로 혈당을 측정할 방법을 찾고 있다. 베릴리는 수술용 로봇을 만들고 있으며, 2017년에는 정확히 이 책에 기술된 방식으로 포괄적인 건강 데이터를 수집하기 위해 '프로젝트 베이스라인(Project Baseline)'을 시작했다. 프로젝트 베이스라인의 웹사이트에는 이렇게 쓰어 있다. "안전한 둥지 속에서는 변화가 일어날 수 없습니다. 프로젝트 베이스라인을 통해 베릴리는 보건의료, 생명과학, 첨단기술 분야의 모든 파트너가 참여하는 연결된 생태계를 구축할 것입니다."[5] 페이스북은 인공지능을 이용해 포스팅들을 모니터하며 우울증에 빠져 있을 가능성이 있는 사용자를 찾아내어 개입할 계획을 세우고 있다.[6] 이렇듯 거대 기술 기업들은 보건의료 분야에 진입하기 위해 노력하면서, 어떤 형태의 미래가 찾아오든 핵심적인 역할을 하려고 한다.

마땅히 그래야 한다. 우리가 떠올리는 미래, 내가 환자가 되고 싶은 미래는 데이터를 수집하고 전달하며 앱과 데이터 흐름은 물론 모든 기업과 시장 인프라스트럭처를 서로 연결하는 조직이 필요하다. 이런 디지털 인프라스트럭처 거대 기업이야말로 환자의 삶에 딱 맞는 동기와 장려책을 영리하고 매끄럽게 통합하여 환자 방정식을 실현해줄 조직이다. 충전 없이도 일 년 내내 작동하는 활동 추적장치 배터리를 개발할 기업들이다.

환자가 인프라스트럭처를 관리할 책임을 져야 한다면, 예컨대 기기를 실행하거나 배터리를 충전해야 한다면 웨어러블 기기를 통해 유용한 데이터를 얻기는 어렵다. 삼키거나 이식할 수 있는 기기에 뛸 듯이 기뻐하는 이유다. 물론 그것들도 연결망, 즉 데이터를 한데 모아줄 디지털 네트워크가 필요하다. 이 회사들이야말로 우리의 휴대폰과 안경과 반지 그리고 아마 자동차 사이에 그런 연결망을 제공해줄 글로벌 기업들이다.

앞에서 적응형 임상시험에 대해 살펴보았다. 그 가능성은 개별적인 조직에 그치지 않는다. 각 기관은 비슷한 동료들과 협력을 통해 훨씬 많은 것을 배울 수 있다. 의학이 정밀해질수록 더욱 그렇다. 전통적인 임상시험 모델은 어떤 의료기관이 수많은 환자들을 접하며, 따라서 흔한 질환에 대한 임상시험을 수행하는 데 충분한 환자를 모을 수 있으리라는 전제를 근거로 한다. 하지만 새로운 모델에서 우리는 폭넓은 집단을 위한 약물뿐 아니라 구체적인 하위 집단, 예컨대 매우 특이적인 암 치료제까지 개발하고자 한다. 그런 환자는 한 나라 전체를 통틀어도 부족할 수 있다. 하물며 특정한 의료기관은 말할 필요도 없다. 스타틴을 개발할 때는 한 기관에 국한된 데이터만 가지고 충분할지 모르지만, 선정 기준과 제외 기준이 계속 늘어나고 임상시험이 점점 더 특이적인 조건에 국한된다면 가장 크고 유명한 교육병원이라도 참여 자격을 갖춘 환자를 일 년에 불과 몇 명밖에 확보하지 못할 수 있다. 어떤 측면에서 보더라도 비용/시간 효율적이라고 할 수 없다.

돈 베리의 I-SPY 2 시험에서 참여한 회사들은 신속하고 비용 효율적으로 효과적인 약물을 발견하기 위해 협력한다. 각 생명과학 회사는 한 가지 약물을 위해 대조군 환자를 등록하거나, 대규모 신규 임상시험을 설계할 필요가 없다. 하나의 조직으로 뭉칠 수 있기 때문이다. 윤리적 측면에서도 더 나은 선택이다. 위약에 노출되는 환자가 줄고, 효과적인 치료를 받게 될 가능성이 극대화되기 때문이다. I-SPY 2 모델을 이용하면 비용이 훨씬 절감되므로 단 한 명의 환자만 확보한 시험기관도 제 몫을 다할 수 있다. 이런 장점은 디지털 영역에서 수행되는 임상시험이 많아질수록 두드러진다. 이런 추세가 계속된다면 적응형 임상시험은 우리가 하나의 병원, 하나의 회사, 하나의 국가가 아니라 산업 전체로서 점점 가치 있고 실행 가능한 통찰을 향해 데이터 밸류체인을 올라갈수록 훨씬 폭넓은 협력을 이끌어낼 것이다.

데이터 협력은 어떻게 게임을 바꾸는가

생명과학뿐 아니라 세상 모든 일은 자원이 제한되어 있다. 돈과 사람과 시간을 마음껏 쓸 수 있는 경우는 드물다. 과학적 철저함과 동시에 일정과 예산을 생각해야 한다. 하지만 데이터 협력에 의해 연구에 필요한 일부 핵심 요소를 중앙집중화하면 가치 상승을 가속화하고 위험을 줄일 수 있다. 개별 제약회사가 임상시험 데이터 시스템을 설계하는 데서 벗어나 단일한 클라우드 소프트웨어를 사용하면 훨씬 빨리 신약을 승인받고 시판할 수 있다.

이런 아이디어는 우리 회사뿐 아니라 스타트업, 데이터베이스 거대기업, 영업 자동화 관련 기업 등 다양한 기업이 참여한 전자식 임상시험 산업 덕분에 효과가 입증되어 있다. 합성 대조군을 이용해 효과적인 약물 반응을 확인하고, 다양한 분자에 관한 데이터를 전 세계적 차원에서 통합하여 어떤 환자가 반응을 보일 가능성이 높은지 찾아내어 시험에 포함시키거나, 어떤 환자가 부작용을 나타낼 가능성이 높은지 찾아내어 제외할 수 있다. 최초 인간 시험부터 약물이 승인되고 '보다 나은 도구'로 대체되기 전 마지막으로 처방되는 순간까지 약물의 치료적 수명 주기 내내 환자에게 가장 가치 있는 치료를 제공할 수 있다. 12장에서 논의한 플랫폼을 이용해 모든 환자의 삶에서 그 약물의 가치를 더 쉽고 정확하게 정의할 수도 있다.

모든 데이터가 통합된다면 오늘날 신약에 대한 데이터가 향후 대조군 데이터가 된다. 그로 인해 합성 대조군은 자연적으로 계속 사용될 것이다. 11장에서 논의했듯 환자들이 임상시험의 한 시험군에 배정되어 약물을 투여받는다면(현재의 실험적 치료), 향후 그 환자들이 그대로 표준치료를 투여받는 새로운 대조군이 된다. 이런 상황은 모든 제약회사에 적용된다. A라는 회사에서 특정한 질병에 대한 신약을 시험한다면, 약물이 승인받는 순간 시험에 참여한 환자들은 B라는 회사에서 같은 질병에 대한 첨단치료를 개발하기 위해 차세대 약물을 시험하는 새로운 임상시험에서 합성 대조군의 일부가 된다. 이렇게 하면 엄청난 시간과 비용을 절약할 뿐 아니라 연구에 자원한 환자의 부담을 줄여주고, 참여하지 않은 환자들에게 더욱 빨리 약물을 제공하는 방향으로 끊임없이 나아가면서 거대한 가치를 창출하게 된다.

여러 개의 임상시험과 여러 곳의 제약회사에서 환자들을 모아 실험적 대조군을 구성할 수도 있다. 어떤 고객사가 메디데이터에 찾아와 특정 기간 동안 특정한 표지자들을 이용해 유방암 임상시험을 하고 싶어한다고 생각해보자. 회사는 임상시험에 참여할 50명의 환자를 직접 모집하지 않아도 된다. 메디데이터에서 환자 기록을 보관해둔 데이터베이스를 뒤져 그 일을 대신해줄 수 있다. 물론 전통적 모델에서도 그 분야에서 유명하고 연구에도 적극적인 의사가 빠른 시일 내에 임상시험에 참여할 환자들을 모집할 수 있다. 하지만 데이터 공유 모델에서는 중계자와 정보 취합자들이 환자를 연구 프로젝트에 연결하고, 어떤 환자가 가장 반응이 좋을 것인지 파악하고, 적절한 임상시험에 참여시키는 과정을 개별 연구자의 네트워크와 경험을 훨씬 뛰어넘는 규모로 수행할 수 있다. 우리는 엄청난 규모의 적응형 임상시험을 수행하고, 합성 대조군을 설정하고, 특정 질병에 실험적 치료를 받은 사람들에 대한 데이터를 구축할 수 있다. 모든 것이 이후 수행되는 모든 임상시험을 풍부하게 해준다.

우리는 결과가 보고될 때마다 다양한 렌즈를 통해 환자들을 바라본다. 약물 개발자는 새로운 치료에 어떤 생물학적 표지자를 최우선으로 여기는지, 다른 회사의 치료에는 어떤 생물학적 표지자가 중요한지 알아내고, 각기 다른 환자 집단에 어떤 약물이 가장 도움이 될지 예측하는 일을 도와줄 수 있다. 동시에 시험 결과를 현재의 표준치료는 물론 생명과학과 보건의료 분야 전체에 걸쳐 과거의 임상시험 결과들과도 끊임없이 비교할 수 있다. 최대한 많은 환자에게 시험에 등록한 데 따른 이익을 제공하는 동시에 좋은 반응을 보일 환자만 시험에 참여시킬 수도 있다. 좋은 반응을 보일 가능성이 높은 사람에게만 약물을 투여하면 가치 제안을 높일 수 있어 의료비 지불자나 규제기관에 제출하는 중거가 훨씬 강력해지고, 승인과 급여 가능성이 높아지며, 치료에 대한 환자와 의사의 선호도가 상승한다.

생물학적 표지자들을 발견하고 표적집단을 좁혀 약물이 효과적임을 보여줄 경우, 가치 제안을 더 빨리 입증할 수 있다. 심지어 처음에 생각했던 것보다 대상 환자 집단이 줄어들어도 거대한 경제적 가치가 창출된다. 보다 나은 결과를 나타낼 환자를 선택할 수 있다는 것은 제약회사와 의료비 지불자와 환자에게 두루 좋은 일이다. 모두가 승자가 된다. 데이터의 잠재력과 협력의 장점을 이용한 통념 파괴적 방식이다. 나는 회사들이 가치 제안을 발견하기 전에 자금이 떨어지는 모습을 자주 본다. 그렇게 되면 환자는 물론 누구에게도 도움이 되지 않는다. 우리는 더 잘 할 수 있다. 데이터 협력을 통해 모두가 이익을 볼 수 있다.

엄청난 규모의 시험에 참여한 모든 환자를 단 한 개의 분모 속에 포함시킬 수 있다면(하나의 연구 프로젝트에서 얻은 데이터로 근거 중심 결론을 끌어내는 것이 아니라 모든 연구의 데이터를 이용한다), 연구 개발 투자 이익에 관한 개념이 바뀌면서 생명과학 분야에 혁명이 일어날 것이다. 안타깝게도 데이터 협력에 관해 좋은 의도를 지니는 것만으로는 모든 일이 알아서 진행되지 않는다. 새로운 데이터 주도형 기술을 둘러싼 좋은 의도조차 효과적인 변화가 의미 있는 속도로 진행되기에는 부족한 실정이다.

데이터 공유 같은 협력적 노력이 상업적인 뒷받침 없이 오직 이타주의를 통해 지속될 수 있다고 믿는 순진한 시각도 있다. 그렇지 않다는 사실을 입증하는 증거는 이미 충분하지만, 트랜스

셀러레이트 바이오파마(TransCelerate BioPharma) 같은 비영리 산업계의 노력에도 이 분야에 전혀 진전이 없다는 것을 예로 들 수 있다. 선한 의도에 기대는 것이 놀라운 가능성을 추진하는 유일한 원동력이라는 것은 이치에도 맞지 않는다.

협력에 의해 얻어진 데이터는 단일 시험 데이터(단일한 화성 탐사선 궤도 데이터)와 동일하다. 반드시 정제하고 표준화해야 한다. 합성 대조군 같은 새로운 비교 기준을 수립하는 것도 필수적이다. 새로운 생물학적 표지자와 질병의 하위 유형을 발견하기 위한 분석에 쓰일 수 있게 가공하고, 호환성을 확보해야 한다. 실험실에서 새로운 분자를 합성하고 신약이 될 가능성이 있는지 검증하는 모든 단계와 마찬가지로 시간과 돈이 들어간다. 미래에 이런 일을 실현하려면 지속 가능한 영리 사업 모델을 만들어야 한다. 스마트폰과 운영 체제 분야처럼 연구 분야에서도 혁신을 일으키는 기업에 인센티브가 필요하다.

물론 이런 혁신은 환자들에게 대규모로 적용되어야 한다. 진보를 가로막는 요인 중 하나는 정밀의료 전반에 걸쳐 올바른 행동과 올바른 계획에 대한 투자를 이끌어낼 새로운 보험급여 모델이 필요하다는 것이다. 그곳에 이르는 길은 항상 큰 그림을 염두에 두고 거기 맞는 결과에 보상을 하는 것이다. 무엇을 했는지가 아니라 행동의 결과를 기반으로 생명과학 회사와 보건의료 기관에 급여를 해줘야 한다.

가치기반 급여를 향한 움직임은 계속 있어 왔지만, 아직도 초기 단계라고 해야 할 것이다. 새로운 모델에 의해 보상받는 행위는 아직도 적은 비율에 불과하다. 우리는 하나의 산업으로서 가치기반 급여 모델로 옮겨 가려는 움직임을 적극 장려해야 하며, 하나의 사회로서 우리는 가치를 측정할 수 있는 기술과 데이터를 어디서 얻을 수 있는지 알아야 한다. 적절한 곳에 인센티브를 부여하기 위해 결과기반 보상 시스템 쪽으로 움직여야 한다. 다음 장에서는 세상을 어떻게 환자 방정식이 주도하는 미래 쪽으로 변화시킬지 이해하면서 이 문제를 보다 자세히 살펴볼 것이다.

Notes

1   Courtesy of William Carson.

2   Wikipedia Contributors, "Jawbone (Company)," Wikipedia, October 1, 2019, https://en.wikipedia.org/wiki/Jawbone_ (company).

3   Jonathan Shieber, "Apple Partners with Aetna to Launch Health App Leveraging Apple Watch Data," TechCrunch, January 29, 2019, https://techcrunch.com/2019/01/29/apple-partners-with-aetna-tolaunch-health-app-leveraging-apple-watch-data/.

4   "Apple and Amazon's Moves in Health Signal a Coming Transformation," The Economist, February 3, 2018, https://www.economist.com/business/2018/02/03/apple-and-amazons-movesin-health-signal-a-coming-transformation.

5   "Project Baseline," Verily Life Sciences, 2017, https://www.projectbaseline.com.

6   "Apple and Amazon's Moves in Health Signal a ComingTransformation."

가치기반
급여

보험급여 시스템은 너무 오랫동안 무엇을 했는가, 무엇을 만들었는가, 무엇을 팔았는가에 초점을 맞춰왔다. 치료가 효과적이었는지, 얼마나 효과가 있었는지는 분석해보지 않았다. 지금쯤은 독자들도 느꼈을지 모르지만 최근까지 보건의료 분야에서 가치를 측정하는 우리의 능력은 매우 제한적이었다. 집단 사이에 생존율을 비교하는 등 거시적 측정치들은 추적할 수 있었다. 그러나 예컨대 병실에서 삶의 질을 희생해가며 살아남는 것과 병에 걸리기 전과 크게 다르지 않은 상태로 삶의 질을 유지하면서 살아남는 것은 전혀 다른 문제다. 또한 우리는 각 환자의 치료 결과를 자세히 추적할 수는 있지만, 그 데이터는 각자의 차트 안에 머물 뿐 비슷한 환자들의 치료 결과를 통합적으로 바라보는 시각과 연결되거나 호환되지 않았다.

의료비 급여의 미래는 생존율보다 훨씬 넓은 시각에서 가치 기반으로 설계되어야 한다. 그 가치는 각 개인의 세세한 부분 하나하나를 모두 통합해야 산출할 수 있다. 제약회사와 의료기 회사에 제공하는 인센티브는 측정할 수 있는 것이 늘어나면서 계속 변한다. 이제 각 환자에게 효과적이었던 게 무엇이었는지 측정할 수 있으며, 효과의 정도도 알 수 있게 되었다. 그 결과에 따라 효과가 없는 치료를 효과적인 치료로 바꿀 수도 있다.

나아가 가치 기반의 세상이 되면 가치 산출은 각 개인을 훨씬 넘어서는 수준에 이를 수 있다. 데이터를 이용해 규제기관에 약물과 의료기가 시장에 진입해야 한다고 더 설득력 있게 주장하거나, 새로운 승인 절차를 마련하거나, 치료 개발 비용뿐 아니라 치료가 환자들과 세상을 얼마나 많이 개선했는지를 기반으로 새로운 가치를 부여할 수도 있다. 새로운 치료는 일반 인구를 겨냥한 약물보다 더 비쌀 수도 있다. 그러나 그 비용은 이론적으로 삶의 질과 수명이 얼마나 개선되는지 뿐 아니라 실제로 실현된 가치를 감안하여 정당화될 여지가 충분히 있다.

보건의료를 전달하고 보다 나은 도구를 연구 개발하는 분야 전반에 걸쳐 인센티브를 부여하는 기준이 정비된다면 사업 방정식 자체가 변화될 것이다. 이런 결과는 환자 방정식에 초점을 맞추고, 개인으로서의 환자는 물론 집단(수십억이든, 특정한 희귀질환을 앓는 수십 명이든 집단의 크기는 중요하지 않다.) 전체의 보다 나은 미래에 투자함으로써 실현될 것이다.

─생존을 넘어서

생존율이 개선된다는 것은 멋진 일이다. 이의가 있을 수 없다. 하지만 2장에서 살펴본 영역 알고리듬을 떠올려보자. 생존이 가치를 두어야 할 유일한 기준일까? 우리는 생존이 사회와 개인에게 미치는 경제적 영향을 정량적으로 측정할 수 있다. 어떤 환자가 18개월을 더 산다고 했을 때, 그 18개월이 정부와 사회 차원에서 GDP를 얼마나 많이 증가시켰는지는 물론 환자 개인 차원에서 삶의 질이 얼마나 유지되었는지도 측정할 수 있다.(적어도 그렇게 하기 시작했다.) 이전 같으면 불가능한 일이다. 하지만 인지적, 행동적, 기타 비전통적인 생리학적 입력값들을 개발함으로써 현재에는 가능하게 되었다. 규제기관에 약물과 의료기가 여러 가지 새로운 차원에서 실제로 가치가 있음을 입증하기 위해 전통적으로 생존과 관련된 숫자들뿐 아니라 더 많은 것을 제시할 수 있게 된 것이다.

규제기관은 보수적이며, 또 그래야 한다. 그들의 일은 제출된 증거를 열광적으로 믿는 것이 아니라 회의적으로 고찰하는 것이다. 활동 영역을 전반적 건강의 대리지표로 삼는 아이디어로 돌아가보자. 어쩌면 그것은 일을 얼마나 할 수 있는지 나타내는 대리지표일지도 모른다. GDP에 얼만큼 이바지할 수 있는지 추정하는 정량적 입력값, 즉 사회 경제적 참여도와 산출에 대한 대리 종료점으로 사용할 수 있을지 모른다. 더 나아가 우리의 제품을 시장에 진입시키고 일정한 가격을 요구하는 것을 정당화하는 데 도움이 될 것이다.

진정한 가치기반 세상에서는 활동영역이 정량적으로 가치 있는 예측인자로 입증되기만 하면 생명과학 회사가 그들의 제품이 GDP를 증가시킨 액수의 일정한 비율을 받을 자격이 있다고 주장하는 데 도움이 될 것이다. 우리가 개발한 약물을 쓰지 않았다면 사망했을 1,000만 명이 살아남아 각자 연간 1만 달러씩 전 세계의 부를 증가시켰다면 총액은 연간 1,000억 달러가 된다. 제약회사는 그중 얼마를 창출했다고 봐야 할까? 10억 달러? 100억 달러? 답은 경제학뿐 아니라 의료비 지불자와 소비자의 협상 결과에 달려 있다. 그러나 그렇게 주장할 능력을 갖추는 것, 신뢰성 있고 객관적으로 책임있게 주장할 근거를 갖추는 것은 생명과학 산업계에 달린 일이다. 그리고 그런 주장의 증거가 합리적이고 신빙성 있는지 확인하는 데 가장 좋은 출발점은 바로 규제기관이다.

위장우회술을 생각해보자. 수술의 성공 여부를 따지자는 것이 아니다. 사람들은 결국 식단을 바꾸고, 일을 더 많이 하고, 보다 충만한 삶을 살게 된다. 이것을 직장에서 생산성이 증가했다고 해석할 수 있을까? 수술을 받은 사람은 수면 무호흡증과 당뇨병 위험이 낮아져 수명이 늘어나고, 보다 생산적이며 질 높은 삶을 살게 된다. 최소한 후속 치료를 잘 받은 환자는 이 모든 노력을 보상받을 것이다. 이때 최소한 부분적이라도 수술 외의 모든 조치를 근거로 의료비를 책정한다면, 결국 성공적인 수술뿐 아니라 성공적인 후속 치료에 대해서도 인센티브를 지불하는 셈이다. 바로 이것이 우리가 지향하는 시스템이다.

다른 예를 들어보자. 근골격계 수술을 받은 후에는 물리치료가 중요하다. 하지만 물리치료의 결과는 외과의사의 보상에 아무런 영향을 미치지 않는다. 의사는 성공적으로 수술을 마친 후 환자에게 받아야 할 물리치료가 적힌 종이만 건네주면 끝이다. 결과를 기반으로 하는 세계에서 이런 관행은 통하지 않는다. 내가 수술을 받고 잘 회복하려면 수술 자체도 중요하지만, 물리치료도 잘 받아야 한다. 이때는 수술 전후 보행 능력과 전반적인 활동을 측정하여 비교할 수 있다.

재정적 성공은 환자를 수술 전 수치에 얼마나 근접한 상태가 되었는지를 기준으로 평가되어야 한다. 하지만 애초에 문제가 생기지 않는 것으로 평가한다면 더욱 좋을 것이다. 처음부터 의사가 개입하여 당뇨약이 필요 없는 건강을 유지시켰다면, 당뇨병이 걸릴 때까지 아무런 조치를 취하지 않은 의사보다 더 많은 돈을 받아야 하지 않을까? 당뇨 환자를 제대로 치료하지 못해 헤모글로빈 A1c 수치를 날로 악화시키는 의사보다 더 좋은 보상을 받아야 하지 않을까? 의사들은 마땅히 진단과 치료에 들이는 노력만큼이나 환자를 추적 관찰하는 데 들이는 노력과 장기적 치료 결과에 따라 혜택을 받아야 한다. 실제로 이러한 부분이 실질적인 차이를 끌어내기 때문이다.

이와 같은 예시를 말로 설명하기는 쉽지만 실행에 옮기기란 매우 어렵다. 의사들은 갑자기 스스로의 힘으로 통제 불가능한 일로 수입의 변화를 경험하게 되기 때문이다. 여기서 통제 불가능한 일이란 환자가 얼마나 굳은 의지로 식이요법과 운동을 꾸준히 하는지, 물리치료사가 환자에게 동기를 부여하는 능력이 얼마나 뛰어난지 같은 것들을 말한다. 하지만 문제는 그보다 훨씬 크다. 가치사슬(value chain)의 한 부분에서만 인센티브와 보상 방식을 바꾼다고 될 일이 아니다. 체내 이식장치 제조회사, 외과 의사, 물리치료사 등 치료 결과를 궁극적으로 결정하는 보건의료 시스템 전체를 그 결과(이 경우에 환자가 자기 힘으로 돌아다니고, 삶을 즐기고, 직장에서 생산적으로 일하는 것)를 얻어낸 하나의 팀으로 간주해야 한다.

프런트 엔드에서, 이것은 어떤 의료 행위에서 가장 큰 이익을 볼 수 있는 사람에게 그 행위를 제공하는 데만 인센티브를 제공한다는 뜻이다. 특정 환자에게 더 나은 결과를 가져다줄 다른 치료적 선택이 있을 수도 있다. 어떤 환자가 수술 후 지켜야 할 사항을 잘 지킬 가능성이 낮다는 사실을 미리 안다면 다른 방식으로 인센티브를 제공하거나 동기를 부여해야 할지도 모른다. 시간과 비용의 제한은 피할 수 없다. 따라서 가치사슬의 모든 단계에서 어떻게 하면 최선의 결과를 이끌어낼 수 있을지 궁리하고, 처음부터 모든 환자에게 가장 성공적일 것으로 생각되는 길을 제시해야 한다. 실제로 도움이 될 환자에게 가장 효과적인 치료를 시행해야 하는 것이다.

존 쿠얼퍼(John Kuelper)는 《스태트(STAT)》에 쓴 글에서 이 문제를 명쾌하게 설명했다. "오늘날의 보험 모델은 '평균적인' 환자를 중심으로 설계되었다… X라는 유형의 암을 앓는 모든 환자가 Y

라는 약물을 투여받는다면 평균적으로 더 나은 결과가 나올 것이기 때문에, X라는 암에 걸린 모든 환자에게 Y라는 약물을 투여하도록 권장한다."[1] 하지만 이런 방법은 표적화된 개인 맞춤형 치료에는 통하지 않는다. "95%의 환자가 그 약을 사용했을 때 전혀 개선되지 않는다고 해도 놀라운 효과를 보이는 5%를 찾아낼 수 있다면 엄청난 약값을 경제적으로 정당화할 수 있다."[2]

(수학적) 젊음의 샘

사회 전반적으로 알츠하이머병과 다른 신경변성 질환을 앓는 환자들의 수명을 연장시키는 데 성공했다고 해도, 이들이 생산적인 삶을 살지 못한다면 큰 의미가 없다. 인센티브란 단순한 생존 기간보다 더 큰 의미를 지녀야 함을 다시 한번 상기시켜야 한다.

그림 14.1의 도표처럼 삶의 질과 생존 기간을 그래프로 그려본다면, 우리가 바라는 것은 곡선하면적을 최대화하는 것이다. Y축의 '삶의 질'을 어떻게 정의하든, 그것은 환자는 말할 것도 없고 보험급여 가치사슬상의 모든 이해 당사자가 동의할 수 있어야 한다. 그래프가 가치와 시간 사이에 중요한 구분을 나타내고 있음에 주목하자. 삶의 질과 수명은 서로 수직적인 차원이다. 삶의 질이란 사회 경제적 참여도를 의미하거나, 활동영역으로 측정할 수 있거나, 환자나 사회가 가치를 두는 무엇, 또는 그런 가치를

그림 14.1 일생에 걸친 삶의 질

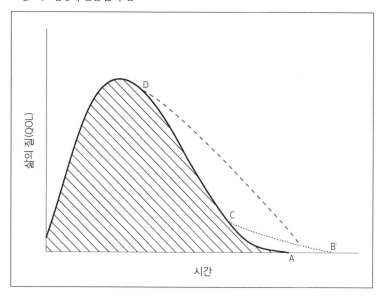

나타내는 대리지표다. 출생부터 죽음(지점 A)에 이르는 시간에 대
한 가치의 적분은 일생에 걸친 가치의 총합이다. 우리는 빗금 그
은 영역의 면적이 최대화하기를 바란다.

이 면적을 가장 효과적으로 극대화하는 방법은 무엇일까? 아
마도 대부분 동의할 텐데, 이 이론적인 그래프에서는 죽음에 가
까워지면서 삶의 질이 떨어지는 기간이 있다. 예기치 못한 일이
나 사고가 생기지 않는다면 대부분의 치명적인 질병은 활동과
의식의 저하로 이어진다. 간단히 말해, 그 기간 동안 삶의 질이
점점 낮아진다.

바로 이 지점에서 사람을 더 오래 살리는 것과 생산적인 삶을
살도록 하는 것이 갈린다. 사망 시점(지점 B)을 삶의 질이 떨어지

는 시점(지점 C) 이후로 연장한다면 곡선하면적은 늘어난다. 하지만 증가폭은 비교적 작다. 반면 삶의 질이 저하되는 경로를 더 이른 시점(지점 D)에 바꿀 수 있다면(감소 경로를 보다 근본적으로 바꿀 수 있다면) 수명을 거의 연장하지 못한다고 할지라도 곡선하면적에 미치는 영향은 훨씬 크다.

전설에 나오는 젊음의 샘에서 물을 길어 마시면 어떤 일이 벌어질까? 그래프에서 지점 C에 도달한 상태로 영원히 살게 될까? 나라면 그러고 싶지 않을 것이다. 하지만 그래프의 정점에서 수명을 연장하여 곡선하면적이 크게 늘어난다면 당연히 줄을 설 것이다! 바로 이것이 생명과학 분야에서 해야 할 일이다. 다소 과장된 예를 들었지만 그 결과는 문자 그대로 보건의료 분야에 종사하는 우리에게 큰 동기를 부여한다.

류마티스성 관절염 증례 연구는 이런 이론이 실질적으로 환자 방정식 기반 현실과 어떻게 조화를 이루는지 보여준다. 이 업적은 전적으로 글락소스미스클라인의 PARADE(Patient Rheumatoid Arthritis Data from the RealWorld, 류마티스성 관절염 환자의 실생활 데이터) 연구의 덕이다. 운 좋게도 메디데이터는 헬스키트를 통해 참여한 애플과 함께 이 연구에 몇 가지 기술을 제공했다. 진행된 류마티스성 관절염 환자는 관절을 관리하는 데 많은 시간을 보낸다. 예를 들면 아침마다 침대에서 일어나기 전에 관절을 따뜻한 수건으로 감싸곤 한다. 물론 이 일도 다른 사람이 도와주어야 하는 경우가 많다. 하지만 류마티스성 관절염의 진행은 환자의 손에서 부어오른 관절의 개수를 세는 등 대개 진료실에서 정량적으로 측정한다.

PARADE 연구는 환자가 진료실을 찾는 것이 아니라, 환자를 찾아가는 가상 임상시험이다. 환자에게 센서를 부착하고 쉽게 사용할 수 있는 앱을 통해 진정 환자에게 중요한 것이 무엇인지 알아냄으로써 류마티스성 관절염에 있어 '좋은' 치료를 정의하기 위한 기준을 확립하려는 연구다. GSK는 가치를 규정하는 새로운 방식을 정립하고, 그것을 디지털로 측정하는 방법을 탐구하는 데 중점을 두었다. 진료실에서 부어오른 관절 개수를 세는 대신 어쩌면 아침에 환자가 침대에서 빠져나오는 데 얼마나 오래 걸렸는지를 측정할 수도 있을 것이다. 환자가 의료인 앞까지 오는 대신 휴대폰에 장착된 가속도계로 손목을 얼마나 잘 움직이는지 측정할 수 있다면 어떨까? (실제로 신뢰성 있는 정량적 결과를 얻을 수 있었다.)

궁극적으로 PARADE나 비슷한 연구들의 결과는 가치를 입증하고 환자에게 진정 중요한 측정치들을 개발하는 데 사용될 것이다. 우리는 그것들을 이용해 의료 제공자와 의료비 지불자와 제약회사에 제공할 인센티브를 정할 수 있을 것이다.

삶의 질은 사람마다 달리 느낄 수 있다. 요점은 똑같은 측정법이 모든 환자에게 통하느냐가 아니다. 당연히 모든 조건에 맞는 방법은 없다. 하지만 우리는 생존 자체가 아니라 질 높은 생존에 인센티브를 부여할 방법을 찾아내야 한다. A라는 약물이 생존 기간을 18개월 늘려주었지만 환자는 그간 내내 침대에 누워 지내야 했고, B라는 약물은 불과 12개월밖에 늘리지 못했지만 그동

안 해변을 마음껏 뛰어다닐 수 있었다고 해보자. 어느 쪽이 바람 직할까? 알 수 없다. 모든 환자가 똑같은 선택을 하지 않기 때문 이다. 삶의 질이 어떻든 손주가 대학을 졸업할 때까지 살기를 원 하는 사람도 있을 것이다. 한편 생애 마지막으로 긴 자동차 여행 을 떠나고 싶은 사람도 있을 것이다. 치즈버거와 밀크쉐이크를 샐러드와 케일 주스로 바꾸는 것이 가치가 있을까? 삶을 몇 개월 이나 몇 년 연장한다면 우리 자신과 주변 사람들 그리고 사회 전 체는 어떤 고통과 어떤 비용(금전적 및 기타 비용)을 치르게 될까?

삶의 질이 떨어진다는 수학적 사실은 어느 누구에게나 적용 되지만, 곡선의 모양은 사람마다 다르다. 옳고 그른 답이 있을 수 없다. 요점은 객관적인 데이터에서 정보를 얻을 수 있고 각자 무 엇을 가장 중요하게 여기는지를 기준으로 신뢰 가능한 예측 모 델을 개발할 수 있다는 것이다. 이렇게 해야 환자와 주변 사람이 충분한 정보를 근거로 결정을 내릴 수 있다. 양질의 데이터가 있 다면 기대되는 결과를 보다 잘 이해하고, 각자의 선호에 따라 올 바른 결정을 내릴 수 있다.

‾환불 보장

현재 제약산업계에서는 가치기반 보험급여가 막 시작되고 있 다. 노바티스의 킴리아는 치료에 반응하지 않을 경우에 의료비 지불자에게 약값을 환불해준다. 최소한 기본적인 아이디어는 그렇다. 물론 실제 결과기반계약(Outcomes-Based Contract, OBC)을 맺는 것은 훨씬 복잡하며, 킴리아도 급성림프모구백혈병에만 이런 원칙을 적용할 뿐, 더 최근에 승인된 B세포 림프종에는 적용하지 않는다.[3]

놀랍게도 의료비 지불자들은 아직까지 약물 치료에 대한 결과기반계약을 완전히 지지하지는 않는다. 한 가지 문제는 현재 작성된 계약이 실제 약가만 포함할 뿐 치료에 관련된 모든 부대비용(예를 들어 환자가 약물을 투여 받을 준비를 갖추기 위해 별도의 치료 계획이 필요할 수 있다.)을 포함하지는 않기 때문에 약 자체가 무료라 해도 엄청난 비용이 소요된다는 점이다. 또 다른 문제는 현행 측정 방법(킴리아의 경우 치료 후 30일 시점의 성공 여부를 따진다.)이 장기적 성공을 반영하지 못할 수 있다는 점이다. 적어도 미국에서는 사생활 보호법 때문에 병원이 의료비 지불자와 치료 결과를 공유하기가 힘들 수 있다는 것도 걸림돌이다. 《제약기술》지에 따르면 "민간 의료비 지불자들이 치료 기관에 결과기반계약을 맺자고 특별히 압력을 가하는 것 같지는 않다."[4] 다시 한번, 우리는 치료적 가치 사슬 속의 모든 참여자에게 인센티브를 일치시켜야 하며, 그런 가치를 객관적으로 측정하는 시스템을 개발해야 한다.

그럼에도 이런 맥락에서 새로운 의료비 지불 모델을 실험한 예가 킴리아만은 아니다. 체중 감소와 당뇨 예방 앱인 눔(Noom, 앱 기반 다이어트와 생활 코칭 툴로 사실상 디지털 치료라 할 수 있다.)은 고용주들에게 결과기반 모델을 제공한다. 사용자가 앱을 사용하는 동안 체중이 5% 이상 감소하지 않으면 사용료를 받지 않는 것이다.[5]

디지털 당뇨병 예방 앱을 만드는 오마다 헬스(Omada Health)도 비슷한 전략을 택했다. 베이터 뉴스(Vator News)에 따르면 오마다는 사용자가 얼마나 체중을 줄였는지에 따라 사용료를 받는다. "사용자가 체중의 2%를 감량하면 2배의 사용료를 청구하고, 4%를 감량하면 4배를 청구하는 식이다."[6] (기사에 따르면 기본 요금은 사용자당 10달러 수준이다.)

최근 《애틀랜틱(Atlantic)》에 지중해빈혈(thalassemia)에 대한 유전자 치료를 개발하는 블루버드 바이오(Bluebird Bio)에 대한 기사가 실렸다. 지중해빈혈은 헤모글로빈 수치가 낮아지는 혈액 질환으로 환자는 매년 태어나는 신생아 중 약 10만 명 수준이다.[7] 블루버드 사의 치료에는 약 200만 달러의 비용이 들며, 5년에 걸쳐 분납할 수 있다. 하지만 환자가 좋아지지 않는다면 의료보험사는 첫 번째 분납금만 내면 된다.[8]

메모리얼 슬론 케터링 암센터의 피터 바크(Peter Bach)는 《애틀랜틱》에 가치기반계약의 문제는 제약회사들이 애초에 터무니없이 높은 가격을 책정하기 쉽다는 점이라고 지적했다. "블루버드에서 '우리 치료는 200만 달러입니다.'라고 말하는 건 일종의 쇼입니다. 가격을 정하는 건 융자 프로그램이 아니라 시장이어야 합니다."[9]

가치기반의료의 미래

피터 바크의 우려는 근거가 충분하지만, 보다 나은 가격 책정 기준이 필요하다는 뜻이지 결과기반 보험급여가 잘못되었다는 의미는 아니다. 치료의 가치(유효성)에 대해서는 충분히 논쟁을 할 수 있지만 이 모델 자체는 가치기반의료를 위해 올바른 방향으로 한걸음 나아간 것이다. 문제는 데이터라는 측면에서 아직 거기 도달하지 못했다는 점이다. 우리는 무엇을 기준으로 보험급여를 해주어야 할지, 산업계 전체를 어떻게 새로운 재정 모델 쪽으로 옮겨가야 할지 아직 합의에 이르지 못했다.

미래의 위대한 약물을 개발하기 위해 현재 나를 찾아오는 회사들에게 해줄 수 있는 최선의 조언은 개발 과정 중 최대한 빨리 자신들의 의약품이 갖는 사회 경제적 가치를 생각해보라는 것이다. 지금 당장 중요하다고 생각하든 그렇지 않든 환자에게 활동 추적장치를 부착하고, 활동 영역 같은 아이디어를 이용하며, 임상시험에 참여하는 모든 사람의 폭넓은 디지털 데이터를 기록해야 한다. 그러다 보면 흥미로운 생물학적 표본들을 모으게 될 것이다. 그것을 이용해 보다 풍부한 질병 모델을 만들면 환자들을 하위집단으로 구분하는 데 도움이 될 수 있다. 현재 의약품에 책정한 가격이 정당하다는 것을 입증하는 데 사용할 수 있는 증거가 아니라도 상관없다.

어쩌면 환자뿐만 아니라 그들이 처한 환경의 불일치가 드러날지도 모른다. 아직 정확히 어떤 방법으로 그렇게 할 수 있는지는 알 수 없지만, 활동 영역이나 기타 고해상도의 행동 표지자 같은 측정치가 질병 모델을 개발하는 데 도움이 될 것이라고 확신한다. 어디를 돌아다니고, 소셜 미디어에서 어떤 상호작용을 하는지 보면 치료에 반응할지 또는 (특히 종양학 분야에서) 새로운 치료가 필요할지 판단하는 데 도움이 될 수도 있다.(나는 반드시 그래야 하며 그럴 것이라고 믿는다.) 그런 예측에 도움이 되지만 아직 생각하지 못한 행동적 또는 인지적 생물학적 표지자들도 있을 것이다. 정보는 사방에 있으며, 우리는 그 정보를 수집할 능력이 있다. 그것들을 모아 더 나은 질병 모델을 개발해야 할 의무도 있다. 그것이 더 나은 결과를 얻는 길이기 때문이다.

2장에서 알츠하이머병의 그래프에 대해 논의했다. 나의 미래는 여러 가지 가능성이 있다. 완벽한 결과기반 세계에서 의사가 미래에 치료가 필요할 가능성이 높은 쪽에서 낮은 쪽으로 삶의 경로를 바꾸어 주었다면, 마땅히 보상을 받아야 한다. 야구에는 승리확률기여도(Win Probability Added, WPA)라는 현대적 통계 수치가 있다. 어떤 게임에서 팀이 승리할 가능성은 각각의 선수가 취하는 행동에 따라 달라진다는 것이다. 9회 말 투아웃 상황에서 1점 차이로 지고 있다면 경기를 뒤집을 확률은 4%에 불과하다.[10] 이때 어떤 선수가 홈런을 친다면 승리확률은 눈깜짝할 새에 56%로 뛰어오른다. 결과기반 보상의 세계라면 그의 행동 덕분에 확률이 4%에서 56%로 올랐으므로 승리의 절반에 해당하는 액수를 보상받는다. 의학은 아직까지 그 정도로 정확할 수는 없지만, 환자에게 스타틴을 처방하여 향후 10년간 생존할 확률이 몇 퍼센트 포인트 오르는 경우를 생각해 볼 수 있을 것이다. 그런 판단을 내린 의사는 그러지 않은 의사보다 더 많은 보상을 받아야 한다.

이것은 개인 차원의 이야기다. 인구집단 수준으로 가면 대부분의 국가에서 어떤 약이 규제기관의 승인을 받았다는 것은 단지 의학적인 관점에서 충분한 안전성을 지니고 있다는 의미다. 하지만 이때도 경제적 승인이라는 개념을 고려해 볼 수 있다. 그 약은 경제적 수익이라는 관점에서 볼 때도 안전하고 효과적인가? 새로운 지식을 이용해 환자에게 듣지 않는 약을 전보다 훨씬 빨리 끊고 새 약으로 옮겨가게 한다면, 그렇게 해서 환자가 보다 짧은 시간 내에 사회적 활동을 재개했다면 분명 경제적 가치가 있는 것이다. 우리는 한 가지 약물을 80억 명에게 주고 싶지는 않을 것이다. 그 약물이 차이를 만들어낼 사람, 긍정적인 쪽으로 의미 있는 영향을 미칠 수 있는 사람에게 주고 싶어 한다. 중요한 것은 그 사실을 입증하는 것이며, 바로 그런 점에서 새로운 도구들을 그토록 중요하게 생각하는 것이다. 잘못된 치료를 시행하면 필요 없는 비용이 들어간다. 잘못된 앱을 사용하여 그 앱에서 권장하는 대로 실행할 수 없었다면 역시 비용이 들어간다. 우리는 제한된 돈을 효과적인 치료에 쓰고 싶다. 혁신적인 방법을 최대한 많은 사람에게 보급해야 한다. 아무런 도움이 되지 않는 방법에 돈을 낭비하는 것은 어느 누구에게도 도움이 되지 않는다. 제한된 자원이 돈뿐만이 아니다. 정말 중요한 것은 기회비용이다. 귀중한 자원을 의미 있는 결과를 얻어내는 쪽에 투자할 수도 있다는 사실이 중요하다. 인센티브를 일치시키고 가치기반 시스템을 도입하는 것이 왜 그토록 중요할까? 낭비를 줄이기 때문이다.

언젠가 컬럼비아 경영대학원 학생들 앞에서 디지털 헬스 분야의 자격증을 따라고 권한 적이 있다. 많은 질문이 가치기반계약에 관한 것이었다. 나는 가치기반 접근법에 대해 생각할 때는 현재 아무도 충분히 주목하지 않는 세 가지 점을 고려해야 한다고 설명했다.

첫째, 누가 약을 사용하는지 생각해야 한다. "이런 돌연변이가 있다면 이 약을 복용하십시오. 하지만 다른 돌연변이가 있다면 복용해서는 안 됩니다. 심장병의 과거력이 있다면 복용하지 마십시오. 18세 미만이라면 복용하지 마십시오." 생명과학자들은 약물에 대해, 임상시험의 선정 및 제외 기준에 대해, 약물을 출시할 때 승인된 약품 라벨에 대해 이렇게 생각한다. 이것이 그들의 자연스러운 사고방식이다. 하지만 환자 방정식을 더욱 갈고 닦는다면 훨씬 구체적인 조건을 마련할 수 있다. '평소 이 정도로 활동적인 경우에만 복용하십시오.'라거나, '다음 세 가지 음식을 피할 수 있다면 복용하십시오.'라고 할 수 있는 것이다. '이러저러한 운동을 하면서, 이러저러한 약물과 함께, 웨어러블 센서에서 나타난 수치가 이러저러한 범위 내에 있을 때 복용하십시오.'라고 할 수도 있을 것이다. 예/아니오로 판단하는 것일 수도 있고, 환자의 반응이 얼마나 좋을지 예상하여 가중치를 부여하는 방식으로 조건을 제시할 수도 있다. 어떤 경우든 누가 이익을 볼지 예측하는 환자 방정식을 개발할 수 있으며, 그 환자 방정식을 꾸준히 개선하여 표적 환자 집단을 최대한 정확하게 설정해야 한다.

둘째, 약물이 효과가 있다는 사실을 어떻게 입증할까? 이것은 생명과학계에 등장한 새로운 개념이며, 특히 약물의 수명 주기를 상업적으로 구분할 때 더욱 중요하다. 하지만 연구 개발 단계부터 집단 전체가 아니라 환자 개개인의 관점에서 무엇이 각자에게 가장 중요한지 생각해야 한다. 유효성과 안전성을 추적할 때 생리학적, 인지적, 행동적 측면에서 무엇을 측정할 수 있을까? 그런 지표를 어떻게 측정할 수 있으며, 대규모로 측정하거나 대리지표를 찾아내려면 어떻게 해야 할까? 사실 모든 임상시험에서 행동을 추적할 때 논란이 되는 부분이다. 약물을 생리학적으로 평가하는 동안 이런 측정치를 항상 염두에 두지 않으면, 새로운 치료에 환자들이 반응하는 동안 애초에 수립한 질병 모델에서 생리학과 행동을 연관 지을 커다란 기회를 놓치게 된다. 그 과정 중 어떻게 환자와 관계를 맺을 것인지 궁리하는 것이 곧 측정의 성패를 좌우한다. 각 환자에서 약물에 대한 최선의 반응을 이끌어내기 위해 우리가 해야 할 일이 있을까? (12장에서 살펴본 질병 관리 플랫폼을 다시 생각해보자.)

셋째, 환자의 치료를 언제 중단시켜야 할까? 이런 생각은 가치기반환경에서 대부분의 생명과학 회사들이 전통적으로 해왔던 방식과 상반되는 것이다. 하지만 이 항목은 가치기반 시스템에서 낭비를 없애는 데 가장 중요하다고 할 수는 없을지 몰라도 처음 두 가지 항목만큼 중요하다. 수집한 데이터에서 환자가 약물의 이익을 보지 못한다는 사실을 알려주는 신호는 무엇일까? 그 정보를 약물 사용 기준에 어떻게 피드백할 것인가? 환자를 포함해 가치사슬 속에 있는 모든 사람에게 치료가 듣지 않는다는 사실을 최대한 빨리 알리려면 어떻게 해야 할까? 어떻게 최대한 빠르고 부드럽게 대안적 치료로 넘어갈 수 있을까? (심지어 경쟁사의 치료라도 넘어가야 한다. 그래서 전통적인 방법과 상반된다고 한 것이다!) 약이 듣지 않는 시점 뒤로는 환자가 약을 복용할 때마다 시간을 낭비하고, QOL 가치 곡선에서 곡선하면적을 축소시키고, 가치기반 세계에서 수익을 스스로 깎아 먹는 꼴이 되고 만다.

생명과학 산업계에서 이런 세 가지 개념을 적절히 관리한다는 것은 매우 어려운 일이다. 하지만 쉽다면 누구나 다 하지 않겠는가? 이런 생각을 받아들이고, 어떻게 환자 방정식이 여기에 이르는 열쇠인지 이해하고, 실행에 옮길 수 있는 회사가 경제적으로는 물론 환자에게 최상의 가치를 제공한다는 면에서도 승리자가될 것이다.

가치기반 의료에는 행위별 수가제와 다른 뭔가가 필요하다. 전통적 비즈니스 모델 입장에서는 엄청난 변화이자 완벽히 새로운 사고방식이 필요하다. 따라서 그 결과와 과정을 예측할 수 있어야 한다. 또한 중요하다고 생각하는 출력값들을 효과적으로 측정할 수 있어야 한다. 공상과학 소설이 아니다. 우리는 분명 가치기반 의료 쪽으로 나아가고 있다.

하지만 그것으로 충분한 것은 아니다. 의료비 지불자들의 보험급여 방식과 약물의 가치를 평가하는 방식을 바꿀 수 있지만, 그렇게 한다고 보건의료 시스템의 모든 측면에 저절로 구조적 변화가 일어나지는 않는다. 지금까지는 의학의 미래에서 가장 큰 이해 당사자들에 관한 논의를 특별히 하지 않았다. 바로 의사와 환자다. 의사들은 이런 첨단기술을 전 세계에 보급하기 위해 데이터 혁명에 동참해야 하며, 환자들은 이 모든 것이 어떻게 그들의 건강을 근본적으로 개선시킬 수 있는지 이해해야 한다.

다음 장에서는 심장 전문의이자 내 주치의인 댄 야데가(Dan Yadegar) 박사, 환자 권리옹호 활동가인 로빈 파만파미안(Robin Farmanfarmaian)과 함께 환자 방정식이 주도하는 세상에서 의사와 환자의 위치는 어디인지, 어떻게 하면 각 개인과 사회의 개선을 위해 인센티브를 일치시킬 수 있는지 이야기를 나눠볼 것이다.

Notes

1   John Kuelper, "Community Providers Will Help Drive the Future of Precision Medicine," STAT, February 23, 2018, https://www.statnews.com/2018/02/23/precision-medicine-communityproviders/.

2   Ibid.

3   Manasi Vaidya, "Outcome-Based Contracts Viable for Kymriah, but US Payers Still Unsure," Pharmaceutical Technology, July 30, 2018, https://www.pharmaceutical-technology.com/comment/outcomebased-contracts-kymriah/.

4   Ibid.

5   "Noom—The Anthology of Bright Spots," The diatribe Foundation, 2016, https://anthology.diatribe.org/programs/noom/.

6   Steven Loeb, "How Does Omada Health Make Money?," VatorNews, February 3, 2017, https://vator.tv/news/2017-02-03-how-doesomada-health-make-money.

7   Suzanne Falck, "Thalassemia: Types, Symptoms, and Treatment," Medical News Today, January 10, 2018, https://www.medicalnewstoday.com/articles/263489.php.

8   Sarah Elizabeth Richards, "Pharma Should Pay for Drugs That Don't Work," The Atlantic, April 22, 2019, https://www.theatlantic.com/ideas/archive/2019/04/pharma-should-pay-drugs-dont-work/587104/.

9   Ibid.

10 Greg Stoll, "Win Expectancy Finder," Gregstoll.com, 2018, https://gregstoll.com/~gregstoll/baseball/stats.html#H.0.9.2.1.

인센티브를
일치시켜라

환자 방정식에 의해 주도되는 세상의 장점이 완전히 실행되려면 지금까지 논의한 것들이 모두 함께 실현되어야 한다. 데이터는 보건의료의 모든 분야에 걸쳐 현재보다 훨씬 완벽하게 통합되어야 한다. 제약회사들은 센서와 적응형 임상시험설계의 위력을 적극적으로 받아들여 임상시험을 21세기에 걸맞게 변화시켜야 하며, 질병관리 앱 역시 활용하는 방식을 개발하고 검증해야 한다. 생명과학과 보건의료 분야의 모든 회사와 기관이 데이터의 새로운 흐름을 이용해 제품과 서비스를 이용하는 환자들에게 어떻게 더 깊고 실행 가능한 통찰을 제공할 것인지 생각해야 한다. 보험급여 모델은 가치기반의료 쪽으로 움직여야 한다. 마지막으로 의사와 환자들이 이 모든 움직임에 적극적으로 동참해야 한다.

환자 방정식에 의해 주도되는 미래를 얘기할 때는 의사와 환자들을 빼놓기 쉽다. 그들이 제품을 개발하거나, 임상시험을 설계하거나, 보험급여 모델을 결정하거나, 생명과학 산업이란 큰 그림을 바라보는 것은 아니기 때문이다. FDA 규제 요건을 다루거나, 자신의 진료나 경험을 넘어 의학의 산업적 측면에 대해 그리 많이 생각하지도 않는다.

그러나 데이터 혁명의 성패를 좌우하는 것은 결국 의사와 환자들이다. 의사들이 환자에게 스마트 기기를 권장하고 처방하지 않으면 확산은 일어나지 않는다. 의사들이 데이터 수집과 공유에 앞장서 미래에 유용한 생물학적 표지자가 무엇일지 적극적으로 찾지 않으면 지식은 발전할 수 없다. 기술이 어떤 도움을 주는지, 데이터가 어떻게 더 건강하고 편리한 삶을 연장시킬 뿐만 아니라 생산적으로 살아갈 수 있도록 도와주는지 환자들부터 이해해야 한다. 그렇지 못할 경우 이런 과정에 참여한다고 해도 필요한 정보를 생성하는 데 도움이 될 리 없다. 결국 환자들 스스로도 이익을 볼 수 없게 되는 것이다.

의사와 환자가 충분한 정보를 이해하고 적극적으로 참여하며, 그들이 얻는 이익(인센티브)이 나머지 산업계 전체와 완벽하게 일치하는 것은 매우 중요하다. 이번 장에서는 우선 의사의 입장, 그다음에는 환자의 시각에서 환자 방정식의 미래를 바라보고 어떻게 하면 진료라는 연속선상에 변화를 일으킬 수 있을지, 특히 우리의 사업에 가장 큰 효과를 얻을 수 있을지 생각해본다.

인간 의사, 디지털 의사

의사들이 이 책에서 논의한 아이디어에 완전히 참여하는 방법을 생각해보는 것은 어렵지 않다. 무엇보다 의사들은 풍부하고 신뢰할 만한 데이터를 원한다. 의사가 환자에 대한 정보를 원하는 것은 파일럿이 직접 조종할 항공기의 유지보수 기록을 보고 싶어하는 것과 같다. 의사는 더 좋은 데이터, 더 완벽한 데이터를 얻을수록 보다 효율적으로 일할 수 있다. 환자에게 더욱 가치 있는 치료와 예방 조치를 제공할 수 있는 것이다. 센서들이 제공하는 연속적인 정보는 의사들이 유용한 베이스라인을 설정하고, 사후에 반응하는 방식이 아니라 사전에 문제를 예방하는 방식으로 일하는 데 도움이 된다. 나는 의사가 아니지만 이런 비전에 동참하지 않는 의사가 모든 것이 디지털화되고 데이터가 날로 정교해지는 시대에 좋은 진료를 할 수 있으리라고 생각하지 않는다. 너무나 단순한 사실이다.

일부 의사들은 이런 도구들이 자동화되면 설 자리가 없어질 것을 걱정한다. 휴대폰 앱이 무슨 병에 걸렸는지, 어떻게 치료해야 하는지 알려줄 수 있다면 의사가 왜 필요할까? 여기에 대한 대답은 암 치료에 스마트한 권고안을 내줄 수 있다고 장담했던 IBM 왓슨의 실패담을 상기하는 것이다. 컴퓨터가 항상 옳은 것은 아니다. 인공지능은 많은 것을 할 수 있지만 인간의 판단과 경험과 복잡한 의사결정을 대신할 수는 없다. 쓰레기를 넣으면 쓰레기가 나온다는 원칙은 데이터뿐 아니라 원하는 결과가 무엇인지 가정하는 데도 적용된다.

앞에서 단순한 생존과 삶의 질 차이를 살펴보았다. 병실에 누운 채 더 오래 살 것인가, 수명을 양보하는 대신 평소와 다름없이 살 것인가라는 선택을 마주했을 때 정답이나 오답 따위는 있을 수 없다. 환자에 따라 처한 사정이 다르기 때문에 다른 선택을 할 것이다. 컴퓨터는 이런 판단을 도와줄 수 없다. 의사는 다르다. 인공지능은 혈당을 측정하고, 적절한 시점에 적절한 용량의 인슐린을 주사하는 등 기계적인 반복 작업을 대신할 수 있다. 우리가 쉽게 싫증을 내고, 놓치고, 실수하는 일이다. 하지만 이런 일로 의사를 대신할 수는 없다. 인공지능이 이런 일을 해준다면 의사는 생각하고, 전략을 마련하고, 로봇과 예측 모델이 할 수 없는 고차원적인 일을 하는 데 더 많은 시간을 쓸 수 있다.

결국 이 말은 의사가 사용할 수 있는 도구상자가 보다 커진다는 의미다. 일부 제품이 환자에게 더 많은 통제권을 주는 것과 마찬가지로(에이바 같은 웨어러블을 생각해보자), 의사들이 더 많은 정보를 얻을 수 있는 방법, 최소한 그런 가능성이 점점 늘어나는 것이다. 의사들은 환자가 어떤 기기를 착용하고, 무엇을 추적하고, 보고하기를 원할까? 어떤 데이터가 의학적으로 더 나은 결정을 내리고 더 생산적인 치료를 하는 데 도움이 될까? 환자들이 통상 보고하는 것보다 어떤 데이터를 더 정확하게 측정해야 할까? 어떤 상황에서 객관적인 데이터가 치료를 변경하는 데 도움이 될까?

나는 기술이 발달하면 불가피하게 의사들이 설 자리가 좁아질 것이라는 생각에 강력히 반대한다. 첨단기술은 의사들에게 더 많은 권한을 줄 것이다. 새로운 변화와 첨단기술 덕분에 의사는 사람들의 삶을 향상시키는 더 좋은 치료를 발견하고 실행에 옮길 수 있을 것이다. 그렇다, 자동화는 반복 작업을 줄여준다. 로봇은 조립 라인에서 사람을 대신할 수 있다. 하지만 인간의 몸은 믿을 수 없을 정도로 복잡하고, 우리는 점점 빨리 변하는 환경 속에서 살아가며, 질병과 건강에 대한 지식은 끊임없이 진화한다. 건강을 관리하는 새로운 도구들 역시 끊임없이 발명된다. 과거 의과대학에서 배운 대로 처방을 내리고 똑같은 시술을 반복하는 사람, 환자 방정식이 주도하는 세상에 적극적으로 참여할 생각이 없는 사람은 당연히 알고리듬이나 로봇에 의해 대체되지 않을까 걱정해야 할 것이다. 하지만 환자가 몸을 맡기고 싶은 유형의 의사라면 전혀 걱정할 필요가 없다.

대니얼 야데가 박사는 뉴욕시에서 활동하는 심장 전문의로, 하버드 대학을 졸업하고 코넬 대학에서 의사가 되었다. 뉴욕 최고의 병원에서 일했으며, 내 개인 주치의이기도 하다. 이 책을 쓰기 위해 그를 인터뷰했다. 그가 미래를 두려워하기보다 적극적으로 받아들이는 타입이기 때문이다. 그는 첨단기술이 의사를 대신하는 것이 아니라 의사가 환자들의 건강을 관리하고 더 오래, 더 행복하게 살 수 있도록 도와주는 엄청나게 강력한 도구가 될 것이라고 믿는다. 우리 모두 그렇게 믿어야 한다.

댄 박사(내가 부르는 애칭이다.)는 이런 새로운 도구들을 이용해 아무런 임상 증상이 나타나지 않았을 때 심장질환을 진단하고, 암을 발견할 수 있으리라 기대한다. 그런 목표를 위해 그는 진료 방식을 완전히 바꿨다. 전통적인 의사들과 달리 댄 박사는 일 년에 한 번씩 환자들을 보면서 서로 멀리 떨어진 시점에 고립된 데이터를 수집하지 않는다. 훨씬 풍성하고 생생한 그림을 원하는 것이다. 혈압을 지속적으로 모니터링하고 수면 데이터, 심박수 변동, 스트레스 표지자들을 끊임없이 추적한다. 그리고 이 모든 데이터를 한데 모아 상황을 철저히 이해한 후 더 나은 판단, 더 똑똑한 결정을 내리려고 노력한다. 그는 의료라는 전문 기술이 많은 정보, 많은 도구를 향해 나아간다고 생각한다. 약물과 의료기에만 의존하는 데서 온갖 추적 장치와 수학적 모델을 통합한 디지털 시스템이 약물과 의료기를 보완하는 쪽으로 나아간다는 것이다.

처음 댄 박사를 만났을 때(정기검진이었다.) 얼마나 많은 검사를 시행했던지 내가 느끼기에는 피를 2리터 정도 뽑아야 할 것 같았다. 사람들에게 이런 이야기를 하면 깜짝 놀라지만 댄 박사는 이렇게 말한다. "저는 객관적이든 주관적이든 최대한 많은 정보를 원합니다. 현재 우리가 환자에게 권고하는 것들은 대부분 집단 수준의 통계치를 근거로 합니다. 연령이 어느 정도라면 비용 효율성을 고려해 이러저러한 것을 권고해야 한다는 데이터에 기반을 두지요. 하지만 그렇게 해서는 각 개인이라는 기본적인 설계도를 놓치고 맙니다." [1] 그는 나이뿐만 아니라 평가할 수 있는 모든 측면에서 내가 누구인지 알고 싶어했다. "특히 생물학적 표지자, 유전체학, 단백질체학 등의 측면에서 모든 환자는 서로 다릅니다. 우리는 각 환자마다 실제로 어떤 일이 벌어지고 있는지 들여다볼 필요가 있습니다."

댄 박사는 위험을 층화하기 위해 환자의 관상동맥 칼슘 수치를 측정한다. 약물 치료가 필요한 상황인지 알아보는 것이다. 수면("수면을 객관적으로 측정할 수 있으면 정말 큰 도움이 될 겁니다.")과 식단과 운동을 들여다본다. 어쩌다 한번 진료실에서 혈압을 재는 것이 아니라 지속적으로 측정하여 혈압의 변동 상황을 검토한다. "이런 식으로 추가적인 시점에 측정한 데이터가 많을수록 도움이 됩니다. 항상 더 좋은 판단을 내릴 수 있죠. 예를 들어 환자가 매일 밤 혈압이 떨어지는 '추락형'인지 알면 여러모로 도움이 됩니다."

그는 설명을 이어간다. "현재 보건의료의 큰 문제 중 하나는 심부전입니다. 심부전으로 재입원하는 환자 수를 줄이는 것은 환자의 건강은 물론 비용 면에서도 중요합니다. 현재 나와 있는 기기들은 임피던스를 이용하지요. 임피던스가 뚝 떨어지면 심부전이 임박했다는 신호입니다. 환자가 아무런 증상을 느끼지 못해도 심박조율기 같은 기기를 통해 측정한 임피던스가 떨어지고 있다면 저는 약물을 두 배로 올려 응급실로 가지 않도록 막습니다. 사건이 일어나기 전에 숫자로 아는 거죠."

사건이 일어나기 전에 숫자로 안다. 정확히 환자 방정식이 목표로 하는 것이다. 댄 박사는 이렇게 유용한 숫자들을 최대한 많이 얻고 싶어한다. "복합적인 데이터 세트를 보고 심박수 변동성, 하루에 피우는 담배 개피 수, 최고 및 최저 혈압, 스트레스를 나타내는 대리지표들, 하루 중 마음 챙김 상태에 있는 시간, 아무 것도 하지 않고 느긋하게 있을 수 있는 시간이 얼마나 되는지 등을 알 수 있다면… 식단과 영양과 운동에 관한 객관적인 데이터, REM 수면 시간… 환자 진료를 최적화하기 위해 얻고 싶은 정보는 끝이 없습니다. 모든 것이 환자와의 대화에 절대적으로 중요합니다."

그는 보험회사들도 이런 숫자들을 측정해서 그가 환자들의 데이터를 향상시키기 위해 얼마나 많은 일을 했는지를 기준으로 보험급여를 해주면 훨씬 좋을 것이라고 했다. "공통의 이해가 걸린 일이니까요."

댄 박사는 데이터가 자신을 대체할 가능성을 전혀 두려워하지 않는다. "객관적이든 주관적이든 바로 그런 데이터 지점들을 설정하고 최적화하는 것이 의학이란 기술입니다. 자원들을 접근 방법과 품질이란 측면에서 어떻게 이용해야 할까요? 그건 정해진 공식 같은 게 아닙니다. 제 환자들은 표준치료 이상을 요구합니다. 활력이 넘치기를 바라고, 더 오래 사는 데 그치지 않고 인지 기능과 독립성을 유지하고 싶어하죠. 그런 판단을 내리려면 단지 숫자만 보아서는 안 됩니다. 그것들을 넘어선 뭔가를 볼 수 있어야 하죠."

대부분의 환자들에게 정말로 의미 있는 변화를 일으키려면 데이터를 인쇄하는 것으로는 어림도 없다. 의사-환자 관계 또한 매우 중요하다. 그것이야말로 데이터가 재현할 수 없는 부분이다. "첨단기술에서 빠진 것이 있다면 의사-환자 간의 애착입니다. 저는 우리가 진단과 질병 예방을 아주 잘 할 수 있게 된다고 해도, 진정으로 환자라는 인간을 치료하는 방향으로 질병을 돌보는 데는 오히려 예전만 못하게 되지 않을까 두렵습니다. 우리의 역할은 어떤 일이 일어날지 예측하고 애초에 그런 일이 일어나지 않도록 유용하고 의미 있는 대화를 나누는 겁니다. 그건 데이터가 할 수 있는 일이 아니죠."

정량화할 수 없는 것을 존중하기

댄 박사가 말했듯 의사들은 데이터를 넘어서야 한다. 환자 방정식이 주도하는 세상에서 효과적으로 일하는 의사는 그저 질병을 치료하는 것이 아니라, 환자와 파트너가 되어 건강을 유지하고 최선의 삶을 누릴 수 있도록 돕는 존재일 것이다. 그들은 다차원적 상태도에서 환자 방정식에 의해 정의된 곡선을 따라 살아가는 경로를 추적할 것이다. 이때 데이터에 지나치게 의존할 경우 되려 위험해질 수 있다.

"데이터의 교환을 지식의 교환과 혼동해서는 안 됩니다." 《메드시티뉴스》에 보도된 한 학회에서 미국 의학협회(American Medical Association) 수석 의료정보책임자인 마이클 호지킨스(Michael Hodgkins)는 의료계의 리더들 앞에서 말했다.[2] "만성질병에서 이런 도구들을 임상진료와 환자를 돌보는 데 어떻게 응용할 것이냐라는 문제를 해결하지 못한다면, 우리는 큰 발전을 이룰 수 없습니다." 지나친 것은 오히려 나쁠 수 있다. 데이터만 갖고는 현재의 상태를 넘어설 수 없다.

하지만 데이터는 패러다임을 바꿀 수 있다. 소비자 디지털 헬스 회사인 리봉고(Livongo)의 이사장인 글렌 툴먼(Glen Tullman)은 《포브스》 기사에서 미래의 진료실을 상상했다. "의사가 스마트폰으로 당신을 진찰하여 성가신 기침이 계절성 천식인지 울혈성 심부전이 악화된 것인지 판단하겠다는 제안을 했다고 상상해봅시다." [3] 미래의 의사는 검사를 사전에 지시하고, 환자의 휴대폰이나 다른 기기에 설치된 앱을 통해 집에서 할 수 있는 다양한 검사들을 시행할 것이다. 그리고 이후 환자와 직접 대면했을 때보다 생산적이고 보람 있는 대화에 필요한 모든 데이터를 수집할 것이다.

앞으로 데이터는 사전에 수집과 가공을 거쳐 곧바로 적용 가능한 상태로 준비될 것이다. 의사가 처음 진료실에서 보는 환자에게 필요한 모든 것을 할 수 있으리라 기대하는 것은 비현실적이다. 따라서 베이스라인은 가변적이다. 기대도 저마다 다르다. 한 가지 예상치 못한 장점이 있다면 좋든 싫든(물론 의사가 건강을 개선시킬 판단을 내리는 데 도움이 된다는 면에서 분명 좋은 쪽이기는 하다.) 우리는 디지털 의사에게 거짓말을 할 수 없다. 운동을 했는지, 무엇을 먹었는지, 약을 제때 복용했는지 센서는 알고 있다. 객관적 정직성을 보장한다는 것만으로도 환자 진료는 엄청나게 발전할 것이다.

엠헬스인텔리전스(mHealthIntelligence)와의 인터뷰에서 캔자스 대학병원의 라제시 파와(Rajesh Pahwa) 박사는 스마트폰이나 스마트 워치 같은 웨어러블 기기가 파킨슨병 환자를 치료하는 데 어떻게 도움이 되는지 설명했다. "며칠씩 신체의 움직임을 추적하면서, 파킨슨병의 특징인 떨림이 언제 생겼는지, 얼마나 심한지 도표화하고, 환자들이 보통 네 시간에 한 번씩 복용하는 L-DOPA 처방과 어떤 상관관계가 있는지 따져볼 수 있습니다."[4] 디지털 기기는 치료를 보다 정교화하고 환자의 삶을 개선하는 데 도움이 된다는 것이다.

하지만 그 과정에서 임상적 판단이 여전히 가장 중요하다는 점을 잊어서는 안 된다. 보건의료 영역이 아닌 예를 통해 이런 개념을 분명히 알 수 있다. 1983년 9월 26일 소련군 중령 스타니슬라프 페트로프(Stanislav Petrov)는 밤새껏 핵공격 조기경보 위성을 모니터링하는 임무를 수행 중이었다. 《워싱턴 포스트(Washington Post)》의 보도에 따르면 갑자기 "요란하게 사이렌이 울렸다. 그의 앞에 있던 패널의 빨간색 버튼에 '시작'이라는 단어가 깜박였다. 컴퓨터 화면에는 붉은색 대문자로 '발사'라는 단어가 나타났다." 첨단기술 장치가 지금 막 미국이 핵공격을 시작했다고 알린 것이다.[5]

경보 시스템에 따르면 다섯 발의 미사일이 날아오고 있었다. 페트로프는 상관들에게 반격을 가해야 한다고 말할 것인지, 시스템이 오작동했다고 말할 것인지 결정해야 했다. 직감적으로 그는 시스템이 잘못되었다고 생각했다. 그리고 그대로 보고했다. "그저 이상한 기분이 들었어요. 실수를 하고 싶지는 않았죠. 저는

결정을 내렸습니다. 그게 다예요." [6]

그가 옳았다. 기계는 다르게 얘기했지만 인간의 직감이 옳았던 것이다. 잠재적인 핵전쟁이든 의사의 진료실에서든 기술이 항상 완벽한 것은 아니다. 항상 대답을 해줄 수 있는 것도 아니다. 하지만 분명 기술은 의사들이 보다 나은 결정을 내리고, 몇 년 전까지 꿈도 꿀 수 없던 일들을 하는 데 도움을 준다. 이렇게 댄 박사처럼 새로운 데이터를 적극적으로 받아들이고 활용하는 의사들은 지속적으로 발전해나갈 것이다. 그러지 않는 의사들은 뒤처질 것이다. 특히 새로운 기술을 원하는 환자, 그것이 제공하는 모든 것을 적극 활용하여 자신에게 도움되길 바라는 환자들은 새로운 데이터에 소극적인 이들을 외면할 것이다.

힘을 지닌 환자들

《엘리멘탈(Elemental)》지는 기업가인 줄리아 치크(Julia Cheek)를 이렇게 소개한다. "2017년 ABC의 〈샤크 탱크(Shark Tank, 미국의 리얼리티 TV 쇼. 기업가가 다섯 명의 투자가 앞에서 사업 계획을 발표하면 투자가들이 그 기업에 투자할지 결정하는 프로그램-역주)〉에서 최고 기록을 세웠다. 심판들은 그녀의 회사 에벌리웰(EverlyWell)에 100만 달러를 투자하기로 결정하였는데, 이는 쇼가 방송된 이래 한 명의 여성 기업가가 유치한 최고 투자 액수였다." [7] 에벌리웰은 라임병에서 콜레스테롤이나 성매개성 감염에 이르기까지 다양한 질병과 검사

항목에 걸쳐 상업용 검사실이나 진료실과 똑같은 품질의 가정용 의료 검사를 판매한다. 치크의 회사는 이 시장에 새로 진입한 많은 기업 중 하나일 뿐이다. 그들이 판매하는 기술은 전혀 새로울 것이 없지만, 환자들은 그간 보건의료 시스템이 독점해왔다고 생각했던 종류의 정보 수집에 참여하고 싶다는 충동을 느꼈다. 이런 현상은 이 책의 주제와 불가분의 관계다. 환자들은 스스로를 위해 더 많은 일을 할 수 있으며, 기회만 주어진다면 언제든 그렇게 한다.

서문에서 스스로 자신에 관한 정보를 추적했던 암 환자이자 환자 권리옹호활동가 고(故) 잭 웰런을 소개한 바 있다. 그가 마이크로소프트 엑셀로 자신의 생물학적 표지자들에 대한 그래프를 보여준 순간, 나는 처음으로 환자 방정식에 대해 영감을 얻었다. 이제 수많은 것을 추적할 도구가 있으므로 환자들은 치료의 한 부분을 담당할 수 있다. 잭은 임상시험이라는 세계를 의사들만큼 잘 알았으며, 자신의 생물학적 표지자들에 대해서도 마찬가지였다. 어쩌면 의사들보다 더 많이 알았을 것이다. 그는 최소한 부분적으로라도 자신이 참여한다면 치료가 보다 좋아질 것이라 느꼈다. 기술에 의해 그런 일이 가능해졌다. 환자 방정식 같은 사고방식을 주류 의학 내부로 옮기려는 노력을 도울 수 있는 유일한 사람은 데이터의 힘을 이해하고 의료 제공자들만큼 진지하게 받아들이는 환자 자신이다.

모든 환자가 잭 웰런처럼 자신의 몸에 기기들을 장착하고 집에서 생물학적 표지자들을 추적할 필요는 없다. 그러나 자신의 데이터를 이용하거나 기기들을 장착하고 디지털을 이용해 치료에 적극적으로 참여할 필요는 있다. 환자들에게 앱과 웨어러블 기기가 어떻게 약물이나 시술과 결합하는지 교육해야 한다.(이 점에 있어서는 분명 제약산업계가 도움이 된다.) 이 점을 진지하게 받아들여야 한다. 환자들은 보건의료의 새로운 시대를 맞아 정보가 곧 힘이며, 자신들에게 도움이 된다는 점을 이해해야 한다. 정보는 의사를 만나지 않을 때도 건강을 유지하는 데 도움이 되며, 보건의료 시스템과 협력하여 최선의 치료를 찾아내는 데도 도움이 되고, 궁극적으로 더 오래 건강하게 사는 데 도움이 된다. 또한 환자들은 과학적으로 회의적인 태도를 취할 필요가 있다. 측정 가능하고 객관적인 결과가 무엇인지 이해해야 하며, 항상 그것을 추구해야 한다. 객관적이고 과학적으로 검증된 사실과 사이비 과학을 구분할 줄 알아야 한다.

환자 권리옹호활동가이자 기업가이자 작가인 로빈 파만파미안은 환자야말로 자신의 건강과 삶을 최고의 상태로 유지하기 위해 의사와 기기와 앱과 기타 모든 것을 끌어모으고 스스로 보건의료 팀의 'CEO'가 되어야 한다고 역설했다. "환자로서 우리가 지닌 정보는 어마어마합니다. 우리는 의료 등급의 EKG 모니터를 착용하고 아이폰과 연결하여 정보를 클라우드에 전송할 수 있습니다. 콘택트렌즈로 녹내장 진행 상황을 추적하고, 양말로 걸음 수를 측정하고, 피하 센서로 혈당을 측정하고, 상피조직에 센서를 장착하여 자외선을 측정할 수 있지요. 저는 가공되지 않은 데이터를 원하지는 않지만, AI가 실행 가능한 항목들을 계기

판처럼 띄워준다면(탈수되었으니 물을 250cc 정도 마셔야 할까?) 전문가의 의견이 필요할 때는 의사나 다른 의료인을 고용하고 그렇지 않을 때는 스스로를 책임질 수 있지요." [8]

로빈에게 첨단기술은 자유와 권능을 제공하는 것이다. "치료 결과가 좋지 않다고 해서 반드시 의사가 잘못한 것은 아닙니다. 의사들은 전통적으로 소속 보건의료 시스템 내에서만 활동하지요. 예를 들어 스탠퍼드에서 근무하는 의사라면 자기 병원 밖에서 벌어지는 일을 굳이 알 필요가 없습니다. 바깥 세상에 나와 있는 모든 기기와 약물과 기술을 다 알지는 못하는 것도 당연하지요. 매일 너무 많은 정보가 쏟아져 나오니까요." 환자들이 어느 정도는 자신에 대해 책임질 의무가 있다는 뜻이다. 이런 말을 들으면 두려운 사람도 있을지 모르지만, 스스로 자신의 의학적 운명을 통제할 방법이 있다는 면에서 마음이 놓이기도 한다. 또한 의료비 지불자들은 최대한 통제권을 쥔 채 건강 상태를 추적하고, 정보에 귀를 기울이고, 스스로 참여하는 환자들에게 마땅히 인센티브를 제공해야 한다. 환자가 건강해질수록 모든 면에서 비용이 덜 소비되기 때문이다.

《메드시티뉴스》에 실린 칼럼에서 소비자용 건강 소프트웨어 회사인 웰토크(WellTok)의 이사장이자 CEO인 제프 마골리스(Jeff Margolis)는 이 문제를 아주 잘 설명했다. 그는 우선 서로 다른 두 가지의 보건의료 데이터를 떠올려보라고 한다. 첫 번째는 의사가 환자를 '고치기' 위해 해야 하는 것들이다. 두 번째는 환자 스스로 "일상생활이라는 맥락에서 최고의 건강 상태를 달성하기 위해"

할 수 있는 것들이다. "우리는 수십 년간 첫 번째 데이터를 완벽하게 만들려고 노력했다. 하지만 두 번째 데이터에 대해서는 무엇을 했는가?"[9] 우리는 환자를 무시할 수 없다. 첨단기술이 제공하는 기회, 환자와 직접 접촉하여 스스로 의학적인 측면의 삶을 관리하도록 도울 수 있는 기회를 적극적으로 받아들여야 한다.

글렌 툴먼의 회사 리봉고는 진작부터 이렇게 하고 있다. 현재는 당뇨병 영역에 국한되어 있지만, 향후 다른 분야로 확장할 계획이다.[10] 그가 리봉고를 시작한 이유는 보건의료 분야도 지난 세대에 다른 모든 산업 분야에서 일어났던 일과 마찬가지로 기술을 통해 복잡성이 감소하는 추세를 따를 수밖에 없다고 생각했기 때문이다. "예를 들어 이제 예전보다 항공권을 구매하기가 훨씬 쉬워졌습니다. 하지만 보건의료 분야는 더 복잡하고, 더 헷갈리고, 더 많은 비용이 들지요." 툴먼은 보건의료를 제외하고는 모든 것이 갈수록 소비자 중심으로 흘러간다고 느꼈다. 그는 이런 깨달음을 얻은 후, 자신의 벤처 펀드를 통해 보다 지적이고, 정보가 많으며, 서로 연결된 건강 소비자를 창조하려는 회사들에 투자했다. 그는 데이터를 이용해 소비자들을 보건의료 시스템 바깥으로 끌어내고, 이들을 환자가 아니라 사람으로 대우할 수 있기를 바라고 있다.

"우리는 사람들이 훌륭한 판단을 내릴 것이라고 믿습니다. 그 과정을 쉽고 비용 효율적으로 만들어야 합니다. 병에 걸리고 싶거나, 나쁜 진료를 받고 싶은 사람은 없습니다. 그저 너무 복잡할 뿐이죠. 사람들이 올바른 판단을 내리게 하려면 이 과정을 더 단순하게 만들어야 합니다." 리봉고에서 그는 보건의료 분야의 기존 참여자들(보험회사와 기업들)이 구성원과 직원들에게 행동과 의사결정을 향상시키는 데이터 도구들을 제공하도록 한다. 당뇨병 분야에서 간절히 필요한 환자들에게 터무니없는 가격으로 혈당 검사 스트립을 파는 대신 실행 가능한 조언을 제공함으로써 돈을 버는 방식으로 전통적 모델을 깨뜨렸다. 리봉고는 혈당 검사 스트립을 공짜로 제공한다. 환자들이 필요 이상으로 혈당을 체크하지는 않으며, 모든 단계에서 환자들과 싸우는 대신 건강을 위한 파트너가 되어야 한다고 믿기 때문이다.

"우리가 하는 모든 일은 우리 회원들에 관한 것입니다. 질문이 있다면 [우리 앱에서] 스크린을 터치하기만 하면 됩니다. 그러면 60~90초 사이에 누군가 전화를 하죠. 하루도 빠짐없이 24시간 내내 그렇게 운영됩니다." 이런 식으로 사람들은 병원에 갈 필요가 없으며, 그 사실을 매우 기쁘게 생각한다. 그는 오로지 시스템을 이용한 횟수를 근거로 기업에 사용료를 받는다. 리봉고가 가치를 제공하지 못했다면 기업도 돈을 낼 필요가 없다는 철학이다. 또한 당뇨병을 앓는 사람의 70%가 고혈압이 있기 때문에 고혈압 쪽으로도 서비스를 확장하여 통합된 경험을 제공한다. 하나의 플랫폼으로 건강을 유지하고, 당뇨병과 고혈압을 관리하고, 체중을 관리하고, 정신건강을 관리한다. 이들은 데이터를 수집하고(이미 전 세계에서 가장 큰 혈당 정보 데이터베이스가 되었다), 데이터 기반 예측 과학을 이용해 건강을 관리하도록 도와주고, 언제 혈당을 체크해야 하는지, 언제 뭔가를 먹어야 하는지, 언제 물을 더 마셔

야 하는지 등을 알려주려면 어떤 정보가 필요한지 알아낸다. 그
결과 사용자 한 명당 연간 1,000달러 이상의 비용을 절감하면서
도, 헤모글로빈 A1c를 비롯한 건강 지표가 눈에 띌 정도로 호전
되었다.

이것은 인공췌장이 아니지만(리봉고는 응용건강신호[Applied Health
Signals]라고 부른다), 환자에게 불편을 주거나 침습적인 기기를 사용
하지 않고 데이터를 지능적으로 사용해 보다 쉽게 건강을 향상
시킨 예이다. 더욱이 환자들은 병원이 아닌 집에서, 휴대폰을 이
용해 이런 성과를 달성했다.

2019년 말, 우리는 이 모든 조각이 하나로 합쳐지는 모습을 보
았다. 데이터를 공유하려는 협력, 데이터 주도형 시스템의 장점
을 반영한 보험급여 모델, 의사와 환자들이 참여하여 보다 신뢰
성 있는 환자 방정식을 만들어내려는 움직임이 시작되고 있었다.
바로 그때 COVID-19가 유행하면서 모든 것이 변했다. 마지막
장에서는 지금까지 논의했던 아이디어들이 전 세계적 규모의 감
염병 유행이라는 맥락에서 왜 훨씬 더 중요해졌는지 살펴보고,
팬데믹이 지나간 이후의 세상을 헤쳐 나가기 위해 무엇을 알아
야 하는지 생각해볼 것이다.

Notes

1 Daniel Yadegar, interview for The Patient Equation, interview by Glen de Vries and Jeremy Blachman, February 7, 2017.

2 Josh Baxt, "Data, Data Everywhere, Not a Drop of Insight to Glean?," MedCity News, August 25, 2017, https://medcitynews.com/2017/08/data-data-everywhere-not-drop-insight-glean/.

3 Glen Tullman, "Health Care Doesn't Need Innovation—It Needs Transformation," Forbes, December 21, 2016, http://www.forbes.com/sites/glentullman/2016/12/21/health-care-doesnt-needinnovation-it-needs-transformation/#7e9623525a4f.

4 Eric Wicklund, "A Parkinson's Doctor Explains How MHealth Is Changing Patient Care," mHealthIntelligence, October 2, 2017, https://mhealthintelligence.com/news/a-parkinsons-doctorexplains-how-mhealth-is-changing-patient-care.

5 David Hoffman, "'I Had A Funny Feeling in My Gut,'" Washington Post, February 10, 1999, https://www.washingtonpost.com/wp-srv/inatl/longterm/coldwar/soviet10.htm.

6 Ibid.

7 Erin Schumaker, "What's Driving the Boom in At-Home Medical Tests?," Medium (Elemental), May 15, 2019, https://elemental.medium.com/whats-driving-the-boom-in-at-home-medical-tests-2e9812e38a16.

8 Robin Farmanfarmaian, interview for The Patient Equation, interview by Glen de Vries and Jeremy Blachman, February 22, 2017.

9 Jeff Margolis, "How Consumer Data (Not More Clinical Data) Will Fix Healthcare," MedCity News, April 9, 2018, https://medcitynews.com/2018/04/consumer-data-not-clinical-data-will-fixhealthcare/.

10 Glen Tullman, interview for The Patient Equation, interview by Glen de Vries and Jeremy Blachman, September 3, 2019.

그리고,
팬데믹

팬데믹에 관해 가장 놀라운 사실은 완벽한 수수께끼로 둘러싸여 있다는 것이다. 그 병이 무엇인지, 어디서 왔는지, 어떻게 멈출 수 있는지 아는 사람이 아무도 없는 듯하다. 사람들은 불안한 마음에 또 다른 유행의 파도가 다시 덮쳐올 것인지 묻고 있다…[1]

마치 COVID-19 유행이 전 세계를 덮쳤던 2020년에 쓴 것처럼 보인다. 하지만 실은 그보다 100년도 더 지난 1918년, 스페인 독감 팬데믹이 물러간 후에 쓰인 글이다. 친구이자 생물학과 통계학 분야에서 나와 성향이 비슷한 카네기 멜론(Carnegie Mellon)의 자연과학대학장 리베카 도어지(Rebecca Doerge) 박사가 과학적 관점에서 현 사태를 바라보라는 뜻으로 내게 보내준《사이언스 (Science)》지 기사의 일부다.

이 기사를 쓴 사람은 도시공학자였던 조지 소퍼(George Soper)로 1906년 뉴욕시에서 유행했던 장티푸스의 감염원으로 소위 '장티 푸스 메리(Typhoid Mary)'를 지목하여 유명해졌다. 그는 이렇게 쓴 다. "[상당한 통계 데이터를 연구하고 나서야] 비로소 감염자 수, 연령, 성별, 상태와 인종, 합병증과 후유증 같은 것을 알 수 있을 것이다. 이런 사실들이 예방적 조치와 어떤 관련이 있는지는 그 뒤로도 분명치 않을 것이다." [2]

놀랍게도 COVID-19가 유행 중인 지금도 팬데믹을 이해하고 예방할 능력이라는 점에서 사정이 크게 달라진 것 같지는 않다. 물론 지난 100년간 의학적 지식은 물론 진단과 치료를 위한 도구 들 역시 놀랄 정도로 증가했다. 게다가 지금은 전 세계가 기술이 라는 네트워크에 의해 서로 연결되어 있다. 한 세기 전에는 꿈도 꿀 수 없었을 상황이다. 그럼에도 질병 전파를 막기 위한 대책은 큰 차이가 없어 보인다. 다시 한번 소퍼의 말을 들어보자.

> 질병을 완벽하게 예방하는 방법은 한 가지뿐이다. 절대 적 격리 상태를 유지하는 것이다. 바이러스를 옮길 수 있 는 사람은 절대로 바이러스에 감염될 수 있는 사람을 만 나서는 안 되며, 그 반대도 마찬가지다. [3]

이 대목을 읽으며 놀라지 않을 수 없었다. 1918년 이래 의학과 기술 분야에서 일어난 모든 혁명과 수많은 새로운 가능성에 생각이 미쳤다. 하지만 이 책에서 논의한 아이디어들이 마침내 진정한 변화를 이끌어낼지도 모른다고 생각하면 힘이 나기도 한다.

전 세계에 걸친 COVID-19의 확산과 그로 인한 피해는 앞으로 수십 년간 역사학과 과학 분야의 연구 주제가 될 것이다. 하지만 대략 생각해봐도 이 책에 실린 몇 가지 개념이 얼마나 중요하고 유용한지 알 수 있다. 우리는 생명과학과 의학 분야의 전문가로서 팬데믹에서의 회복을 촉진하고, 인류의 건강에 미칠 부정적인 효과를 감소시키고, 다음 팬데믹이 찾아온다면(100년 후가 될지, 100일 뒤가 될지 아무도 모른다.) 지금보다 훨씬 잘 대처하기 위해 무엇을 할 수 있을까? 개인으로서는 어떨까? 바이러스의 직접적인 영향과 의학적 치료가 늦거나, 임상시험이 취소 또는 연기되거나, COVID-19와 무관한 질병을 앓는 환자를 눕힐 병실과 돌볼 의료 인력이 부족해 생긴 간접적인 피해를 줄이려면 어떻게 해야 할까? 감염병에서 유전적 질병까지 모든 질병을 관리하는 데 적용할 만한 교훈은 어떤 것이 있을까?

상태도를 다시 생각해보자

나는 뉴욕 인근에 COVID-19가 유행한 지 겨우 2주 정도 됐을 무렵 놀라운 경험을 했다. 친구 하나가 바이러스에 감염되어 예기치 못한 죽음을 너무 빨리 맞았던 것이다. 그는 비교적 젊은

나이였고, 내가 아는 한 건강에 아무 문제가 없었다. 당시만 해도 COVID-19의 가장 중요한 위험인자(생명을 위협할 정도로 심하게 앓을 것인지 예측할 수 있는 개인적 변수)는 연령과 면역 상태라고 생각했다. 60세 미만이고 면역 기능이 건강하다면 아예 증상이 없거나, 그저 독감 비슷하게 앓고 지나갈 것이라고 믿었던 것이다. 이제는 그런 생각이 옳지 않음을 안다.

내 친구는 그저 운이 나빴을지도 모른다. 하지만 그렇지 않을 수도 있다. 아시아와 유럽에서 젊고 건강한 희생자가 속출했다. 미국에서도 그런 보고가 잇따랐다. COVID-19의 중증도를 예측하는 데 도움이 될 만한 다른 인자를 알아내는 것이 중대한 문제로 떠올랐다. 그런 인자를 이해해야 딱 맞는 환자에게, 딱 맞는 시점에, 딱 맞는 치료를 할 수 있다. 정밀의료는 종종 희귀병이나 암에 적용된다고 생각한다. 그러나 이런 역사적인 순간과 내 친구를 비롯해 수많은 사람들의 때이른 죽음이 생생하게 보여주듯 감염병에서도 그 중요성은 조금도 덜하지 않다.

9장에서 논의했던 상태도를 다시 떠올려보자. 이제 가로축과 세로축을 온도와 압력 대신 연령과 면역 반응으로 생각할 수 있다. X축의 원점은 건강한 면역계이며, 오른쪽으로 갈수록 면역기능이 약해진다고(예컨대 항암치료를 받아 면역 억제 상태가 되었다고) 생각해보자. Y축은 위로 올라갈수록 연령이 높아진다. 이렇게 단순하게 본다면 그래프의 원점에 가까이 있을수록 SARS-CoV-2(바이러스 자체)에 노출되었을 때 COVID-19(질병)에 걸리거나 심하게 앓을 가능성이 적어질 것이다.

하지만 내 친구나 수많은 다른 사람들은 두 가지 변수만으로 충분하지 않았다. 누가 치료가 필요하고, 누가 그렇지 않은지 예측하는 수학적 모델을 구축한다는 것은 어림도 없었다. 질병을 이해하기 위해 우리가 놓쳤던(어쩌면 지금도 놓치고 있을) 입력값은 무엇일까?

앞에서 논의했던 다차원적 모델처럼 일단 최대한 많은 데이터를 수집한 후 COVID-19를 심하게 앓은 환자와 그렇지 않은 환자들에 대해 온도압력표와 같은 기준을 수립해야 한다. 이상적인 상황이라면 전 세계 모든 환자를 완벽하게 알 수 있을 것이다. 누가 바이러스에 노출되었으며, 누가 COVID-19 증상을 나타냈는지, 질병이 나타나기까지 경과된 시간은 얼마이며, 어떤 치료를 받았으며, 회복되기까지는 얼마나 걸렸는지까지. 그러나 전 세계 의료 시스템은 본질적으로 연결되어 있지 않다. 팬데믹이라는 사건의 속성 때문에 철저한 모습을 그려낸다는 것은 불가능하다. 다른 질병 역시 마찬가지다. 이상적으로는 환자에서 가능한 모든 위험인자가 어떤 식으로 조합되어 있는지 밝혀낸 후 모든 타당한 방법을 동원해 치료하고 결과를 가상의 온도압력표 모델에서 볼 수 있어야 할 것이다. 하지만 그런 식으로 데이터를 완벽한 온도압력곡선 스타일로 분석한다는 것은 실용적이지도 않고, 비윤리적이며, 궁극적으로 불가능하다. 그렇다고 최선을 다해 시도해 보는 것조차 불가능한 것은 아니다.

제리 리 박사가 처음 내게 설명해준 것과 정확히 같은 방식으로 최선을 다해 수집한 데이터에 상태도 모델을 적용할 수 있다.

그렇게 하여 누가 SARS-CoV-2에 노출되었는지 알기만 하면 언제, 어떤 치료가 필요할지 예측하는 가상의 방정식을 만들어 검증해볼 수 있다. 적어도 안전하고, 효과적인 백신이 널리 보급될 때까지는 이런 방식으로 접근해볼 여지가 있다. 우선 질병을 앓은 사람과 앓지 않은 사람에 대해 보고된 추가적인 데이터를 들여다봐야 한다. 체질량지수, 의학적 병력, 심지어 유전자 같은 것들이다. 그후 서로 다른 치료와 긍정적인 결과를 연결하여 관련된 인자들을 찾을 수 있다. 그러면 상전이, 즉 입력값 변수들과 어떻게 하면 환자들을 가장 잘 치료할 수 있는지에 대한 예측 사이의 관계를 나타내는 방정식을 유도해볼 수 있다.

알츠하이머병을 도표화했던 것처럼 상태도 스타일의 도표에서 이 방정식들을 그래프로 그려 시간에 따른 질병의 진행을 시각화해볼 수도 있다. 예컨대 몸속에 존재하는 바이러스의 양, 즉 바이러스 부하를 그려볼 수 있을 것이다. 잭 웰런이 영웅적으로 암에 맞서 싸운 이야기처럼 상태도와 질병 진행에 관한 생각을 결합하면 COVID-19를 효율적, 효과적으로 관리하는 데 필요한 수학적 로드맵을 그릴 수 있다. 최소한 스페인 독감 때보다는 더 잘 관리할 수 있을 것이다.

8장에서 살펴본 캐슬맨병을 둘러싼 분석들도 참고할 만하다. 이 글을 쓰는 동안 COVID-19의 증상이 매우 다양하다는 사실이 밝혀지고 있다. 처음에 COVID-19라고 불렀던 병은 어쩌면 이 모든 증상을 포함하는 포괄적 용어이거나, 이 바이러스가 일으키는 몇 가지 증후군 중 하나에 불과한지도 모른다. 예를 들어,

가와사키병과 비슷한 염증성 증후군이 최근 어린이들 사이에서 보고되기 시작했다. 몇몇의 장기 손상 징후도 COVID-19와 연관되어 있을지도 모른다. 이런 손상은 그 자체가 다른 질병에 대한 환자 방정식을 찾는 데 결정적인 입력값이 될 수 있다. 이런 증상들이 팬데믹과 어떤 관계가 있는지, 어떻게 하면 이 증상들을 가장 잘 관리할 수 있는지는 시간이 말해줄 것이다. 그러나 다양한 차원에서 COVID-19의 하위 유형을 나눠본다는 아이디어는 정밀의료의 개념은 물론 모든 팬데믹 감염병이라는 맥락에서도 굉장히 중요할 것이다.

온도압력표, 센서, 조기경고 시스템

환자가 병원에 너무 많이 몰려 의료가 마비되고, 환자는 의사를 만날 수 없거나 만나려고 하지 않는 상황을 떠올려보자. 이럴 때에는 어떻게 해야 방정식 유도에 필요한 일부의 데이터라도 수집할 수 있을까? 최소한 부분적인 해답은 앞에서 논의한 내용 속에 있다. 이미 존재하는 휴대용 기기와 센서들의 연결 속에서 환자와 의료 제공자 사이의 상호작용이 전혀 필요하지 않은 정보들을 얼마든지 발견할 수 있다. 기기와 센서들은 COVID-19 환자 방정식에 중요한 인자들에 관한 가설을 수립하고 검증하는 데 도움이 될 풍부한 데이터를 제공할 수 있다.

4장에서 임신을 돕는 배란 감지 웨어러블 장치 에이바를 살펴본 바 있다. 에이바는 가임 주기를 예측하기 위해 체온, 호흡수, 휴식 시 심박수, 혈류 상태, 심박수 변동 등 다양한 입력값을 이용한다. 똑같은 변수들을 이용해 COVID-19 증상 악화를 예측하고, 치료가 필요한 사람을 보다 서둘러 구별해낼 수 있다면 어떨까? 더 많은 측정 가능한 차원에서 로드맵을 구축하고, 어떤 요인이 집에서 회복되는 환자와 입원치료가 필요한 환자를 구분하는 데 도움이 되는지 알아내고, 생명과 관련되어 더 나은 결정을 내릴 수 있다면 어떨까?

이런 질문은 단순히 이론적인 것이 아니다. 리히텐슈타인(Liechtenstein)에서 에이바로 추적할 수 있는 측정치들을 이용해 다른 방법보다 더 빨리 COVID-19 감염자를 찾아낼 수 있는지 알아보는 연구가 진행 중이라는 말을 듣고 나는 공동 설립자인 파스칼 쾨니히에게 연락했다. 소위 조기경보 시스템이다.[4] 에이바의 보도자료에는 이렇게 쓰여 있었다. "기본적인 가정은 이런 방법을 통해 전형적인 증상이 나타나지 않은 초기 단계에 COVID-19를 식별하는 새로운 알고리듬을 만들 수 있다는 것입니다."[5] 새로운 알고리듬이라고? 환자 방정식과 너무 비슷하게 들리는 말이었다.

하지만 연구의 비전은 조기발견을 훨씬 넘어선다. 보도자료는 이런 질문을 제기한다. "예를 들어 의료인이 지난 수주 또는 수개월 동안 환자의 활력징후 데이터를 알 수 있다면 어떨까요? 또는 이 연구를 통해 에이바 팔찌를 집이나 진료 시설에서 자가격리해야 하는 고위험군에게 원격 연속측정 장치로 활용할 수 있을지 알아볼 수도 있을 것입니다."[6] 한 가지 목적(가임성 추적)을 위해 설계된 기기를 다른 목적(COVID-19의 발견과 관리)으로 사용한다는 아이디어는 다양한 맥락을 통해 이미 다루었다. 내가 뇌졸중 학회에서 암 진단 모델을 찾는다면 심장학 연구 데이터를 봐야 한다고 했던 일을 기억하는가? 한 가지 질병을 지니고 있던 환자에게 우연히 다른 질병이 생긴다면, 그 환자에게서 수집된 데이터는 가설을 돌아보고 검증하는 데 매우 큰 가치가 있다.

우리는 어떤 표현형(활력징후, 행동적 또는 인지적 측정치)이 COVID-19라는 맥락에서 가치를 더해줄 수 있을지 모른다. 아주 작은 변동, 예를 들어 정상적인 패턴에서 벗어나 체온이 약간 높아진 것으로 앞으로 큰 문제가 생길 것을 예측할 수 있을까? 누군가 치료가 필요할 것임을 24시간, 48시간, 심지어 72시간 전에 알 수 있을까? 그 데이터를 하나의 인자로 추가함으로써 수많은 치료 중 가장 좋은 치료가 무엇인지 결정할 수 있을까? 암 치료에서 논의했듯 아주 작은 변동을 추가적인 입력값으로 사용해 어떤 환자가 치료에 얼마나 잘 반응할지 예측할 수 있을까?

개인이 착용할 수 있는 것 외에 그 범위가 단일 환자를 넘어서는 감지 메커니즘도 있다. 예를 들어 팬데믹을 겪는 중 맨해튼을 달리는 자동차 수, 오가는 행인 수, 소음 수준은 이전과 크게 달랐다. 특정한 택시 한 대, 사람 한 명을 더 큰 맥락에서 관찰하지 않으면 다른 점이 전혀 없어 보일지 모르지만 전체 집단을 보면 그 차이는 뚜렷하다. 거리를 오가는 사람이나 도로를 달리는 차량의 숫자는 전보다 크게 줄었다. 비필수적이라고 분류된 사업체들이 문을 닫았고, 사람들이 사회적 거리두기에 들어갔으므로 충분히 예상된 일이다. 하지만 그런 사실을 모른다면 어떨까? 그래도 전체적인 감각 입력값은 여전히 존재할 것이다. COVID-19에 대해 아무것도 모른 채 뉴욕의 거리를 걷는 사람도 틀림없이 뭔가 크게 달라졌다고 느낄 것이다.

솔직히 말하면 이것은 나를 포함한 생명과학 산업계가 엄청난 기회를 날려버린 데 대한 은유다. 우리는 COVID-19를 훨씬 더 효과적으로 관리할 수 있었다. 어쩌면 유행을 완벽하게 방지할 수도 있었지만 그렇지 못했다. 공유되는 데이터가 너무나 적었기 때문이다. 뇌졸중 학회에서 제기한 아이디어와 11장에서 논의한 것 같은 데이터 통합의 힘을 보여주는 예다.

생명과학 산업계는 전 세계에서 셀 수 없이 많은 연구를 진행하며, 의학계에서 가장 정교하게 선별된 데이터 세트를 지닌 수백만 명의 환자가 적극적으로 연구에 참여한다. 다른 어떤 곳보다 그들의 병력과 활력징후는 자주 체크되며 종종 유전자 염기 서열 검사까지 이루어진다. 1장의 그림 1.1에 나타난 거의 모든 규모의 정보를 얻는 셈이다. 또한 때때로 우리는 투여 중인 모든 약물, 동반질환, 이상반응을 발생하자마자 알 수 있다. 그럼에도 임상시험들은 오직 연구 대상 적응증을 연구에서 평가하는 치료 옵션이라는 맥락에서만 바라볼 뿐이다.

치료 영역과 관계없이 임상시험에 참여한 환자 가운데 COVID-19에 걸린 환자를 알아낼 수 있다면 다양한 온도압력표 데이터를 얻을 수 있지 않을까? 잠재적 치료와 그 결과에 대해 상당히 많은 것을 알 수 있지 않을까? 데이터를 COVID-19라는 맥락에서 바라보면서 증상과 징후를 찾고, 첫 번째 환자가 진단 받자마자 가설들을 검증한다면 잠재적 조기경고 시스템은 물론이고 더 나아가 상태도의 초안 정도는 그려볼 수 있을 것이다. 이를 통해 환자를 진단하고 치료를 선택할 때 진정 무엇이 중요한지 알 수도 있을 것이다.

나는 이번 팬데믹이 산업계의 행동을 촉구하는 계기가 되길 바란다. 다음에 비슷한 일이 벌어졌을 때 이런 데이터를 어떻게 사용할지 궁리하기를 바란다. 만일 각 개인을 폭넓고 자세히 분석하는 게 가능해진다면 향후 감염의 전파를 막는 데 큰 역할을 할 수 있을 것이다. 아울러 다양한 인구집단의 건강을 관리하는 데 훨씬 많은 것을 알아낼 수도 있다. 연구 데이터를 보다 넓게 바라보고 연구 자체의 한계를 넘어 피험자를 연결할 방법을 찾아내야 한다.

이는 넓은 의미에서 독감에 대한 플루모지의 노력과 연관된다. 플루모지는 임상시험 데이터를 들여다보지 않았다. 대신 환자 보고서와 온라인 활동을 주목했다. 우리도 그런 인자를 고려하지 않을 이유가 없다. 우리의 임상시험 데이터에 새로운 층을 더하면 어떻게 될까? 환자들이 온라인에서 무엇을 검색했는지, 그들이 증상을 어떻게 자가 보고했는지를 함께 고려할 수 있을까? 체온 상승을 소셜미디어 활동, 이메일 체크, 그 밖의 활동 감소와 결합한다면 체온보다 훨씬 큰 의미를 알아낼 수 있을까? 그런 징후는 병에 걸렸다고 생각하기 전에 몸이 조금 안 좋고, 더 피곤하며, 뭔가 다른 증상이 나타난다는 것을 의미할까? 데이터를 들여다보고 검증해봐야 확실히 알 수 있다.

이런 생각은 또한 2장에서 논의했던 새로운 유형의 측정치를 상기시킨다. 활동 영역을 입력값으로 이용해 스스로 깨닫는 것보다 건강에 대해 더 많은 것을 알아낼 수 있을 것이라는 생각이다. 이곳저곳 돌아다니는 양상을 건강 상태에 대한 대리지표로 이용하자는 것이다. 비슷한 맥락에서 요즘은 접촉 추적에 대한 논의가 점점 활발해지고 있다. 누가 COVID-19에 노출되었는지 알기 위해 지역사회에서 사람들이 돌아다닌 패턴을 보자는 것이다. 그 패턴을 잘 관찰하면 노출을 피하거나, 혹시라도 모르는 사이에 노출되었을 경우 어떻게 적절한 조치를 취해야 할지 통찰할 수 있다.

COVID-19에서 하루 동안 어딘가를 돌아다니면서 어떤 행동을 했는지는 매우 중요하다. COVID-19 감염 위험을 평가할 때 노출 여부는 어쩌면 '예/아니오'식의 변수가 아닐지 모른다. 얼마나 많은 바이러스에 노출되었는지와 조기에 반복 노출된 시점이 위험과 치료 방법을 결정할 때 중요한 요인으로 밝혀질 수도 있다. 이 또한 시간이 해결해줄 문제다. 하지만 고려할 가치가 있는 모든 인자를 넘어서 예컨대 병원에서 일하는지 아닌지는 어느 정도 예측에 도움이 될 수도 있다. 주변 친구들과 동료들의 경우를 보면, 연령과 면역 상태는 좋을 것으로 예상했던 젊은 사람들이라도 보건의료 분야에 종사자일 경우 COVID-19에 감염되는 사례가 확실히 더 많은 것처럼 보이기 때문이다.

무증상 보균자들이 독감과 같은 다른 질병에서 알려진 것과 비교하여, 얼마나 많은 바이러스를 방출하는지 이해하는 것 역시 매우 중요할 수 있다. 《뉴잉글랜드 의학저널》에서는 이런 식의 무증상 전파가 "현행 COVID-19 통제 전략의 아킬레스건"이라고 지적한 바 있다.[7] 어쩌면 바로 그 때문에 우리는 바이러스가 어디에나 있으며, 통제를 위해서는 전 세계적인 락다운이 필요하다는 사실을 그토록 늦게 깨달았는지도 모른다. 접촉 추적(그리고 물론 추적의 효과를 거두기 위한 충분한 검사)을 통해 이후 수차례에 걸친 재유행을 피하고, 경제를 신속하게 정상 상태로 돌려놓을 수 있을지도 모른다.

신뢰할 수 있는 접촉 추적을 모든 곳에서 시행한다는 것은 매우 어려운 일이지만, 회사들이 기꺼이 데이터를 공유하고 최선의 방법을 찾기 위해 협력한다면 역시 더 쉬워질 수 있다. 2020년 4월 애플과 구글은 블룸버그 통신에서 "보기 드문 협력관계"라고 일컬은 조치를 발표했다. 바이러스에 감염된 것으로 밝혀진 휴대폰 사용자의 위치를 추적하여 이전에 접촉한 사람들에게 알려주는 기술을 아이폰과 안드로이드폰에 탑재한다는 것이다.[8] "애플과 구글의 모든 임직원은 바로 지금이 전 세계가 마주한 가장 급박한 문제들을 해결하기 위해 협력해야 할 가장 중요한 순간이라고 믿습니다."[9]

이런 노력이 어떤 결실을 거둘지 예측하는 것은 시기상조다. 그러나 COVID-19 데이터를 실행 가능하고 유용하며 안전하고 가치 있는 방정식으로 변환하려면 모든 환자, 모든 인구, 모든 연구, 모든 의학 분야, 모든 첨단기술, 건강의 다양한 측면을 측정할 수 있는 모든 규모에 걸쳐 폭넓은 시각을 가져야 한다는 것에는 의심의 여지가 없다. 이 글을 쓰는 현재 우리는 미국 최초의 COVID-19 환자가 언제 발생했는지 모른다. 항체가 얼마나 폭넓게 생성되었는지, 바이러스가 전체 인구집단에서 얼마나 빨리 전파되는지도 알지 못한다. 풍부한 온도압력표 같은 시각을 갖는다면 훨씬 많은 것을 알 수 있다. 접근할 수 있는 모든 데이터 출처를 이용하고, 쉽게 볼 수 있는 것을 넘어서는 영역들을 서로 연결하여 그런 시각을 구축해야 한다. 저변에 깔린 환자 방정식에 초점을 맞추어 우리 앞에 무엇이 있는지는 물론, 어떤 데이터가 그것을 넘어서는 사실들을 알려줄 수 있는지 볼 수 있어야 한다.

▬ 시스템의 취약성에 주목하자

팬데믹은 비단 COVID-19 환자들에게만 걱정스러운 일이 아니다. 인류와 보건의료 시스템의 모든 측면이 위기에 직면해 있다. 어떤 환자가 임상시험에 참여하든, 단순 정기검진을 받든 우리의 보건의료 시스템은 환자와 의료인이 물리적으로 같은 공간에 있는 것이 기본이다. 이것이 결정적인 취약점이다. 사실 전 세계적인 팬데믹을 겪고서야 이 사실을 뼈 아프게 인식한다는 것 자체가 놀라운 일이다. 한동안 사람들은 다리가 부러져도, 가벼운 심장발작을 일으켜도, 항암치료 중이어도 의사를 만날 수 없었다. 임상시험을 위해 진료실을 찾을 수 없었음은 물론이다. 하지만 왜 수많은 첨단기술이 있음에도 환자가 치료받기 위해서는 물리적으로 의료인 앞에 와야 한다고 생각하며, 그러기를 요구하는 까닭은 무엇인가?

환자가 의료인을 찾아가거나, 의료인이 환자를 찾아가는 시스템은 운송 수단을 이용할 수 없거나, 병원이 너무 붐비거나, 안전하지 않을 경우(또는 안전하다고 느끼지 않을 경우)가 되면 제대로 작동할 수 없다. 시스템 과부하는 의사가 한꺼번에 여러 곳에 있어야 하는 상황이나, 보호장구가 부족하거나, 심지어 환자가 약을 타러 집 근처 약국에 갈 수 없는 등 단순한 문제가 발생할 때 훨씬 복잡한 문제로 연결된다. 모든 것이 정상일 때를 가정하여 설정된 능력이나 접근 방식은 대부분 비상 사태에서 쓸모가 없다. 현재의 진료 방식(연구 과정도 문제다.)은 사람들이 병원에 가기를 원치 않거나, 쉽게 갈 수 없을 때 제대로 기능하지 못한다. 조기경고 시스템이 마련되고 질병 모델을 정교화하는 탁월한 의사결정 방법이 개발된다고 해도 마찬가지다.

팬데믹이 지나가면 불가피하게 모든 치료 분야에서 수많은 환자가 나빠진 모습을 보게 될 것이다. 반드시 COVID-19 때문만이 아니라 이번 위기 중에 일상적이든 비일상적이든 진료를 건너뛰고, 연기하고, 잊어버린 결과이다. 암 선별검사, 당뇨병 유지요법, 약물 용량 조절, 흉통 진단 검사, 연례 신체검사, 진행 중이었던 치료와 같은 의료 행위들이 연기되면 질병이 진행될 것은 당연하다. 병원이 열려 있고, 의사들이 일하고 있더라도(두 가지 모두 당연한 것은 아니다.) 사람들은 (특히 위험이 가장 큰) 면역억제 환자들, 감염성 높은 질병에 걸린 사람들이 로비에 앉아 있을 수 있다고 생각하면 병원에 가기를 꺼린다.

이런 심리적 영향은 이미 명백히 나타나고 있다. 《위장관학 (Gastroenterology)》에 실린 새로운 연구에서는 팬데믹이 뉴욕시에서 위장관 출혈로 입원한 환자들의 경과에 미치는 영향을 조사했다. 팬데믹 이전에 비해 환자들은 입원 시 헤모글로빈과 혈소판 수 치가 더 낮았으며(최대한 버티다 치료를 받으러 왔다는 뜻이다), 입원 기간 은 더 길었으며, 수혈을 요하는 경우가 훨씬 많았다.[10] 나는 이런 양상이 모든 질병에 걸쳐 나타났으리라 생각한다. COVID-19의 영향으로 환자들은 집에서 최대한 버티다가 건강이 나빠져서야 병원을 찾는다. 그로 인해 환자들은 보다 많은 치료를 더 오랫동 안 받아야 하며, 이는 환자들에게 나쁜 결과로 이어진다.

COVID-19가 지나가면 보건의료 시스템의 이러한 측면들이 변할 것이다. 밝은 전망이라고 할 수는 없겠지만, 이미 우리는 원격의료와 가상진료의 성장을 보고 있으며, 앞으로도 계속 보게 될 것이다. 팬데믹이라는 응급 상황에서 많은 의사와 병원은 가상 환경에서 환자를 최대한 잘 돌보려고 노력했다. 의사들은 전화와 화상 사이를 바삐 오가며 노력했다. 물론 잘 되지 않은 경우도 있었겠지만, 이번 위기로 환자가 진료를 받기 위해 의료인 앞에 물리적으로 존재해야 하는 필요성을 줄이는 방법에 대한 논의가 시작될 것이다.

물론 수술을 받는다든지 일부 영상 검사, 복잡한 주사 치료 등 반드시 병원에 가야만 하는 경우도 있지만, 이 책 전체를 통해 의료기기와 약물을 결합하여 보다 자동화된 원격 진료를 가능케하는 아이디어들을 살펴보았다.(당뇨병 관리가 대표적이다.) 향후 이런 모델을 향한 움직임이 더욱 거세지리라는 데는 의심의 여지가 없다. 우리는 원격 환경에서도 환자를 면밀히 관찰하고 다양한 항목들을 측정할 수 있다. 현재 복잡하다고 생각되는 치료들도 약간 다른 방향에서 생각한다면 집에서 시행할 수 있는 경우가 점점 많아질 것이다. 개인적으로는 의료기기와 약물을 결합하는 추세가 갈수록 가속화되리라고 예상한다.

환자방정식은 여기에서 매우 중요해진다. 무엇이 효과가 있고 효과가 없는지, 어떤 측정치가 중요하고 중요하지 않은지 알면 알수록, 환자가 굳이 의사를 찾지 않고도 맞춤형으로 안전하게 받을 수 있는 치료를 더 많이 개발할 수 있게 될 것이다. 사실 주입 치료를 보다 역동적이고 일관성 있게 시행할 수 있다면 질병을 한층 더 효과적으로 관리할 수 있다. 당뇨병이 아닌 희귀한 효소 결핍증 환자에게 마치 인공췌장처럼 부족한 효소를 정확하게 주입해주는 장치가 있다고 생각해보라.

원격 진단 및 치료 경험을 통해 되먹임 회로가 만들어지면 이 과정을 최대한 효과적으로 정교하게 다듬어 으레 환자 치료에 존재해왔던 한계들을 차근차근 극복할 수 있다. 앞으로는 의료의 규모를 대기실의 넓이, 치료실 숫자, 의사 숫자로 정의하는 것이 아니라 센서와 치료 자체의 가용성으로 정의하게 될 것이다. 근거 없는 희망이 아니라 COVID-19 이후 시대에 반드시 필요한 사회 발전 방향이다. 이제 첨단기술을 당뇨병뿐 아니라 보건의료 생태계 전체에 걸쳐 응용해야 한다.

▬ 현대화된 임상시험설계를 향한 빠른 길

보건의료 환경에서 환자가 물리적으로 진료실을 찾지 않아도 된다는 것은 치료에만 국한되는 말이 아니다. 임상시험 역시 중요하다. COVID-19가 유행한 뒤로 새로운 임상시험에 참여하는 사람은 물론, 이미 참여했던 임상시험을 계속하는 사람조차 급격히 줄었다. 생명을 위협하는 질병이든 만성질환이든 연구 과정 자체가 실질적으로 멈춰선 상태다. 메디데이터 자체 조사에 따르면 2019년 3월에 비해 2020년 3월 임상시험 참여자 수는 세계적으로 60% 넘게 감소했다. 암처럼 생명을 위협하는 질병은 50%, 당뇨병 같은 만성질환은 80%가 줄었다. 대부분의 분야가 영향을 받은 것이다.[11]

임상시험 의뢰자인 제약회사는 환자 모집과 등록 과정뿐만 아니라, 일정이 늦어지고 연구 자체가 취소되어 발생하는 경제적인 부담에 대해서도 우려하지 않을 수 없다. 팬데믹 이후 생명과학 산업계 전체가 진행 중인 임상시험에 새로운 환자 모집을 중단하고, 시험을 연기하고, 시험 방문 간격을 연장하고, 임상시험 계획서를 개정하는 것이 일상이 되었다.[12]

또한 상당히 많은 연구기관이 환자를 가상/원격의료 환경으로 전환시켰다. 미래를 어느 정도 낙관적으로 보는 이유다.[13] 11장에서 가상 환경에서 수행되는 임상시험의 필요성을 폭넓게 논의했지만, 팬데믹 시대를 맞아 그 방향으로 더 빨리 움직여야 할 필요성이 어느 때보다도 부각되었다. 임상시험 자문회사 클리니컬 이노베이션 파트너스(Clinical Innovation Partners)의 설립자인 크레이그 립셋(Craig Lipset)은 《클리니컬 리더(Clinical Leader)》에 이렇게 말했다. "현재 우리는 연구와 보건의료 분야 양쪽에서 극적인 변화를 목격하고 있습니다… 팬데믹이 지나가면 이런 혁신이 위기를 견디고 살아남을 수 있었는지 알게 될 것입니다."[14]

제약업계의 거인인 노바티스의 CEO 바스 나라시만(Vas Narasimhan) 역시 최근 영국 잡지인 《모노클(Monocle)》과의 라디오 인터뷰에서 비슷한 말을 했다. "팬데믹은 다양한 차원에서 엄청난 가속기로 작용하고 있습니다… 훨씬 많은 환자를 온라인으로 진료하면서… 원격의료의 규모를 엄청나게 키웠죠."[15]

서둘러 가상 임상시험으로 옮겨가지 않는다면(그렇게 한다고 해도 어쩌면) 장차 약물 승인 과정이 크게 느려질 것이다. 사고방식을 전환하지 않는 이상 COVID-19 유행 초기에 나타난 것만큼 계속 임상시험이 늦어지면 사람의 생명에 관련된 약물들의 승인이 몇 년씩 늦어질지 모른다. 새로운 치료를 목마르게 기다리는 환자들을 위해 대안적인 방법을 강구하는 것은 반드시 필요하면서도 시급한 일이다. 다행히도 현재 규제기관이 나서 이런 움직임에 긍정적인 태도를 천명하고 있다.

예를 들어 FDA는 가상 임상시험과 적응형 시험 등 새로운 사고방식과 기술을 이용한 임상시험 설계에 환영의 뜻을 표시했다. 《비즈니스 인사이더(Business Insider)》에 따르면 FDA 약물평가 및 연구센터(Center for Drug Evaluation and Research) 소장인 재닛 우드콕 (Janet Woodcock)은 현행 임상시험 시스템이 반드시 변화해야 한다고 강조했다.[16] "이 위기에 의해 더 나은 임상시험 인프라스트럭처를 마련해야 한다는 사실이 분명히 드러났습니다."[17] 우드콕은 REMAP-CAP을 비롯해 적응형 임상시험에 매우 개방적이다.

REMAP-CAP은 COVID-19에 대한 새로운 임상시험으로 인공지능을 이용해 50개 넘는 병원에서 수집된 데이터를 한꺼번에 분석하면서 다양한 치료를 검증하여 바이러스에 대한 효과적인 치료를 찾아내는 것이 목표다.[18] 케이시 로스(Casey Ross)는 《스태트》지에 이렇게 썼다. "본 연구에서는 코로나 바이러스에 의한 중증 폐렴 환자들을 항생제, 독감에 대한 항바이러스 치료, 스테로이드, 매크로라이드 계열의 항생제 등 네 가지 범주의 치료에 무작위 배정합니다. 매크로라이드는 피부와 호흡기 감염 환자를 치료하기 위해 자주 사용되는 항생제입니다."[19]

SPY-2 유방암 임상시험처럼 이 시험 역시 중간 결과에 따라 점점 많은 환자를 더 유망한 치료에 배정한다. 《스태트》에 따르면 이 시험은 "또한 산소와 인공호흡기 치료를 시행하는 다양한 전략을 평가한다. 일차 결과 변수는 90일 시점의 사망률을 측정하는 것이다."[20]

다시 한번 강조하지만 팬데믹으로 인한 희망적인 전망이 있다면 보다 빨리 새로운 임상시험설계로 전환하고, 적응형 시험과 가상 데이터 수집 방식을 보다 빨리 받아들여 궁극적으로 환자들이 보다 빨리, 보다 좋은 치료를 받게 되는 것이다. 우리는 약물 개발 과정에 초래된 정체를 해소하고, 치료가 중단된 환자에게 더 좋은 치료를 제공하고, 팬데믹 기간 중 제대로 치료받지 못해 새로운 치료법을 절실히 필요로 하는 환자들(만성질환, 암, 제때 치료받지 못한 심장발작이나 뇌졸중)을 돕기 위해 혁신적인 연구를 수행해야 한다. 나는 이런 변화를 이끌어내지 못한다면 COVID-19 때문이든, 이차적인 문제 때문이든 통상적 치료가 아니라 혁신적 치료가 필요한 환자가 너무 많이 늘어 그렇지 않아도 취약한 시스템이 무너지지 않을지 걱정스럽다.

▀ 향후 100년

모든 상황이 1919년을 상기시킨다. 당시에는 팬데믹에 대한 상태도적 시각이 전혀 없었다. 지금도 마찬가지다. 새로운 표현형, 시스템의 취약성을 극복할 수 있는 가상 진료, 보다 우수한 임상시험설계, 데이터를 중심으로 한 강력한 협력 등 모든 역량을 한데 모아 팬데믹을 극복하고 미래를 위해 더 나은 계획을 마련하여 다음에 비슷한 팬데믹이 발생했을 때 더 많은 도구, 더 많은 정보, 더 많은 능력을 지니고 2020년보다 훨씬 더 잘 대처할 수 있기를 바란다. 미래에서 현재 시점을 돌이켜보았을 때, 모든 문제를 극복하고 더 나은 보건의료 시스템 쪽으로 나아간 변곡점으로 기억할 수 있기를 바란다.

이 책에 기술한 모든 변화의 시급함은 팬데믹이라는 상황이 벌어졌든 그렇지 않든 동일하다. 결론에서는 COVID-19의 어두운 구름이 머리 위에 드리운 것과 관계없이 우리 앞에 놓인 미래가 현재의 모델보다 환자들에게 훨씬 풍부하고 훨씬 우수한 모델을 제공할 잠재력이 있으며, 그 잠재력을 실현하기 위해 어떻게 구체적인 한 걸음을 내딛을 수 있는지 살펴볼 것이다.

Notes

1 George A. Soper, "The Lessons of the Pandemic," Science 49, no. 1274 (May 30, 1919): 501–506, https://doi.org/10.1126/science.49.1274.501.

2 Ibid.

3 Ibid.

4 "Liechtenstein Study Aims to Help Combat Coronavirus Pandemic," Ava, April 15, 2020, https://www.avawomen.com/press/liechtenstein-study-aims-to-help-combat-coronavirus-pandemic/.

5 Ibid.

6 Ibid.

7 Monica Gandhi, Deborah S. Yokoe, and Diane V. Havlir, "Asymptomatic Transmission, the Achilles' Heel of Current Strategies to Control Covid-19," New England Journal of Medicine, April 24, 2020, https://doi.org/10.1056/nejme2009758.

8 Mark Gurman, "Apple, Google Bring Covid-19 Contact-Tracing to 3 Billion People," Bloomberg, April 10, 2020, https://www.bloomberg.com/news/articles/2020-04-10/apple-google-bringcovid-19-contact-tracing-to-3-billion-people?srnd=premium.

9 Ibid.

10 Judith Kim, John B. Doyle, John W. Blackett, Benjamin May, Chin Hur, and Benjamin Lebwohl, on behalf of HIRE study group, "Effect of the COVID-19 Pandemic on Outcomes for Patients Admitted with Gastrointestinal Bleeding in New York City," Gastroenterology, May 2020, https://doi.org/10.1053/j.gastro.2020.05.031.

11 Mark Terry, "Clinical Catch-Up: April 6-10," BioSpace, April 13, 2020, https://www.biospace.com/article/clinical-catch-up-april-6-10/?s=69.

12 "COVID 19 and Clinical Trials: The Medidata Perspective," https://www.medidata.com/wp-content/uploads/2020/05/COVID19-Response4.0_Clinical-Trials_2020504_v3.pdf , May 4, 2020.

13 Ibid.

14 Ed Miseta, "Covid-19 Hastens Embrace Of Virtual Trials," Clinical Leader, March 30, 2020, https://www.clinicalleader.com/doc/covidhastens-embrace-of-virtual-trials-0001.

15 Tyler Brule, "The Big Interview," radio broadcast (Monocle, May 8, 2020), https://monocle.com/radio/shows/the-big-interview/114/?

16 Andrew Dunn, "There Are Already 72 Drugs in Human Trials for Coronavirus in the

US. With Hundreds More on the Way, a Top Drug Regulator Warns We Could Run Out of Researchers to Test Them All.," Business Insider, April 2020, https://www. businessinsider.com/fda-woodcock-overwhelming-amount-ofcoronavirus-drugs-in-the-works-2020-4.

17 Ibid.

18 Casey Ross, "Global Trial Uses AI to Rapidly Identify Optimal Covid-19 Treatments," STAT, April 9, 2020, https://www.statnews.com/2020/04/09/coronavirus-trial-uses-ai-to-rapidly-identifyoptimal-treatments/.

19 Ibid.

20 Ibid.

결론

 이 책에서 얻어야 할 가장 중요한 교훈은 무엇일까? 그것은 우리의 건강은 어떤 경로를 따라가게 되는데, 그 경로들은 우리의 DNA에서 세계와 작용을 주고받는 방식 그리고 주변 환경이 우리에게 미치는 영향 등 모든 것이 합쳐져 결정된다는 점이다. 숲속에 난 산책로처럼 우리는 어디서 출발해서 여기까지 왔는지 돌아볼 수 있다. 그 경로가 매우 구불구불하다고 가정해보자. 숲을 가로질러 난 한줄기 오솔길이 아니라, 현재 측정할 수 있고 미래에 측정하게 될지 모를 모든 것을 포함하여 수많은 차원을 가로지르는 엄청나게 복잡한 길이라고 상상해보자. 그 속에는 유전자(활성화된 것과 비활성화된 것), 혈액의 화학적 성분들, 혈압, 다양한 장기의 기능, 사고방식, 사고방식에 의해 나타나는 행동 같은 것이 모두 포함될 것이다.

숲의 지도는 이차원이다. 우주공간을 비행하는 로켓의 경로는 삼차원을 가로지른다. 하지만 우리의 생물학적인 모든 측면을 가로지르는 n차원의 궤적을 그려보는 일은 엄두가 나지 않을 정도로 복잡하다. 하지만 그 경로는 분명 존재한다. 그리고 우리는 그 경로를 추적하여 어디로 갈 것인지 예측할 수 있는 새로운 도구들을 갖고 있다.

우리는 매일 만들어내는 디지털 궤적으로 전통적인 모든 의학적 지식을 보완할 수 있다. 오늘날 존재하는 유례없는 연결성과 계산 능력을 이용해 어떤 차원의 정보가 각자의 건강을 결정하는지, 미래의 건강을 예측하는 데 중요한지 알 수 있다. 모든 것을 측정하고 이해하는 데 따르는 문제를 단순화할 수 있다. 또한 임상시험 프로그램 내에서는 물론, 그 밖에서도 환자들의 알려진 경로를 하나로 통합하여 지도를 그릴 수 있다. 두말할 것도 없이 그 지도는 다차원적인 것이 될 테지만 분명 경계선은 존재한다. 언제, 어떻게 건강을 유지하고, 질병을 관리 또는 치료할 수 있는지 분명히 보여주는 선들이 존재한다는 뜻이다.

이 경로들, 이 지도들이 바로 환자 방정식이다. 대규모로 데이터를 생성하고, 수집하고, 결합하는 디지털 방식은 의학의 역사에서 유례없는 것이며, 장차 환자 방정식을 발견하고 역설계하는 데 크게 도움이 될 것이다. 당장은 완벽하지 않고 보건의료에 대해 내려야 할 결정들을 모두 자동화할 수는 없겠지만, 분명 삶의 질을 개선하고 오래 사는 데 큰 도움이 될 것이다. 이 모든 것이 개인으로서 건강을 향상시키고 진료와 산업이라는 측면에서 생명과학과 의학의 새로운 시대를 열어젖힐 놀라운 기회를 제공한다.

스탠퍼드 대학 유전체 및 맞춤의료 센터(Stanford's Center for Genomics and Personalized Medicine) 소장인 마이클 스나이더(Michael Snyder) 교수는 "전 세계에서 생물학적으로 가장 많이 추적되는 사람"으로 불린다.[1] 지난 몇 년간 그는 자신과 환경에 관해 모든 것을 측정하는 온갖 웨어러블 기기를 착용한 채 생활했다. 그러는 동안 데이터 속에 숨어 있는 감염병을 찾아내는 알고리듬을 통해 스스로 라임병에 걸렸음을 알아내기도 했다.[2] 그는 유전 정보와 엑스포솜(exposome, 매일 환경 속에서 마주치는 화학물질과 미생물)을 결합하면 훨씬 많은 것을 알아낼 수 있다고 믿는다. "이제 누군가가 스스로 느끼기도 전에 병에 걸렸음을 알아낼 수 있다고 생각합니다."[3]

《뉴욕타임스》에 따르면 스나이더와 과학자들은 장차 의사가 검사를 지시하고 활력징후를 측정하는 것보다 훨씬 많은 일을 하게 될 것이라고 내다본다. "미래의 의사는 게놈을 꼼꼼하게 분석하여 위험인자를 찾고 몸속에 활성화된 수많은 분자를 추적하여 증상이 나타나기 훨씬 전에 질병을 발견하고 치료할 것입니다."[4] 우리의 레이어 케이크에서 각 층이 모습을 드러낸다는 말이다. 스나이더는 109명의 피험자를 추적하여 53명에서 진단받지 않은 당뇨병이나 심장병 등 건강에 큰 의미를 갖는 사실을 찾아냈다.

"진단받기 몇 개월 전부터 뚜렷하게 상승하기 시작한 분자들을 발견하고, 그 수치가 치료 후에 떨어지는 것을 알 수 있었습니다." 연구 논문의 제1저자 소피아 미리엄 슈슬러 피오렌자 로즈(Sophia Miryam Schussler-Fiorenza Rose)는 《타임스(Times)》에 이렇게 말했다.[5] "이런 소견은 질병의 조기 표지자로서 매우 가치가 있을 것으로 생각합니다. [연구 참여자 한 사람은] 아무런 증상도 없었지만 초기 림프종이란 사실이 밝혀졌습니다… [이뮤놈] 검사로 혈액 속의 면역 관련 화학물질들의 수치를 측정하여 알아낼 수 있었죠."[6]

큐 헬스(Cue Health)는 "가정용 미니 의학 검사실"을 개발하고 있다.[7] 침이나 혈액, 비강 면봉 채취 검체 등을 이용해 질병을 검사하고 실행 가능한 권고안을 알려주는 것이다. 알파벳과 애플은 새로운 워치를 출시할 때마다 새로운 건강 관련 기능들을 탑재한다. 한 보고서에 따르면 인간의 날숨 속에만도 17종의 질병 표지자가 존재한다.[8] 《포춘(Fortune)》지에서는 50대 기업 중 38개 회사가 어떤 형태로든 디지털 보건의료 관련 제품이나 서비스를 제공한다.[9] 중요한 질문은 바로 이것이다. 우리 회사의 서비스나 제품이 그것들을 물리칠 수 있는가?

물론 일이 진행되면서 여러 가지 문제들이 생기는 건 불가피하다. 현재 산업계에서는 빅 데이터와 머신러닝으로 모든 것을 해결할 수 있는 마법 같은 말들이 떠돌지만,[10] 사실 마법과는 거리가 멀다. 이것들은 과거보다 훨씬 진보했을 뿐 새로운 기술에 불과하다. 때때로 마법처럼 보일 수도 있지만 디지털 기술, 데이터 과학, 인공지능이라고 해서 치료가 안전하고 효과적이며 믿을 수 있어야 한다는 현실적 요건을 벗어날 수는 없다. 어떤 치료가 분자를 이용하든 의료기를 이용하든, 심지어 디지털이라고 해도 환자 방정식을 근거로 한 세계관을 이용한다면 그 어느 때보다 정밀한 방식으로 안전성, 유효성, 가치를 입증할 수 있다.

기존에 생명과학 분야에서 활동 중인 기업들은 이런 혁명을 이끄는 데 가장 준비가 잘 되어 있다. 그들은 완전히 새롭지 않은 기법들로도 근거를 확보하는 데 전문성을 지니고 있다. 정작 새로운 것은 근거 확보의 규모가 집단에서 개인으로, 다시 세포 수준으로 내려간다는 점이다. 이제 보건의료 생태계에 새로 진입한 기업은 환자, 의료 제공자, 규제기관, 의료비 지불자를 한데 아우르는 엄청난 연결성과 처리 능력을 가져야 할 것이다. 그렇다고 해서 두려워할 것은 없다. 생명과학 산업계는 이런 변화를 리드해야만 한다.

사생활 보호와 투명성

아직까지 일부러 논의하지 않은 한 가지 문제가 있다. 바로 사생활 보호 문제다. 이는 의학 분야에서 데이터가 주도하는 제품과 서비스를 가지고 시장에 진입하려고 할 때 많은 사람들이 저지르는 실수다. 환자(의사도 마찬가지)가 자신의 건강 데이터에 대한 알고리듬을 신뢰하는 데는 어느 정도 학습 곡선이 필요하다. 하지만 지금까지 이 문제를 언급하지 않은 것은 일단 미뤄놓는 것이 더 낫다고 생각했기 때문이다.

사생활 보호가 중요하지 않다는 뜻이 아니다. 반드시 지켜야 하고, 철저히 고려해야 할 법규와 윤리적 주제도 많다. 하지만 환자 방정식이 주도하는 미래를 만드는 것이 내가 믿는 만큼 사람들과 사회에 도움이 된다면, 그런 이익을 완전히 실현하기 위해 개인 데이터와 정보를 보호하는 방법과 제도가 마련될 것이다. 실제로 우리는 그렇게 할 능력이 있다.

특히 동의라는 문제를 존중해야 한다. 임상 연구의 표준 윤리 규정이 적용되어야 하며, 그 누구의 데이터도 동의 없이 사용되어서는 안 된다. 어떤 실험이든 시행하기 전에 반드시 피험자의 동의를 얻어야 하는 것과 마찬가지다. 그러나 기술은 완벽히 통제할 수 없다. 하지만 기술을 이용해 누릴 이익이 워낙 크므로 개인들은 기꺼이 동의할 용의가 생길 것이다. 마찬가지로 정부나 규제기관, 기업도 그런 이익을 누리기 위해 사생활 보호 문제에 대해 신뢰할 수 있으며 투명하고 감사가 가능한 해결책을 만들어낼 것이다.

현실적으로 보험회사에서 건강 데이터를 볼 수 있다는 서류에 서명하면서 마음이 편하지 않은 사람도 많을 것이다. 건강하지 않은 식단을 즐기고, 최근에 병을 앓았다는 사실을 보험회사에서 알게 될 경우 보험료를 올릴 것이기 때문이다. 하지만 이미 우리는 소셜미디어에 그런 사실을 추정할 만한 수많은 정보를 포스팅하고 있을지도 모른다. 디지털 자취, 즉 우리가 매일 스스로 공개하는 데이터는 너무 많아 통제할 수 없다. 그런 데이터를 보호하려는 시도는 마치 영화 〈쥬라기 공원(Jurassic Park)〉에서 공룡을 가둬놓는 데 실패한 것처럼 실패할 수밖에 없다. 누군가 네트워크에서 완전히 사라지기로 작정하고 휴대폰과 컴퓨터, 신용카드, 전자식 승차권을 사용하지 않고 사방에 카메라가 설치된 도시에 아예 들어가지도 않는다면 모를까, 그렇지 않고서 디지털 자취를 완벽히 지우는 일은 불가능하다.

더 큰 진실이 있다. 환자 방정식이 주도하는 세상에서는 다량의 데이터가 공개될수록 도움을 받는 범위도 넓어지기 때문에 크게 염려하지 않아도 된다는 것이다. 더 많은 의사와 연구자들이 우리에 대해 알수록, 정확한 시점에 맞춤형 치료를 제공받을 가능성이 높아진다. 〈가타카〉라는 영화에서 사람들은 DNA를 기반으로 나뉜 카스트 제도에 묶인 채 살아간다. 다른 사람의 유전 암호를 자기 것으로 만들 수 있다면 큰 이익을 얻는다. 그러나 이 책의 중요한 메시지 중 하나는 유전자는 삶이라는 거대한 퍼즐의 한 조각에 불과하다는 것이다. 유전형은 표현형에 비하면 사소하게 보일 정도다. 유전학만을 근거로 한 예측은 전체 그림 중 아주, 아주 작은 일부일 뿐이다.

인센티브는 실제로 완벽하게 일치한다. 시민과 고객이 건강하다면 정부와 산업계에도 큰 도움이 된다. 좋든 싫든 고용주와 보험회사도 우리의 건강을 바라는 쪽에 서게 된다. 건강한 사람이 더 많은 이익을 안겨주는 구독자이자, 더 많은 이익을 창출하는 직원이다. 모든 사업에 종사하는 모든 사람이 선량하다고 믿는 것은 아니다. 자칫 나쁜 행동을 저지르기 쉬운 산업 분야도 있다. 하지만 인구 과밀과 환경 문제를 사생활 보호라는 문제와 같은 서류철 속에 넣는다고 생각해보자. 매우 중요하지만 환자 방정식의 가치를 실현하는 일과는 관련이 없는 것들을 모은 서류철이다. 어쨌든 모든 사람이 최대한 건강하고 오래 사는 것이 경제적으로도 더 이익이다. 의사와 물리치료사, 제약회사는 물론, 보건의료 가치사슬 속에 있는 모든 사람이 긍정적인 결과와 효과적인 예방을 근거로 보상받는 보상중심의료의 세계에서는 더욱 그렇다.

▬ 다음 과제는 무엇일까?

독자들이 보건의료에서 어떤 역할을 맡고 있든, 자신의 건강을 최우선으로 생각한다면 이 책이 행동을 촉구하는 메시지로 받아들여지길 바란다. 인구집단의 건강에 대한 일관성 있는 지도들을 만들어 개인의 건강을 예측할 수 있다면 그 위력은 엄청나다. 이런 환자 방정식들을 다차원적 공간에 그래프로 그리려면 산업계 전체의 투자와 학계의 노력과 각 개인의 동의가 필요하다. 모든 사람이 중요한 역할을 맡는 것이다. 데이터를 제공하고, 투자 재원을 마련하고, 새로운 의학적 방법을 개발하여 진료에 응용하는 모든 것의 중심에 환자 방정식이 있다.

이 책은 이 주제에 관한 결정판이 될 수는 없다. 책에서 인용한 인터뷰, 일화, 아이디어는 한 사람의 건강이 그려낸 디지털 자취와 비슷하다. 흥미롭고 유용할 수 있지만, 그 사람의 존재와 경험에 국한되어 있다. 바라건대 지난 25년간 임상 연구 분야에서 일어난 디지털 혁명과 촘촘하게 연결된 보건의료 생태계의 중심에서 그 모습을 관찰해온 내 경험과 이 책을 위해 인터뷰에 응해준 분들의 통찰이 독자들에게 새로운 시각을 제공하고, 새로운 실천이 뒤따르기를 고대한다.

오늘날 우리는 최근까지도 불가능했던 질병들을 완치하고, 과거에 치명적이었던 질병들을 관리 가능한 만성병으로 바꾸고 있다. 한때 의학적으로는 다룰 수 없다고 믿었던 분자들을 표적으로 삼고 있다. 뿐만 아니라 공상과학 영화에나 등장했던 의료기를 만들어내고 있다. 25년 전, 내가 처음 연구실에 발을 디뎠을 때는 상상조차 할 수 없었던 데이터와 계산 능력을 갖게 된 것이다.

보건의료와 생명과학 자체가 '건강'하지 않다고 주장하는 사람도 있을 것이다. 모든 사람에게 최고 수준의 의료를 제공한다는 것은 전 세계적 차원에서는 말할 것도 없고, 몇몇 부유한 국가조차 실현하지 못하는 목표다. 새로운 약물과 의료기를 개발하는 데 드는 비용과 그것들을 환자들에게 효과적으로 보급하는 데 필요한 인센티브 시스템이 의학적 혁신을 가로막는 가장 큰 걸림돌이다. 우리는 분명 COVID-19와 같은 팬데믹을 제대로 대비하지 못했다. 하지만 전 세계 데이터 센터와 실험실에 갖춰진 디지털 역량과 생물학적 혁신을 하나로 묶어 진보를 위한 추진력을 만들 수 있다면 보건의료라는 고상한 기술을 얼마나 더 진보시킬 수 있을까? 그런 식으로 상황을 반전하기 위해 힘을 모아야 한다. 이 책이 우리 모두가 혁신적 기법과 기술을 이용해 드높은 미래의 가능성을 실현하는 길을 모색하는 데 도움이 되기를 바란다.

이 책은 세계적 상황은 물론 개인적 삶에 있어서도 흥미로운 시점에 쓰였다. 원고를 마치기 직전 다쏘 시스템(Dassault Systemes)이 메디데이터를 인수했다. 다쏘 시스템의 소프트웨어는 문자 그대로 비행기와 자동차 그리고 주변에 존재하는 '사물'과 관련된 수많은 제품과 서비스가 설계되고 제조되는 방식에 일대 혁신을 일으켰다.(지금 주변을 둘러보고 눈에 띄는 모든 것이 어떻게 설계되고 제조되었는지 생각해보라.)

다쏘 시스템은 인수합병 전 메디데이터가 목표로 했던 것과 마찬가지로 자신들의 제품 수명 주기 관리 플랫폼이 지닌 놀라운 힘을 약물과 의료기를 설계하고 제작 보급하는 분야에 적용하기를 바랐다. 합병된 후에도 이 점에 관한 메디데이터와 나의 야망은 변하지 않았다. 하지만 분자 수준에서 개인을 거쳐 인구 집단 수준에 이르는 모든 차원을 포괄하는 모델을 만들고, 생명 과학 연구를 수행하는 플랫폼을 실현하겠다는 계획은 실현 가능성이 더욱 높아졌다. 나는 애초에 다쏘 시스템이 왜 메디데이터에 관심을 가졌는지 보다 많은 자원과 계산 능력을 갖추고 이상을 실현하려는 문턱에 서서야 분명히 깨달았다. 플랫폼, 데이터, 인공지능에 대해 생각하는 것 위에 시뮬레이션이 더해진다면 연구와 의학과 환자 방정식의 미래에 놀라운 역할을 할 수 있다.

다쏘 시스템의 CEO이자 부이사장인 베르나르 샤를(Bernard Charles)은 "가상 쌍둥이(virtual twin)"의 중요성을 강조한다. 보건의료뿐 아니라 다양한 산업계에서 실제로 만들어지는 것들의 시뮬레이션 버전에 대한 경험을 근거로 하는 말이다. 생명과학 분야는 임상시험을 시작한 약물 중 모든 과정을 거쳐 출시되는 약물이 극히 일부라는 것에 익숙하다.(1/10 정도 된다.) 여객기에도 똑같은 비율이 적용된다고 가정해보자. 약물보다 훨씬 비싼 여객기를 제작하는데 그중 10%만 날 수 있다면 항공기 제작 산업이 유지될 수 있을까? 당연히 아니다. 항공기는 100% 비행할 수 있다.

이런 비유는 완벽하지 않다. 하지만 항공우주산업은 생명과학 산업과 마찬가지로 굉장히 복잡한 제품을 만들면서도 성공률은 현저히 높다는 점에서 뭔가 배울 점, 생각해봐야 할 것은 있지 않을까? 분명 그렇다. 이 책에서 소개한 몇 가지 아이디어를 추구하면서, 지난 20년간 메디데이터 혼자서 해왔던 일을 다쏘 시스템과 힘을 합쳐 계속해나갈 것이다. 약물, 세포, 체내 장기, 환자 등 모든 차원에서의 가상 쌍둥이들이 탄생하는 것이다.

나는 이것이 수집된 모든 환자 데이터에서 발견한 증거를 전혀 다른 차원으로 크게 증폭시킬 기회가 되리라 확신한다. 환자 방정식에 대한 노력은 환자 시뮬레이션과 나란히 계속될 것이다. 나는 그것이 이 책에서 소개되고 점점 더 많은 곳에서 진행되고 있는 모든 사람들의 노력과 만나기를 희망하고 기대한다.

Notes

1 Dana G. Smith, "Meet the World's Most Bio-Tracked Man," Medium (OneZero), May 8, 2019, https://onezero.medium.com/meet-the-worlds-most-bio-tracked-man-2077758cf5a2.

2 Veronique Greenwood, "The Next Big Thing in Health Is Your Exposome," Medium (Elemental), November 5, 2018, https://medium.com/s/thenewnew/the-exposome-is-the-new-frontiere5bb8b1360da.

3 Ibid.

4 Carl Zimmer, "In This Doctor's Office, a Physical Exam Like No Other," New York Times, May 8, 2019, https://www.nytimes.com/2019/05/08/science/precision-medicine-overtreatment.html.

5 Ibid.

6 Dana G. Smith, "Meet the World's Most Bio-Tracked Man.".

7 "Cue Is a Miniature Medical Lab for the Home," Cloud9Smart, May 20, 2014, https://www.cloud9smart.com/cue_health_tracker.

8 Amanda Hoh, "How a Breath Test Could Reveal What Disease You Have," ABC News, July 31, 2017, http://www.abc.net.au/news/2017-07-31/detecting-disease-in-breath-with-world-smallestbreathalyser/8759050?pfmredir=sm.

9 Don Jones, "Conference Talk at Medidata NEXT Event" (October 2016).

10 Wikipedia Contributors, "Clarke's Three Laws," Wikipedia, February 1, 2019, https://en.wikipedia.org/wiki/Clarke%27s_three_laws.

Acknowledgments

감사의 말

책을 쓰는 과정은 놀라움의 연속이었다. 보건의료 분야의 다양한 사람들을 만날 수 있었다. 일부는 전부터 함께 일했지만, 멀리서 지켜보며 존경과 감탄을 보내기만 했던 분들도 있었다. 시간을 내어 책에서 다룬 주제와 아이디어에 대해 이야기를 나누고, 관점을 공유해준 돈 베리, 앤서니 코스텔로, 캐러 데니스, 데이비드 패겐바움, 로빈 파만파미안, 그레엄 해트풀, 제이미 헤이우드, 줄리언 젠킨스, 스탠 캐츠나우스키, 파스칼 쾨니히, 제리 리, 비나 미스라, T. J. 샤프, 앨리시아 스테일리, 글렌 툴먼, 대니얼 야데가 박사께 진심으로 감사드린다.

비범한 공동 저자인 제레미 블래치먼(Jeremy Blachman)의 문학적 재능에 큰 빚을 졌다. 그의 예리한 감각과 협력과 끈기가 없었다면 이 책은 나올 수 없었을 것이다.

과거와 현재를 함께 했고 앞으로 다쏘 시스템에서 함께 일할 메디데이터 동료들에게도 감사를 전한다. 이 책에 언급된 사람들도 있지만, 모든 분들께 감사해야 마땅할 것이다. 우리가 함께 해 온 일은 문자 그대로 이 책의 기초가 되었다. 막연한 생각을 계획으로 바꿔주고, 책의 제목까지 지어준 니콜 패리서(Nicole Pariser)에게 특별히 감사드린다. 모든 대화를 주선하고, 승인을 얻고, 끝도 없는 행정적 일을 도맡아준 대너 수카우(Dana Suchow)에게도 깊은 감사를 전한다. 메디데이터의 마케팅 팀, 특히 화이트보드에 어지럽게 그린 스케치와 그림, 슬라이드들을 책에 실을 수 있게 도표와 그래프로 만들어준 제니 리(Jenni Li)와 책을 탈고하여 독자에게 전달할 때까지 필요한 모든 일을 돌봐준 다이앤 유렉(Dianne Yurek)도 잊을 수 없다. 친구이자 공동 설립자인 태릭 쉐리프와 에드워드 이케구치(Edward Ikeguchi) 박사에게 감사하는 것은 새삼스러운 일일 것이다. 이 책은 20년 전 우리가 시작한 여행을 주마간산격으로 그려낸 데 불과하다. 우리가 함께 경험한 것들의 놀라움과 장대함은 글로 옮길 엄두조차 낼 수 없다.

카네기 멜론 대학, 뉴욕 대학, 컬럼비아 대학의 교수진과 친구들을 알게 된 것은 하나의 특권이었음을 고백하고 싶다. 그곳에서 가르치고 나의 학문적 능력을 넘어 함께 협력할 수 있었던 것은 내 삶에서 가장 큰 기쁨이자, 이 책에 실린 많은 내용들의 토대가 되었다.

매들린(Madeline), 앨런(Alan), 주디(Judy), 이언(Ian) 등 양가 부모

님들께 감사드린다. 그분들에게서 받은 영감과 영향과 목소리는 이 책의 곳곳에서 살아 숨쉬고 있다.

마지막으로 과학과 기술과 메디데이터에 대한 관심과 열정을 참아주고 응원해준 친구들과 형제들을 빼놓을 수 없다. 케이티 수(Katie Sue), 제시(Jesse), 유리(Uri), 마이크(Mike), 애덤(Adam), 스티브(Steve), 앤디(Andy), 마이클(Michael), 유키요(Yukiyo), 세이지로(Seijiro), 밸러리(Valery), 마리아(Maria), 패드마(Padma), 케이지(Katie), 리지(Lizzy) 그리고 다시 한번, 지난 20년간 사무실과 사업체를 공유해온 태릭에게 사랑한다는 말을 전하고 싶다.

저자소개

글렌 드 브리스 (Glen de Vries)

글렌 드 브리스는 메디데이터의 공동창업자 겸 다쏘시스템 라이프사이언스 및 헬스케어 부의장이다. 그는 1999년 메디데이터를 설립한 이후 보다 스마트한 치료를 통해 사람들을 더욱 건강하게 만든다는 목표를 꾸준히 추구해왔다. 카네기 멜론 대학에서 분자생물학과 유전학을 전공한 후, 컬럼비아 프레스바이테리언 병원에서 연구 과학자로 일하면서 뉴욕 대학 커런트 수학연구원(New York University's Courant Institute of Mathematics)에서 컴퓨터 과학을 공부했다. 《응용임상시험(Applied Clinical Trials)》, 《암(Cancer)》, 《비뇨의학저널(The Journal of Urology)》, 《분자진단(Molecular

Diagnostics)》, 《스태트(STAT)》, 《북미비뇨의학진료(Urologic Clinics of North America)》, 《테크크런치(TechCrunch)》 등에 글을 실었다. 글렌은 카네기 멜론 대학의 이사이자 컬럼비아 HITLAB 펠로이며, 보건의료 여성경영자협회 유럽자문위원회(Healthcare Businesswomen's Association European Advisory Board) 회원이기도 하다. 소셜미디어는 @CaptainClinical으로 팔로우할 수 있다.

제레미 블래치먼(Jeremy Blachman)

제레미 블래치먼은 다양한 산업계의 리더들과 함께 일하며 그들의 생각을 세상에 전하는 작가이다. 프린스턴 대학과 하버드 법대를 졸업한 그는 《익명의 변호사(Anonymous Lawyer)》와 《커브 (The Curve, 캐머런 스트래처[Cameron Stracher]와 공저)》 등 두 권의 소설을 발표한 소설가이자 극작가이다. 그의 소설은 두 권 모두 NBC 방송에서 드라마로 제작되었다. 《뉴욕타임스》와 《월스트리트저널 (Wall Street Journal)》을 비롯해 다양한 매체에 글을 실었다. 웹사이트는 jeremyblachman.com이다.

Index

Index

Index

Index

Index

Index

Index

Index

Index

Index